U0202942

21世纪全国高等院校材料类创新型应用人才培养规划教材

金属塑性成形原理

施于庆　祝邦文　编著

北京大学出版社

PEKING UNIVERSITY PRESS

内 容 简 介

本书是编者在多年教学和工程实践经验的基础上,对金属塑性成形的基本原理和共性作了系统地论述。全书共 7 章,第 1 章绪论,第 2 章金属塑性变形的力学基础,第 3 章影响金属塑性变形的因素及缺陷分析,第 4 章金属塑性成形的工程法解析,第 5 章塑性成形的滑移线场理论,第 6 章塑性成形问题的其他方法,第 7 章金属塑性成形 CAE 分析。每章附有思考与练习题。本书的第 7 章是以有限元分析软件 ANSYS/LS-DYNA 为平台并结合筒形件拉深和棒料轧制成形,对 ANSYS/LS-DYNA 软件的模型建立、网格划分、前处理、计算求解及后处理等都作了详尽的介绍,以引导读者快速地掌握应用 CAE 软件并提高解决工程实际问题的能力。

本书适合作为高校机械类各相关专业的教材,也可供相关工程技术人员参考使用。

图书在版编目(CIP)数据

金属塑性成形原理/施于庆,祝邦文编著. —北京:北京大学出版社,2016.3
(21 世纪全国高等院校材料类创新型应用人才培养规划教材)
ISBN 978-7-301-26849-0

Ⅰ. ①金… Ⅱ. ①施… ②祝… Ⅲ. ①金属压力加工—塑性变形—高等学校—教材 Ⅳ. ①TG301

中国版本图书馆 CIP 数据核字(2016)第 025266 号

书　　　　名	金属塑性成形原理	
	JINSHU SUXING CHENGXING YUANLI	
著作责任者	施于庆　祝邦文　编著	
策 划 编 辑	童君鑫	
责 任 编 辑	李娉婷	
标 准 书 号	ISBN 978-7-301-26849-0	
出 版 发 行	北京大学出版社	
地　　　　址	北京市海淀区成府路 205 号　100871	
网　　　　址	http://www.pup.cn　新浪微博:@北京大学出版社	
电 子 信 箱	pup_6@163.com	
电　　　　话	邮购部 62752015　发行部 62750672　编辑部 62750667	
印 刷 者	北京溢漾印刷有限公司	
经 销 者	新华书店	
	787 毫米×1092 毫米　16 开本　14 印张　318 千字	
	2016 年 3 月第 1 版　2016 年 3 月第 1 次印刷	
定　　　　价	35.00 元	

21 世纪全国高等院校材料类创新型应用人才培养规划教材

编审指导与建设委员会

成员名单 （按拼音排序）

前　　言

　　金属塑性成形是一种利用金属的塑性并通过外力，使金属材料发生转移或变形来获得所需要形状和尺寸的零件或产品的加工方法，被广泛地应用于汽车、航空航天、机电、军工等工业生产领域。本书讲述金属塑性变形的力学基础、塑性成形金属变形与流动问题、金属塑性成形的工程法解析等内容，说明塑性变形的工程法解析等方法的相互间的内在联系及在不同的变形分析方法中所具有的共性问题。编者在编写中尽力汲取国内外同类教材的长处，努力使课程内容的科学性、先进性、系统性与应用性相结合，注重学生学习能力、实践能力和创新能力的培养。

　　为了拓展学生的知识面并应对金属塑性成形分析的要求，本书尽可能多地介绍金属塑性成形中的先进技术，并详细介绍了板料拉深和棒料轧制成形的有限元分析前处理、求解和后处理；前处理设置单元属性、构建模型、划分网格、定义接触、初始条件、载荷及约束、求解时间和输出文件等过程。通过介绍筒形件板厚减薄或增厚的变化及应力应变变化等，使学生能够准确地预测板料成形过程中发生缺陷的可能性，评估板料的极限成形性能；以棒料轧制形状变化，为金属塑性成形及模具等工艺装备设计提供参考依据。

　　本书由浙江科技学院施于庆和祝邦文撰稿。全书由施于庆统稿。在本书的编写和出版过程中，得到许多专家、同行及朋友们的悉心指导和帮助，并提出了许多宝贵意见，在此表示衷心感谢。另外，借此机会对为本书编写完稿做了大量工作的王依红、管爱枝、丁明明、郑军，以及所参考文献的作者表示深深的谢意。

　　由于编者理论水平和经验有限，书中难免有不妥之处，恳请读者批评指正。

编　者

2016 年 1 月

目　　录

第1章
绪 论

 本章教学要点

知识要点	掌握程度	相关知识
变形体内点的应力状态	了解金属塑性成形与外力(包括成形工具和设备)的关系; 了解金属塑性成形特点; 熟悉金属塑性成形分类方法	金属变形由弹性进入塑性状态后的可加工性质; 体积成形和板料成形用途
金属塑性成形学习要求	了解金属塑性成形技术现状与发展趋势; 明确金属塑性成形原理的课程的任务要求	金属塑性加工的难点和期待解决的问题; 金属塑性成形中计算变形力与设计模具及选取成形装备的关系

导入案例

塑性加工零件在汽车生产中扮演的作用

无论是轿车或载重车及特种车辆(图1.0),一辆车都约有2万多个零件,其中80%的零件是由塑性成形的方法加工出来的,这些零件是无法用切削加工生产的。汽车车身或架驶室中许多零件如挡泥板、顶盖、地板、前围板、车门内外板、发动机盖、水箱等都是采用厚度≤1.1mm的板料通过板料冲压加工(拉深工序)制成的。底盘中如纵梁和横梁等零件的板厚也不大于13mm,所有这些在汽车生产减轻质量方面起到了不可替代的作用。

而有些零件如汽车前轴是在一定的温度下通过模具压制成形的。汽车后桥早先是采用铸造成形的,而现在采用冲压成形,这不但提高了强度和刚度又减轻了质量。如果汽车零件都采用通常铸造并用切削加工的方法,就会变的非常重而且在一般的道路上难以行驶。为了减轻质量,近年来,铝合金和变形镁合金材料逐渐被用于生产汽车零件。这两种材料通过塑性成形(冲压拉深)后的比强度和比刚度更高,电磁屏蔽效果好,抗振减振能力强,易于回收。

图1.0　载重车和轿车

利用铝合金和变形镁合金材料制作汽车零件,可以大大减轻整车的质量,降低油耗,对减少排放和污染起到了很大的作用。然而铝的晶体是面心立方结构,镁合金的结构是密排六方结构,而钢的晶体是体心立方结构,而且大部分的铝合金和变形镁合金零件是用压铸工艺生产的,由于压铸件的组织不够致密并会产生一些空洞,因而在使用性能上难以满足承力构件的强度要求。变形镁合金,在常温下变形时,只有基面滑称系参与,从而限制了其塑性变形能力。镁合金在较高温度(≥200℃)并在适当的工艺条件下,会显现良好的拉深成形性能,铝合金在常温下通过塑性成形加工,但是拉深性能远不如钢板,所以目前这两种材料还只能用于生产一般的如支架一类的零件。随着新工艺新技术的不断研发,不久的将来,这两种材料必然会越来越多地被采用。

我们在日常生活中经常可以看到由金属塑性成形或加工的零件或产品,如餐厅或食堂用的不锈钢餐具、钟表的指针、轿车的外形件、飞机蒙皮、火车的连杆等。这些零件都是通过材料的塑性成形或加工生产出来的。金属材料通过施加载荷并借助于压力机及模具的生产过程就是塑性成形或塑性加工。目前采用塑性成形或加工的零件已占到了所有机械零件的60%左右。

那么，什么形状的零件可运用塑性成形？金属材料通过塑性成形加工后会显现哪些特性？金属材料采用塑性加工工艺和切削加工生产有什么区别？塑性加工有哪些工序或方式？这些都是我们需要了解的。本章通过介绍塑性成形特点和工序，明确本课程的学习任务和要求。

金属在外力作用下，将产生一定的变形。一般来说，当外力较小时，物体处于弹性状态，此时物体的应力与应变之间有着一一对应关系。如此时除去外力，物体能恢复到其初始状态，而当外力逐渐增大到某一值时，物体中的某一点的应力状态达到某一极限值，此时除去外力，物体就不能完全恢复到原始状态，而会产生一部分的残余变形，这种残余变形属于永久变形，即塑性变形。金属所具有的这种塑性变形能力称为金属的塑性。塑性加工或压力加工，是利用金属的塑性，在外力作用下，依靠成形设备并借助于工(模)具，使金属体积发生转移或形状及尺寸发生变化，从而获得所需要的产品或零件的一种金属加工方法。图 1.1 所示为部分塑性加工的零件。

图 1.1　部分塑性加工的零件

1.1　金属塑性成形的特点和分类

1.1.1　特点

金属塑性加工与金属切削和铸造及焊接等加工方法不同，主要有以下特点。

1. 金属材料组织和性能得到改善和提高

金属材料塑性成形过程中，除尺寸和形状发生改变外，其内部组织和性能会得到改善和提高。尤其是对于铸造坯料，其内部组织初始状态一般比较疏松并有多孔现象，晶粒粗大且不均匀，然而经过塑性加工，其结构会更致密，组织粗晶破碎细化和均匀，从而使力学性能得到提高。如铸锭经过锻造和轧制及挤压，金属的流线分布合理，零件或产品的性能会有大幅度的提高。又如非规则形状冲裁件的冲裁模具中的凸、凹模的制造，一般都采用锻造过的 T10 或 T10A 等钢材。

2. 材料利用率高

金属塑性加工主要依赖于金属在受外力作用下，金属材料进入塑性状态时的体积变化或转移来实现，这个过程不会产生切屑或者只有少量的工艺废料，材料利用率很高。图 1.2 所示为杯形冲压件生产过程。图 1.3 所示为圆柱体镦粗制坯过程。

| (a) 冲床和落料模 | (b) 圆坯 | (c) 拉深 | (d) 切边 | (e) 卷边 |

图 1.2　杯形冲压件生产过程

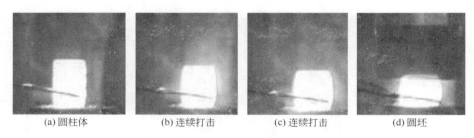

| (a) 圆柱体 | (b) 连续打击 | (c) 连续打击 | (d) 圆坯 |

图 1.3　圆柱体镦粗过程

3. 便于组织自动化大批量生产和生产效率高

金属塑形加工中的冲压生产，随着生产机械化与自动化程度的提高，生产率也相应得到提高，而在金属的轧制和拉拔及挤压等工艺中更显示了其生产效率高的特点。例如，在双动压力机上生产复杂冲压件如汽车覆盖件仅需几秒，生产大型冲压件如汽车纵梁，在专用大吨位压力机上也仅需几十秒。

4. 尺寸精确高和互换性好

如冲压件的尺寸公差与形状精度由冲模保证，所加工出的零件质量稳定，互换性好，如垫圈和游标卡尺等零部件。

由于金属塑性加工具备了上述这些特点，因而被广泛应用于汽车、航空航天、军工、电机、仪表、家用电器等工业生产部门。

1.1.2　分类

对金属塑性加工工序进行分类是为了便于对其分析和研究，然而目前分类方法还不统一。按照被加工材料的形状特征，一般把塑性加工分为体积成形（块料成形）和板料成形两大类。按照加工时金属变形的特点，塑性加工又可分为轧制、拉拔、挤压、锻造和冲压五大类。这五类当中各自又包括多种加工方法，形成其各自的工艺领域。在轧制和拉拔及挤压的成形过程中，变形区是不变的，属稳定的塑性流动过程，适于连续的大量生产，提供型材、板材、管材和线材等金属原材料，属于冶金工业领域；而锻造和冲压成形的变形区随变形过程而变化，属非稳定的塑性流动过程，适于连续的或间歇性的生产，用于提供机器零件或坯料，属于机械制造领域。锻造属体积成形，而冲压属于板料成形，故也称为板料冲压或冷冲压。虽然金属塑性成形都是借助于外力并依赖于工艺装备(模具等)进行的，但外力的形式也可分为压力、拉力、弯矩、剪力等。

1. 靠压力作用使金属体积产生变形

1) 轧制

轧制是坯料通过旋转的轧辊受到压缩，使其横截面减小，形状改变，长度增加。根据轧辊和轧件的运动关系，轧制可分为纵轧、横轧和斜轧。

(1) 纵轧。两工作轧辊旋转方向相反，轧件的纵轴线与轧辊轴线垂直。

(2) 横轧。两工作轧辊旋转方向相同，轧件的纵轴线与轧辊轴线平行。轧件获得绕纵轴的旋转运动。

(3) 斜轧。两工作轧辊旋转方向相同，轧件的纵轴线与轧辊轴线成一定的倾斜角，轧件在轧制过程中，除了绕其轴线旋转运动外，还有前进运动，如图1.4所示。

2) 锻造

锻造是指靠锻压机的锻锤打击工件产生压缩变形的一种方法。锻造通常分为自由锻造和模锻，如图1.5所示。自由锻一般是在锻锤或水压机上利用简单的工具将金属锭或块料锻成所需形状和尺寸的加工方法。自由锻时不使用专用模具，因而锻件的尺寸精度低，生产率也不高，主要用于轴类和曲柄及连杆等单件和小批量生产及大锻件生产或冶金厂的开坯。模锻是在模锻锤或热模锻压力机上利用模具来成形。由于金属的成形受模具控制，因此模锻件具有相当精确的外形和尺寸，也有很高的生产率，适合于大批量生产。

图1.4 轧制成形

(a) 自由锻

(b) 模锻

图1.5 锻造成形

3) 挤压

挤压是指将坯料放入挤压机的挤压筒中，在挤压杆的压力作用下，使金属从一定形状和尺寸的模孔中流出的方法。根据挤压过程中金属流动方向与凸模运动方向之间的关系，可将挤压分为以下几种类型。

(1) 正挤压。挤压时金属材料的流动方向与凸模运动方向相同，如图1.6(a)所示。

(2) 反挤压。挤压时金属材料的流动方向与凸模运动方向相反，如图1.6(b)所示。

(3) 复合挤压。挤压时一部分金属材料的流动方向与凸模运动方向相同，一部分金属材料的流动方向则与凸模运动方向相反，如图1.6(c)所示。

(4) 减径挤压。它是一种变形程度较小的变态正挤压，坯料断面仅作轻度缩减，如

图 1.6(d)所示。

(5) 径向挤压。挤压时金属材料的挤出方向与凸模运动方向垂直，如图 1.6(e)所示。

(6) 镦挤。挤压时金属材料的流动具有挤压和镦粗的特点，即一部分金属沿凸模轴向流动，另一部分金属则沿径向流动，如图 1.6(f)所示。

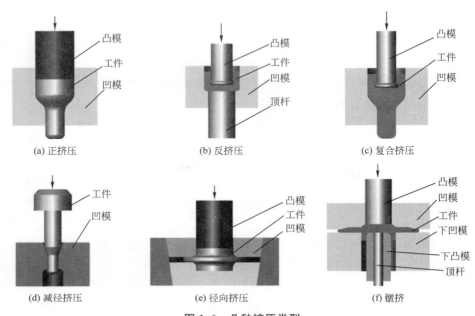

图 1.6　几种挤压类型

用挤压工艺可生产各种断面的型材、管材及机器零件。

2. 主要靠拉力作用使金属产生变形

1) 冲压拉深

拉深等成形工序是在曲柄压力机或油压机上用模具把板料拉进模腔中成形(图 1.7)，用以生产各种薄壁空心零件，如各种空间曲面零件及覆盖件等。

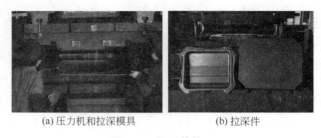

(a)压力机和拉深模具　　　(b)拉深件

图 1.7　异形件拉深

2) 拉拔

拉拔是将金属坯料从一定的形状和尺寸的模孔中拉出，以获得一定截面形状材料的塑性成形方法(图 1.8)。拉拔用于管材、型材及线棒材制品的生产。拉拔变形区在拉拔模内，在拉拔过程中变形区形状基本保持不变，可视作稳态变形过程。

(a) 拉拔机　　　　　　　　(b) 圆钢

图1.8　拉拔成形

3) 拉形

拉形是板料两端在拉力作用下沿一定形状的模具并贴模成形(图1.9)，如飞机蒙皮等大型曲面零件。带材的拉力矫直也属于这种方式。

(a) 拉形机　　　　　　　　(b) 飞机蒙皮

图1.9　拉形成形

3. 主要靠弯矩和剪力作用使金属产生变形

1) 弯曲

弯曲是指坯料在弯矩的作用下成形，如板料弯曲(图1.10)，板带材的折弯成形、钢材的弯曲或矫直等。

2) 剪切

坯料在剪力作用下进行剪切变形，如板料在模具中的冲孔、落料、切边、板材和钢材的剪切等，图1.11所示为在冲床上落料。

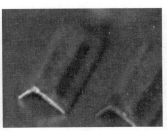

(a) 压力机和弯曲模具　　　　(b) 弯曲件

图1.10　板料弯曲成形

图1.11　冲床上落料

为了扩大加工产品品种，伴随着生产技术的不断进步，人们对许多基本加工变形方式进行了研究，并相继研发出了许多组合加工变形方式，进一步扩大了塑性成形的应用范围。例如，拉深与轧制相结合的旋压法；纵轧和锻造组合成为辊锻工艺，用于生产变断面零件(如连杆等)；横轧和锻造组合变成纵轧组合的楔横轧工艺，可生产锥形轴和阶梯轴；锻造扩孔和横轧组合的辗环工艺，可生产不同断面的冷弯型材及焊管等。

塑性成形按成形工件的温度还可分为热成形、冷成形、温成形三类。

热成形是指在充分进行再结晶的温度以上所完成的加工，如热轧、热锻及热挤压等。冷成形是指在不产生回复和再结晶的温度以下进行的加工，如冷轧、冷冲压、冷挤压及冷锻等；而温成形是指在介于冷热成形之间的温度下进行的加工，如温锻和温挤压等。

1.2　金属塑性成形技术现状与发展趋势

金属塑性加工可以追溯到远古时期的造币压印。伴随着冶金技术的发展，各种金属加工方法应运而生。到目前为止，金属塑性加工不但能加工很微小的零件，也能加工很大的零件，原先采用切削加工或其他加工方法的许多零件正逐步被金属塑性加工方法所取代，而且占机械零件中的比例越来越高，甚至达到了 60%。如一辆汽车约有 20000 多个零件，而其中的 80% 都采用金属塑性加工(板料冲压成形)方法。近几年，我国金属塑性成形领域的科学技术取得了许多科研成果，主要进展如下。

（1）大锻件成形。有限元数值模拟取得了明显进展，预测锻造过程中材料组织演化已在生产上得到应用；世界最大自由锻造液压机已投入使用；特大型复杂锻件成形工艺取得高水平成果；第三代核电站主要锻件均已试制成功。

（2）回转成形。楔横轧成形理论研究深入发展，避免产生轧件内部缺陷的方法已在生产实践中得到应用；世界最大楔横轧机已生产出世界最大楔横轧件；辊锻和旋压等回转加工工艺在生产中发挥重要作用。

（3）板材与管材成形。高强钢板材热冲压与淬火联合工艺已在汽车零件生产上得到应用；多点成形工艺在汽车与船舶复杂工件生产上发挥作用；内高压成形技术进步明显，400MPa 内高压发生装置已开始在液压机上使用。

（4）局部加载近净成形。基本原理与近净成形工艺开发取得进展，已应用这一新技术生产出近净成形大型钛合金结构件；复杂形状大型环件已应用于许多工业领域。

（5）精密体积成形。基本理论研究与新工艺研究取得较快进展；国内企业已能生产汽车工业所需的大批量精密冷锻件与温锻件；复杂零件成形所需模具设计与制造能力增强，大部分模具不再需要进口。

展望今后一段时期国内外塑性成形技术，大约会呈现以下几个发展趋势。

（1）提出了流动方向假说。质点沿着该点处平均应力梯度最大的方向流动。通过二维和三维问题数值模拟结果观察，流动方向与平均应力梯度的一致度很好，但是，还需要实验验证或理论证明。

（2）研究金属塑性成形内部的应力应变和位移，温度、硬度及晶粒度分布。

（3）研究金属塑性成形力学中非线性力学与数学问题的线性化解法，采用较精确的初始和边界条件并能反映金属材料实际流变特性的变形抗力模型，提高金属塑性成形力学解析性与严密性。

（4）通过塑性理论证明轴对称变形流动分界面定理：轴对称变形中，流动分界面与罗德系数的零值面重合。推论：流动分界面上的应变类型为平面应变类型，流动分界面两侧的应变类型相反。

（5）提出了定量测量体积变形体内部流线和应变的新方法——嵌入螺柱法和套环螺

纹。优点是变形前不剖分试样，且不受温度和受力条件的限制，可以同时获得应变分布和流线。

(6) 进一步拓宽成形零件的形状复杂程度，即根据成形件的形状特征，设法运用不同的成形方法，包括运用温锻方法，以提高复杂形零件的成形率。

(7) 着力研究更积极有效的润滑和材料软化处理方法，以期进一步改善现行金属塑性材料的成形条件，并扩大金属塑性成形材料的品种。

(8) 开发以塑性成形和塑性精整为终结工序的高附加值复合工艺技术，使塑性成形或塑性精整工序与其他如热锻、铸造、板料冲压、粉末冶金、切削加工等工序相结合，充分发挥各自的优势，使所生产的产品，不仅符合精度、性能方面的要求，而且可以大大降低成本。

(9) 从方便金属塑性成形并能直接满足产品使用要求相结合的角度，开发新一代的金属塑性成形材料，以谋求最理想的金属塑性成形经济效益。

(10) 进一步开发和完善快捷、有效的工业试验方法、以期针对不同的生产预期(包括锻件尺寸精度、各项性能要求、生产批量、生产率要求等)，对锻件塑性成形各环节的难易、优劣等作出正确的鉴别。

(11) 全面推广应用 CAD/CAM/CAE 技术，为适应零件的不同形状与尺寸的加工需要。在构建目标函数、优化设计变量和提高优化程序通用性等方面，进一步探索和完善基于有限元分析的优化设计方法在金属体积塑性成形工艺和模具设计中的合理应用。

1.3　金属塑性成形原理课程的任务

由上述介绍可知，金属塑性成形方法虽然多种多样，并且每种方法具有各自的特点，但是它们有着共同的物理基础和变形规律，即都要利用金属的塑性，并借助于一定的外力使其产生变形。金属塑性成形原理课程的目的和任务就在于科学地、系统地阐明这些物理基础和变形规律，为合理制订塑性成形工艺奠定理论基础。因此，本课程的任务主要如下。

(1) 阐明金属塑性变形的物理基础和力学条件，分析塑性变形的机理及塑性变形条件对金属的组织和力学性能的影响。

(2) 阐述金属的塑性变形行为及变形条件对其塑性和变形抗力的影响，以使工件在成形时获得最佳的塑性状态、最高的变形效率和优质的性能。了解塑性成形时的金属流动规律和变形特点，分析影响金属塑性流动的各种因素，以便合理地确定坯料尺寸和成形工序，使工件顺利成形。

(3) 论述应力、应变及应力应变之间的关系和屈服准则等塑性理论基础知识，能对金属产品零件受力时的变形过程进行应力和应变分析，并寻求塑性变形物体的应力和应变分布规律及所需的变形力和变形功的计算等。

(4) 运用金属塑性成形力学问题的各种解法及其在具体工艺中的应用，分析解决成形零件生产中常见的产品质量和工艺等问题，并能够合理地选择成形设备及设计模具。

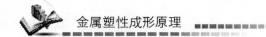

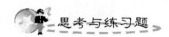 思考与练习题

1-1 什么是金属的塑性？什么是塑性成形？与金属切削加工相比，金属塑性成形有何特点？

1-2 金属塑性成形一般按什么方法分类？试举例说明常用金属塑性成形方法。

1-3 本课程的任务有哪些？

第2章

金属塑性变形的力学基础

 本章教学要点

知识要点	掌握程度	相关知识
变形体内点的应力状态分析	了解金属塑性成形时接触力与体积力； 了解变形时的内力、应力、全应力、正应力、切应力、应力张量； 掌握主应力和主应力方向的运用； 熟悉应力平衡微分方程和应力莫尔圆	全应力与正应力和切应力的关系，如何在就变形体受力时选取主应力及主应力方向
变形体内质点的应变状态分析	了解金属变形时质点位移和应变； 熟悉金属塑性成形八面体应变和等效应变； 掌握金属塑性成形体积不变条件及应用	修边余量和体积不变条件的关系。模具设计中要如何考虑修边余量，毛坯计算的方法
屈服准则	了解屈雷斯加塑性条件和米塞斯塑性条件； 熟悉米塞斯屈服准则的物理意义	什么受力状态情况下采用屈雷斯加塑性条件，什么受力状态情况下采用米塞斯屈服准则
塑性变形本构方程	了解弹性变形时的应力应变关系和塑性变形时应力应变关系的特点； 熟悉塑性变形的增量理论和塑性变形的全量理论及差异； 掌握及应用塑性变形的增量理论和塑性变形的全量理论	小变形状态和大变形状态下的塑性变形的增量理论和塑性变形的全量理论的相互关系

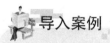 导入案例

板坯是如何通过塑性加工(拉深成形)成零件的

塑性成形中的工序之一板料拉深，是将薄钢板放置于拉深模具的凹模上平面上，拉深模具中的上下模板与压力机上滑块和下工作台用压板及 T 型紧固螺钉等刚性连接，在压力机往下移动施加载荷的作用下，板料在模具中先被刚性整体压边圈压住，随着压力机继续下移，板料被拉入凹模的模腔，直至拉深成所需要的尺寸和形状的零件〔图 2.0(a)〕。薄板加工成形状和尺寸各异的零件几乎都是有用这种塑性成形方法。然而，由于材料的力学性能和模具结构等，在拉深过程中不可避免要发生破裂和起皱现象，使得拉深件不能作为合格的产品零件使用，或者拉深过程中破裂件占总的拉深件数量的比例很高，使得产品的生产成本急剧提高，这种情况在冲压生产中是经常发生的〔图 2.0(b)〕。如某种型号的载重车中的挡泥板成形生产，破裂件占总的拉深件数量一度曾经达到 50% 以上，同种型号的车型的覆盖件门框，不能一次拉深成形，破裂和起皱现象非常严重。事实上，控制或抑制拉深过程中的破裂和起皱一直是冲压生产领域的焦点和难点问题。科学工作者从来就没有停止过研发新工艺新技术的脚步，迄今为止已研究出了许多的新工艺新技术，如变压边力控制。研究指出，压边力在板料拉深过程中是可控参数之一，板料在不同的阶段压边力是不同的，过大或过小的压边力都容易引起板料拉裂和起皱。变压边力是通过在板料不同的拉深阶段施加不同的压边力，或者在不同的法兰部位施加不同的压边力来控制板料的进料阻力，从而提高拉深的效果。其他如加径向压力的板料拉深，就是预先在板料最外圈沿径向施加压力，抵消一部分摩擦阻力并使得径向拉应力减小，取得最大的极限拉深能力。

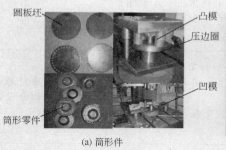

(a) 筒形件   (b) 筒形件破裂

图 2.0

由于板料拉深是一个大变形大位移的变形过程，涉及的因素很多，不但有材料的力学性能，也有模具结构设计和使用压力机的问题。研发的新工艺新技术运用在实际生产中并不多，综其原因，主要是这些新工艺新技术对提高极限拉深能力并不显著，或者成本高昂及提高生产效率的效果不明显。研究新工艺新技术都是从分析板料拉深受力开始，进而分析拉深过程中的应力和应变，或者从应力应变分析求解出受力状况，如生产汽车覆盖件这种大型冲压拉深件，破裂和起皱现象发生时，往往有现场工程师在发生破裂和起皱处的原始毛坯上先划出小圆孔，再进行拉深后观察并测量圆孔变成椭圆后的长短轴，计算出两个方向的应变，求出该点处的受力的大小和方向，以便及时修正模具，直到能生产出合格的覆盖件。

塑性成形冲压加工是一个高效率低成本的生产方式，这也是新工艺新技术的研发方向，经过对板料拉深过程中应力应变的变化及受力分析，研发出了比较实用的生产工艺，如带圆孔毛坯拉深和材料流经凹模模腔进料处由原来的圆角改成椭圆角，成本不高，却能极大地提高拉深性能。但是科学的探索永无止境，只有掌握板料受力基本特征，运用科学的分析方法和理论计算，才能研究出更多更实用更先进的工艺方法。

在塑性加工生产中，板料零件成形过程中经常发生拉裂和起皱，锻件在锤打过程中开裂、折叠或者棒材拉拔中出现裂纹等，造成这些缺陷的原因虽然很多，但是受力情况不佳却是主要原因之一。而金属材料在受力后的成形过程中，引起的应力应变是比较复杂的。因此，解决塑性加工产生的缺陷问题要从掌握分析和计算变形体的应力应变开始，了解成形过程究竟发生何种情况的应力和应变状况。本章通过介绍变形体受力过程中应力和应变等多种有关力的概念，为后续学习用工程法、滑移线法等求变形力并解决工程问题打下基础。

2.1　金属塑性成形过程中的应力分析

塑性是指金属在外力并借助于工艺装备(模具)的作用，能稳定地发生永久变形而不破坏的能力。研究金属在外力作用下由弹性状态进入塑性状态下的力学行为称为塑性理论或塑性力学，它是连续介质力学的一个分支。为了简化研究过程，塑性理论通常要采用一定的假设。

(1) 变形体是连续的。假设组成整个变形体的物质毫无空隙地充满了其几何空间，即认为是密实的。从物质结构来说，组成物体的粒子之间实际上并不连续，由于它们之间所存在的空隙与物体的尺寸相比是极其微小的，可以忽略不计，这样就可认为物体在其整个几何空间内是连续的。因此，变形体中的一些物理量，如应力、应变、位移等物理量也都是连续的，并可用坐标的连续函数来表示。应该指出，连续性假设不仅适用于物体变形前，也适用于物体变形后。

(2) 变形体是均匀的和各向同性的。物体在外力的作用力下所表现的力学性能与其在物体中的所处位置无关，即认为是均匀的。事实上，就工程上使用的许多金属来说，其各个晶粒的的力学性能并不完全相同，但因物体或在物体中的某一部分中，包含的晶粒为数极多，而且是无规律地排列的，其力学性能是所有各晶粒的性质的统计平均值，所以可认为是物体内部各部分的性质是均匀的。虽然就金属的单一晶粒来说，在不同的方向上，其力学性能并不一致，但金属包含着数量极多的晶粒，而且各晶粒又是杂乱无章地排列的，这样其在各个方向上的力学性能就接近相同了。因此，可认为物体在各个方向上的力学性能完全相同，具备这种属性的材料称之为各向同性材料。这样，从变形体上切取的任一微小单元体都能保持原变形体所具有的物理性质，且不随坐标的改变而变化。

(3) 在物体变形的任意瞬间，力的作用是平衡的。在一般情况下，忽略体积力的影响，并且在物体变形的任意瞬间，体积不变。在阐述塑性理论时，需要从静力学、几何学和物理学等角度来考虑和分析问题。静力学角度是从变形体中质点的应力分析出发，根据静力学平衡条件导出该点附近各应力分量之间的关系式，即微分平衡方程。几何学角度是根据变形体的连续性和均匀性，用几何的方法导出应变分量与位移分量之间的关系式，即几何方程。物理学角度是根据实验与假设导出应变分量与应力分量之间的关系式。此外，还要建立变形体从弹性状态进入塑性状态并使塑性变形继续进行时，其应力分量与材料性能之间的关系，即屈服准则或塑性条件。外力是塑性加工的外因，它可以分为接触力或表面力和体积力两大类。接触力或表面力即作用于工件表面的力，有集中力和分布载荷之分，由成形设备和模具提供。体积力则是作用于金属每个质点上的力，如重力和惯性力等。一般情况下，体积力的作用远远比表面力或接触力要小，可忽略不计，但在加速度比较大的场合，是不能忽略体积力的。

2.1.1 接触力

接触力可分为作用力、反作用力、摩擦力。作用力是由塑性成形设备或工艺装备（模具）提供的，用于使金属坯料产生塑性变形。在不同的塑性加工工序中，作用力可以是压力、拉力、剪切力，或是多种力的共同作用，如冲裁板料。图 2.1 所示为无压边装置板料冲裁，凸模对板料的垂直作用力 P_p 和凹模对板料的反向垂直作用力 P_d 就是一对作用力和反作用力，并由此产生了凸模和凹模侧面与板材间的摩擦力 μP_p 和 μP_d。同样，凸模对板料的侧压力 P_1 和凹模对板料的反向侧压力 P_2 也是一对作用力和反作用力，μP_1 和 μP_2 分别是凸模和凹模垂直方向与板材间的摩擦力。

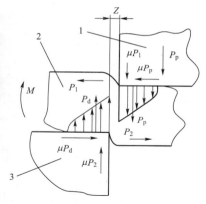

(a) 板料冲载过程   (b) 冲载时作用于板料的力

图 2.1　无压边装置板料冲裁

1—凸模；2—板料；3—凹模

但塑性加工在大多数情况下是用压力来成形的，如图 2.2 所示的形钢轧制，是通过上下旋转的轧辊压制成形的。用此种方法同样可以成形一字型旋杆刀头部分（图 2.3），也可以采用专用液压装置上的上下模块压制圆钢的方法成形一字型旋杆刀头部分（图 2.4）。因此塑性加工又称为压力加工。塑性加工主要依赖于作用在金属坯料的作用力和工具（或模具）作用于金属坯料上的反作用力达到改变金属坯料形状或尺寸的。一般情况下，反作用于金属的力与施加的作用力互相平行，并组成平衡力系。图 2.5(a) 中，$P = P'$（P 为作用力、P' 为反作用力）。金属在外力作用下产生塑性变形时，在金属与工具的接触面上产生阻止金属流动的摩擦力。摩擦力的方向通常与金属质点移动的方向相反，其最大值不应超过金属材料的抗剪强度。图 2.5(a) 中的摩擦力 P_μ（$P_\mu = \mu P$）自相平衡，而图 2.5(b) 中的摩擦力 P'_μ（$P'_\mu = \mu P'$）对金属底部变形起阻碍作用，不利于底部金属的充满，此时，$P =$

$P' + P'_\mu$；在图 2.5(c)中，摩擦力 P'_μ有利于底部金属的充满，起到作用力的效果，此时，$P + P'_\mu = P'$。

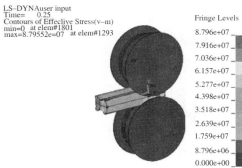

图 2.2　轧辊轧制形钢

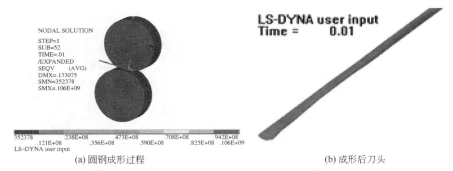

(a) 圆钢成形过程　　　　　　　　　　　(b) 成形后刀头

图 2.3　轧辊轧制成形一字型旋杆刀头部分

图 2.4　专用液压装置压制圆钢

　　在拉深过程中(图 2.6)，凹模(特别是在凹模圆角入口处)与压边圈的工作表面应十分光滑并采用润滑剂，可减小拉深过程中的摩擦阻力，抑制危险断面减薄并发生破裂的趋势。对于凸模工作表面则不必做得很光滑也不需要采用润滑剂，拉深时凸模工作表面与板料之间有较大的摩擦力，不会产生相互移动，有利于阻止危险断面减薄，对拉深是有利的。但对凹模来说，拉深时，有摩擦阻力的存在，使板料被拉入模腔的阻力增大，是不利于拉深的，为了减小摩擦阻力，可采用在凹模与板料的接触面加工出 $\phi 3 \sim 10\text{mm}$ 的小盲孔(图 2.7)，孔的大小视模具大小而定，孔口最好能够光滑倒角，拉深时，在孔中加注润滑油，如此在拉深时可获得不错的效果。

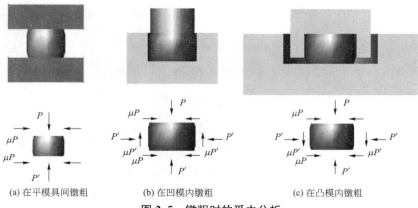

(a) 在平模具间镦粗　　　　(b) 在凹模内镦粗　　　　(c) 在凸模内镦粗

图 2.5　镦粗时的受力分析

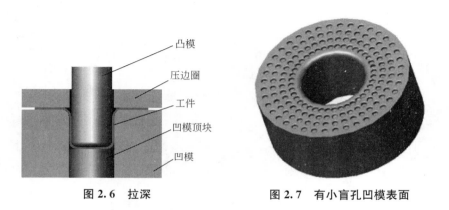

图 2.6　拉深　　　　　　　　图 2.7　有小盲孔凹模表面

2.1.2　体积力

体积力是与变形体内各质点的质量成正比的力，如重力、磁力和惯性力等。对一般的塑性成形过程，由于体积力与面力相比要小得多，可以忽略不计。因此，一般都假定是在表面力作用下的静力平衡力系。但是在高速成形时，如高速锤锻造、爆炸成形等，惯性力不能忽略。在锤上模锻时，坯料受到由静到动的惯性力作用，惯性力向上，有利于金属填充上模，故锤上模锻通常将形状复杂的部位设置在上模。在高速锤上挤压时，工件在出口部分的速度 v_1 远远大于工具运动速度 v_0，如图 2.8 所示。

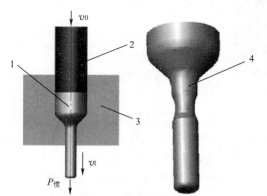

图 2.8　高速锤上挤压时的惯性力
1—坯料；2—冲头；3—凹模；4—缩颈

根据体积不变条件，得 $v_0A_0=v_1A_1$，则 $v_1=v_0A_0/A_1$，当挤压比 $A_0/A_1=5$（A_0、A_1 分别为挤压前和挤压后坯料的横截面积，v_0、v_1 分别为挤压前横截面积 A_0 和挤压后横截面积 A_1 处金属质点的流速）时，v_1 可达近

100m/s。当挤压结束时，在如此高的速度下突然停止，工件受到由动到静的惯性力作用，且惯性力的方向向下，这时，有可能使工件产生缩颈，甚至断裂。

2.2　变形体内一点的应力状态分析

金属塑性成形时，在工具与坯料接触并在工具加载的力的作用下，金属坯料产生塑性变形的那部分体积就处在变形区中，而变形区材料的内部的内力必然发生了变化并处于某个应力状态之中。应力分析就是了解变形物体内任意一点的应力状态，并推断出整个变形物体的应力状态的过程。点的应力状态是指物体内任意方位微小面积上所承受的应力情况，即应力大小、方向和个数。

2.2.1　内力和应力

1. 单向受力下的应力及其分量

物体受到外力作用而变形时，其内部各质点间的相对位置将有变化，与此同时，各质点间的相互作用力也会发生变化。上述相互作用力由于物体受到外力的作用而引起的改变量，就是所研究的内力。由于已假设物体是连续均匀的可变形固体，因此在物体内部相邻部分之间相互作用的内力，实际上是一个连续分布的内力系，而将分布内力系的合成力，简称为内力。而单位面积上的内力叫作应力，图 2.9(a)表示一物体受外力系 P_1、P_2、…作用下处于平衡状态，若要知道物体内 Q 点的应力，可假想用一个经过 Q 点的截面 m-n 将物体分成 Ⅰ、Ⅱ 两部分，取 Ⅰ 部分为研究对象，则 Ⅱ 部分将在截面 m-n 上对 Ⅰ 部分作用一定的内力，如图 2.9(b)所示。在 m-n 截面上取一微小的面积，它包含 Q 点，面积为 ΔA。设作用在 ΔA 上的内力为 ΔP，则内力的平均集度，即平均应力为 $\Delta P/\Delta A$，令 ΔA 无限减小并趋于 Q 点，假定内力连续分布，则 $\Delta P/\Delta A$ 将趋近一极限 S，即

$$S = \lim_{\Delta A \to 0} \frac{\Delta P}{\Delta A} = \frac{\mathrm{d}P}{\mathrm{d}A}$$

这个极限矢量 S 就是物体在 m-n 截面上 Q 点的应力，它的方向即为 ΔP 的极限方向。

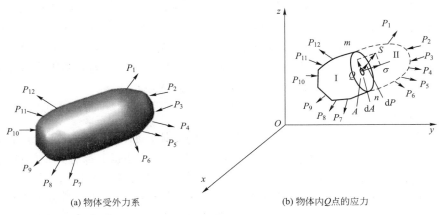

(a) 物体受外力系　　　　　　　　　(b) 物体内 Q 点的应力

图 2.9　内力和应力图

应力及其分量的单位为 N/mm²。S 也可称为全应力，全应力 S 可分解成两个分量，一个垂直于 $m-n$ 截面，称为正应力，一般用 σ 表示，另一个平行于 $m-n$ 截面，称为切应力，一般用 τ 表示。显然

$$S^2 = \sigma^2 + \tau^2 \qquad (2-1)$$

事实上，过 Q 点可以作无数个切面，在不同的方位的切面上，同一 Q 点的应力分量显然是不同的。因此，一般情况下，变形体内一点的全应力 S 的大小和方向取决于过该点所切取截面的方位。单向受力下的应力可从如图 2.10 所示试棒的单向均匀拉伸得到说明，过试棒内一点 Q 并垂直于拉伸轴线横截面 $m-n$ 上的应力为

$$\left. \begin{array}{c} S_0 = \dfrac{\mathrm{d}P}{\mathrm{d}A_0} = \dfrac{P}{A_0} = \sigma_0 \\[2mm] \tau_0 = 0 \end{array} \right\} \qquad (2-2)$$

式中，P 为轴向拉伸力；A_0 为过试棒内一点 Q 并垂直于拉伸轴线横截面 $m-n$ 上的面积。

若过 Q 点作任意切面 m_1-n_1，其法线 N 与拉伸轴成 α 角，面积为 A_α，由于是均匀拉伸，故截面 m_1-n_1 上的应力是均布的，此时，截面 m_1-n_1 上 Q 点的全应力 S_α、正应力 σ_α 及切应力 τ_α 分别为

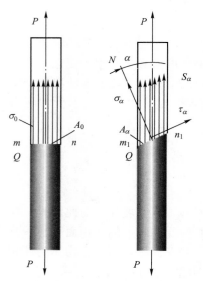

图 2.10　单向均匀拉伸时的任意截面上的应力

$$\left. \begin{array}{c} S_\alpha = \dfrac{P}{A_\alpha} = \dfrac{P}{A_0}\cos\alpha = \sigma_\alpha\cos\alpha \\[2mm] \sigma_\alpha = S_\alpha\cos\alpha = \sigma_0\cos^2\alpha \\[2mm] \tau_\alpha = S_\alpha\sin\alpha = \dfrac{\sigma_0}{2}\sin2\alpha \end{array} \right\} \qquad (2-3)$$

式 (2-3) 表明，过 Q 点任意切面上的全应力及其分量随其法线的方向角 α 的改变而变化，即是 α 角的函数。对于单向均匀拉伸，只要确定出 σ_0，则过 Q 点任意切面上的应力就可确定下来。因此，在单向均匀拉伸条件下，可用一个 σ_0 来表示某一点的应力状态，σ_0 称为单向应力状态。但是，在多向受力情况下，显然不能由一点的任意切面来求得该点其他方向切面上的应力。也就是说，仅仅用某一方向切面上的应力并不能全面地表示出一点所受的应力状态，这就需要引入单元体及点的应力状态的概念。

2. 多向受力下的应力及其分量

设在直角坐标系 $Oxyz$ 中有一承受任意力系的物体，如图 2.11(a) 所示，物体内取任意一点 Q，过 Q 点可作无限多个微分面，不同方位上的微分面上都有其不同的应力分量，若围绕这一物体内任意一点 Q 切取一个矩形六面体作为单元体，其棱边分别平行于 3 个坐标轴，取六面体中 3 个相互垂直的表面作为微分面，如果已知这 3 个微分面上的应力，则该单元体任意方向上的应力都可以通过静力学平衡求得。由于各微分面上的全应力都可以按坐标轴方向分解为一个正应力和两个切应力的分量，3 个相互垂直的微分面上共有 9 个

应力分量。因此，一点的应力状态可用 9 个应力分量来描述，如图 2.11(b)所示。由于单元体处于静力平衡状态，不发生旋转，故绕单元体各坐标轴的合力矩必须等于零，因此可导出切应力互等

$$\tau_{xy} = \tau_{yx}; \quad \tau_{yz} = \tau_{zy}; \quad \tau_{zx} = \tau_{xz} \tag{2-4}$$

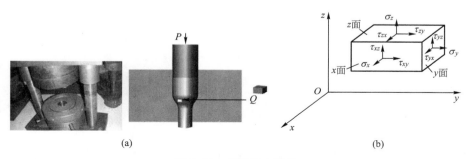

图 2.11 点的应力状态

因此，这 9 个应力分量只有 6 个应力分量是独立的，用 6 个应力分量就可以确定该点的应力状态。

需要指出的是，图 2.11 中的坐标系是任意选取的，如果外力条件不变，而物体内任意点的应力状态是确定的，选取坐标不同，表示该点的这 9 个应力分量的数值会不同，但该点的应力状态并没有变化。不同坐标系上的物理量可通过一定的线性关系换算，这种关系在数学上称为张量，所以点的应力状态可用张量表示，叫作应力张量，可用张量符号 σ_{ij} 表示，即

$$\sigma_{ij} = \begin{pmatrix} \sigma_x & \tau_{xy} & \tau_{xz} \\ \tau_{yx} & \sigma_y & \tau_{yz} \\ \tau_{zx} & \tau_{zy} & \sigma_z \end{pmatrix} \tag{2-5}$$

式中，角标 i 和 j 分别表示 x、y、z，即 $i = x, y, z; j = x, y, z$。第一个角标 i 表示该应力分量所在坐标面；第二个角标 j 表示该应力所指坐标方向。正应力分量的两个下角标相同，一般只用一个下角标表示，如 σ_{xx} 简写成 σ_x。由于切应力互等，即 $\tau_{ij} = \tau_{ji}$。式(2-5)对称于对角线，所以应力张量是对称张量，可简写成

$$\sigma_{ij} = \begin{pmatrix} \sigma_x & \tau_{xy} & \tau_{xz} \\ \bullet & \sigma_y & \tau_{yz} \\ \bullet & \bullet & \sigma_z \end{pmatrix} \tag{2-6}$$

2.2.2 物体内任一点的应力状态

假定物体在任一点 Q 的 6 个应力分量 σ_x、σ_y、σ_z、$\tau_{yz} = \tau_{zy}$、$\tau_{zx} = \tau_{xz}$、$\tau_{xy} = \tau_{yx}$ 为已知，求经过 Q 点的任一斜面上的应力。在 Q 点附近取一个平面 ABC（设其面积为 dA），与经过 Q 点而平行于坐标面的 3 个平面形成一个微小的四面体 $QABC$，如图 2.12 所示。当平面 ABC 趋于 Q 点时，平面 ABC 上的应力就成为 Q 点在该斜面上的应力。令平面 ABC 的外法线为 N，其方向余弦为

$$\cos(N, x) = l$$

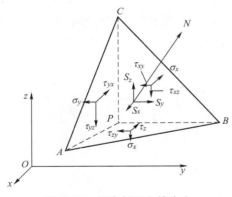

图 2.12 任意斜面上的应力

$$\cos(N,\ y)=m$$
$$\cos(N,\ z)=n$$

设 $\triangle ABC$ 上的全应力 S 在坐标轴上的投影分量为 S_x、S_y、S_z，则由四面体的平衡条件（推导从略）可以得出

$$\left.\begin{array}{l}S_x=l\sigma_x+m\tau_{yx}+n\tau_{zx}\\ S_y=l\tau_{xy}+m\sigma_y+n\tau_{zy}\\ S_z=l\tau_{xz}+m\tau_{yz}+n\sigma_z\end{array}\right\} \qquad (2-7)$$

而 $\triangle ABC$ 上的全应力为 S 与各分量 S_x、S_y、S_z 的关系则由投影可得

$$S=S_x^2+S_y^2+S_z^2 \qquad (2-8)$$

全应力在法线 N 上的投影就是斜面的正应力 σ，而它等于 S_x、S_y、S_z 在 N 上的投影之和。

将式(2-7)代入式(2-8)，并分别用 τ_{yz}、τ_{zx}、τ_{xy} 代替 τ_{zy}、τ_{xz}、τ_{yx}，即得

$$\sigma=lS_x+mS_y+nS_z=l^2\sigma_x+m^2\sigma_y+n^2\sigma_z+2mn\tau_{yz}+2nl\tau_{zx}+2lm\tau_{xy} \qquad (2-9)$$

设 $\triangle ABC$ 上的切应力为 τ，则由式(2-1)得

$$\tau^2=S_x^2+S_y^2+S_z^2-\sigma^2=S^2-\sigma^2 \qquad (2-10)$$

由式(2-9)及式(2-10)可见，在物体内的任意一点，如果已知 6 个应力分量 σ_x、σ_y、σ_z、τ_{yz}、τ_{zx}、τ_{xy}，就可以求得任一斜面上的正应力和切应力。因此，可以说，6 个应力分量完全决定了一点的应力状态。

2.2.3 主应力和应力不变量

对于任意一种应力状态，总存在一组坐标系，使得单元体各表面只有正应力而无切应力，如图 2.13 所示。这时，3 个坐标轴称为主轴，3 个坐标轴的方向就称为主方向，分别用 3 个 1、2、3 代替 x、y、z，用 σ_1、σ_2、σ_3 分别表示 3 个主方向上的 3 个正应力，并称为主应力。主应力一般按其代数值大小依次用 σ_1、σ_2、σ_3 表示，即 $\sigma_1>\sigma_2>\sigma_3$，带正号的正应力或主应力表示拉应力，带负号的正应力或主应力表示压应力。而 3 个主应力的作用面称为主平面。用主应力表示点的应力状态可简化分析及运算工作。

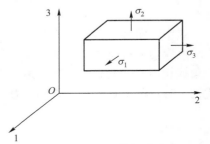

图 2.13 轴坐标系中的应力分量

3 个主应力和相互垂直的主方向都可以由任意坐标系的应力分量求得，假设图 2.12 中的法线方向余弦 l、m、n 的斜切微分面正好就是主平面，面上的剪应力 $\tau=0$ 则 $\sigma=S$，因全应力在 3 个坐标轴方向上的投影就是 S_x、S_y、S_z，则有

$$S_x=lS=l\sigma;\ S_y=mS=m\sigma;\ S_z=nS=n\sigma$$

将上述的列式代入式(2-7)，整理后得

$$\left.\begin{array}{l}l(\sigma_x-\sigma)+m\tau_{yx}+n\tau_{zx}=0\\ l\tau_{xy}+m(\sigma_y-\sigma)+n\tau_{zy}=0\\ l\tau_{xz}+m\tau_{yz}+n(\sigma_z-\sigma)=0\end{array}\right\} \qquad (2-11)$$

式(2-11)是以 l、m、n 为未知数的齐次线性方程组,其解就是应力主轴的方向。此方程组的一组解是 $l=m=n=0$,但由解析几何知,方向余弦之间必须满足

$$l^2+m^2+n^2=1 \qquad (2-12)$$

即 l、m、n 不可能同时为零,所以必须寻求非零解。按线性方程理论,齐次线性方程组(2-11)存在非零解的条件是方程组的系数所组成的行列式等于零,即

$$\begin{vmatrix} (\sigma_x-\sigma) & \tau_{yx} & \tau_{zx} \\ \tau_{xy} & (\sigma_y-\sigma) & \tau_{zy} \\ \tau_{xz} & \tau_{yz} & (\sigma_z-\sigma) \end{vmatrix}=0$$

展开行列式并整理后得

$$\sigma^3-(\sigma_x+\sigma_y+\sigma_z)\sigma^2+[\sigma_x\sigma_y+\sigma_y\sigma_z+\sigma_z\sigma_x-(\tau_{xy}^2+\tau_{yz}^2+\tau_{zx}^2)]\sigma-$$
$$[\sigma_x\sigma_y\sigma_z+2\tau_{xy}\tau_{yz}\tau_{zx}-(\sigma_x\tau_{yz}^2+\sigma_y\tau_{zx}^2+\sigma_z\tau_{xy}^2)]=0$$

设

$$\left.\begin{aligned} J_1&=\sigma_x+\sigma_y+\sigma_z \\ J_2&=-[\sigma_x\sigma_y+\sigma_y\sigma_z+\sigma_z\sigma_x-(\tau_{xy}^2+\tau_{yz}^2+\tau_{zx}^2)] \\ J_3&=\sigma_x\sigma_y\sigma_z+2\tau_{xy}\tau_{yz}\tau_{zx}-(\sigma_x\tau_{yz}^2+\sigma_y\tau_{zx}^2+\sigma_z\tau_{xy}^2) \end{aligned}\right\} \qquad (2-13)$$

故有

$$\sigma^3-J_1\sigma^2-J_2\sigma-J_3=0 \qquad (2-14)$$

式(2-14)称为应力状态的特征方程。该方程必有 3 个实根,即 3 个主应力 σ_1、σ_2、σ_3,将解得的各主应力值代入式(2-11)并与式(2-12)联解,便可得到该主应力的方向余弦,这样就可得到 3 个相互垂直的主方向。

对于一个确定的应力状态,只有一组主应力。因此,特征方程(2-14)的系数 J_1、J_2、J_3 应该是单值的,不随坐标而变。于是可得出下面重要的结论:尽管应力张量的各分量随坐标而变化,但按式(2-13)的形式组合起来的函数的值是不变的。因此,可将 J_1、J_2、J_3 分别称为应力张量的第一和第二及第三不变量,存在不变量也是张量的特性。

如用应力张量表示主方向上的 3 个主应力,如图 2.13 所示,这时应力张量就为

$$\sigma_{ij}=\begin{bmatrix} \sigma_1 & 0 & 0 \\ 0 & \sigma_2 & 0 \\ 0 & 0 & \sigma_3 \end{bmatrix} \qquad (2-15)$$

在主轴坐标系中斜微分面上的应力分量的公式可简化为下列表达式

$$S_1=\sigma_1 l; \quad S_2=\sigma_2 m; \quad S_3=\sigma_3 n \qquad (2-16)$$

$$S^2=\sigma_1^2 l^2+\sigma_2^2 m^2+\sigma_3^2 n^2 \qquad (2-17)$$

$$\sigma=\sigma_1 l^2+\sigma_2 m^2+\sigma_3 n^2 \qquad (2-18)$$

$$\tau^2=S^2-\sigma^2=\sigma_1^2 l^2+\sigma_2^2 m^2+\sigma_3^2 n^2-(\sigma_1 l^2+\sigma_2 m^2+\sigma_3 n^2)^2 \qquad (2-19)$$

由于 σ_1、σ_2、σ_3 是方程(2-14)的根,因此,下述方程成立

$$(\sigma-\sigma_1)(\sigma-\sigma_2)(\sigma-\sigma_3)=0$$

将其展开并对照式(2-14)可得

$$\left.\begin{aligned} J_1&=\sigma_1+\sigma_2+\sigma_3 \\ J_2&=-(\sigma_1\sigma_2+\sigma_2\sigma_3+\sigma_3\sigma_1) \\ J_3&=\sigma_1\sigma_2\sigma_3 \end{aligned}\right\} \qquad (2-20)$$

一般情况下，都可近似用主应力表示应力状态，这样可使运算得到简化。而利用应力张量不变量可以判别应力状态的异同。如有以下两个应力张量

$$\sigma_{ij}^1=\begin{vmatrix} a & 0 & 0 \\ 0 & b & 0 \\ 0 & 0 & 0 \end{vmatrix}$$

$$\sigma_{ij}^2=\begin{vmatrix} \dfrac{a+b}{2} & \dfrac{a-b}{2} & 0 \\ \dfrac{a-b}{2} & \dfrac{a+b}{2} & 0 \\ 0 & 0 & 0 \end{vmatrix}$$

按式(2-13)计算，上述两个应力状态的应力张量不变量相等，均为

$$J_1=a+b,\quad J_2=-ab,\quad J_3=0$$

由此可见，应力σ_{ij}^1和σ_{ij}^2状态相同。

2.2.4 应力椭球面

如果已知变形体内任意一点的主应力，则可用另一种方法表达一点的应力状态，应力椭球面是在主轴坐标系中点的应力状态的几何表达。因为使坐标面与一点的主微分面重合，则在这些微分面上没有切应力，只有主应力，因为

$$\sigma_x=\sigma_1,\quad \sigma_y=\sigma_2,\quad \sigma_z=\sigma_3$$

由式(2-12)和式(2-16)经简单换算得

$$\frac{S_1^2}{\sigma_1^2}+\frac{S_2^2}{\sigma_2^2}+\frac{S_3^2}{\sigma_3^2}=1 \tag{2-21}$$

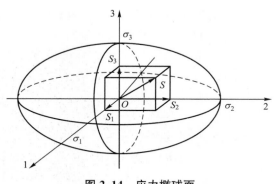

图 2.14 应力椭球面

式(2-21)是椭球面方程，取3个坐标轴为主应力坐标(即x,y,z用1,2,3表示)，而其主半轴的长度分别等于σ_1、σ_2、σ_3。这个椭球面称为应力椭球面，如图2.14所示。对于一个确定的应力状态，任意斜切面上全应力矢量S的端点必然在椭球面上。

图2.15所示是主应力表示的各种应力状态。在3个主应力中，$\sigma_1\neq\sigma_2\neq\sigma_3\neq0$，称为三向应力状态，如图2.15(a)所示。如果有两个主应力为零，如$\sigma_1\neq0$，$\sigma_2=\sigma_3=0$，则称为单向应力状态，属圆柱应力状态，如图2.15(b)所示。在此状态下，与σ_1轴垂直的所有方向都是主方向，而且这些方向上的主应力都相等。如果一个主应力为零，如$\sigma_1\neq\sigma_2$，$\sigma_3=0$，则是两向应力状态(或平面应力状态)，如图2.15(c)所示，此时应力椭球面变成在某个平面上的椭圆轨迹，$\sigma_1\neq\sigma_2$，$\sigma_3\neq0$也属圆柱应力状态。$\sigma_1=\sigma_2=\sigma_3$，称为球应力状态，如图2.15(d)所示。根据式(2-19)可知，$\tau\equiv0$，表示所有方向都没有切应力，所以都是主方向，而且所有方向的应力都相等，此时应力椭球面变成了球面。

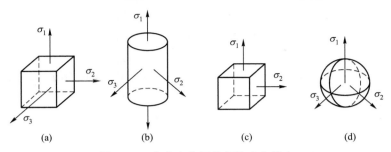

图 2.15   主应力表示的各种应力状态

2.2.5   主应力图

在一定的应力状态下，变形体内任意一点存在着相互垂直的 3 个主平面及主应力轴，在金属塑性成形理论分析中一般采用主坐标轴，这时的应力张量可写成式(2-15)的形式。而表示一点主应力有无和正负号的应力状态图示就称为主应力图。受力物体内一点的应力状态，可用作用在应力单元体上的主应力来描述，只用主应力的个数及符号来描述一点的应力状态的简图称为主应力图。一般主应力图只表示出主应力的个数及正负号，并不表明所作用应力的大小。主应力图共有 9 种，如图 2.16 所示，其中的三向应力状态有 4 种 [图 2.16（a）]，二向的应力状态有 3 种 [图 2.16（b）]，单向应力状态有两种 [图 2.16(c)]。在两向和三向主应力图中，各向主应力符号相同时，称为同号主应力图，符号不同时，称为异号主应力图。根据主应力图，可定性比较某一种材料采用不同的塑性成形加工工艺时，塑性和变形抗力的差异。

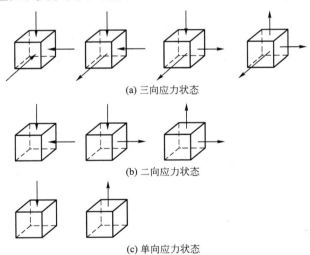

(a) 三向应力状态

(b) 二向应力状态

(c) 单向应力状态

图 2.16   主应力图类型

2.2.6   主切应力和最大切应力

已知通过变形体内任意一点可作许多微分平面，微分平面上作用着切应力与正应力，与分析斜微分面上的正应力一样，切应力也随斜微分面的方位而改变，当斜微分面上的切应力为极大值时，该切应力称为主切应力，主切应力作用的平面称为主切应力平面。

将式(2-12)变换成 $n^2 = 1 - m^2 - l^2$ 并代入式(2-19)，可得

$$\tau^2 = S^2 - \sigma^2 = \sigma_1^2 l^2 + \sigma_2^2 m^2 + \sigma_3^2 (1 - l^2 - m^2) - [\sigma_1 l^2 + \sigma_2 m^2 + \sigma_3 (1 - l^2 - m^2)^2]^2$$
$$= (\sigma_1^2 - \sigma_3^2) l^2 + (\sigma_2^2 - \sigma_3^2) m^2 + \sigma_3^2 - [(\sigma_1 - \sigma_3) l^2 + (\sigma_2 - \sigma_3) m^2 + \sigma_3]^2 \qquad (2-22)$$

为求切应力的极值，将式(2-22)分别对 l、m 求偏导并令其为零，经化简后得

$$\left.\begin{array}{l} (\sigma_1^2 - \sigma_3^2) l - 2 \left[(\sigma_1 - \sigma_3) l^2 + (\sigma_2 - \sigma_3) m^2 + \sigma_3 \right] (\sigma_1 - \sigma_3) l = 0 \\ (\sigma_2^2 - \sigma_3^2) m - 2 \left[(\sigma_1 - \sigma_3) l^2 + (\sigma_2 - \sigma_3) m^2 + \sigma_3 \right] (\sigma_2 - \sigma_3) m = 0 \end{array}\right\} \qquad (2-23)$$

对式(2-23)进行讨论：

(1) 式(2-23)的一组解为 $l = m = 0$，$n = \pm 1$，这是一对主平面，切应力为零，不是所需的解。

(2) 若 $\sigma_1 = \sigma_2 = \sigma_3$，则式(2-23)无解，因此时为球应力状态，$\tau \equiv 0$。

(3) 若 $\sigma_1 \neq \sigma_2 = \sigma_3$，则从式(2-23)中第一式解得 $l = \pm 1/\sqrt{2}$。这是圆柱应力状态，此时，与 σ_1 轴成 $45°$（或 $135°$）的所有平面都是切应力平面，单向拉伸就是如此。

(4) 一般情况下 $\sigma_1 \neq \sigma_2 \neq \sigma_3$，这里有以下几种情况：

① 若 $l \neq 0$，$m \neq 0$，则式(2-23)必有 $\sigma_1 = \sigma_2$，这与前提 $\sigma_1 \neq \sigma_2 \neq \sigma_3$ 不符，所以 (2-23)无解。

② 若 $l = 0$，$m \neq 0$，则斜微分面始终垂直于 1 主平面，如图 2.17(a)所示，则由式(2-23)中第二式解得 $m = \pm 1/\sqrt{2}$，解得此斜微分面（即主切应力平面）的方向余弦为 $l = 0$，$n = m = \pm 1/\sqrt{2}$，如图 2.17(b)所示。

③ 若 $l \neq 0$，$m = 0$，此斜微分面始终垂直于 2 主平面，这时由式(2-23)第一式解得 $l = \pm 1/\sqrt{2}$，则解得此斜微分面（主切应力平面）的方向余弦为 $m = 0$，$l = n = \pm 1/\sqrt{2}$，如图 2.17(c)所示。

同理，将 $l^2 = 1 - m^2 - n^2$ 和 $m^2 = 1 - l^2 - n^2$ 分别代入式(2-19)，削去 l 或 m，则可分别求得 3 组方向余弦，去除重复的解，还可得到一组主切应力平面的方向余弦值 $n = 0$，$l = m = \pm 1/\sqrt{2}$，如图 2.17(d)所示。

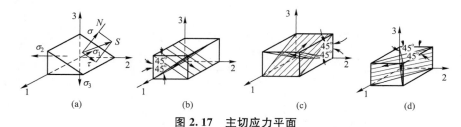

图 2.17 主切应力平面

各组方向余弦值分别代入式(2-18)和式(2-19)，可解出这些主切应力平面上的正应力和主切应力值，即

$$\left.\begin{array}{l} \sigma_{12} = \dfrac{\sigma_1 + \sigma_2}{2} \\[2mm] \sigma_{23} = \dfrac{\sigma_2 + \sigma_3}{2} \\[2mm] \sigma_{31} = \dfrac{\sigma_3 + \sigma_1}{2} \end{array}\right\} \qquad (2-24)$$

$$\left. \begin{array}{l} \tau_{12} = \pm \dfrac{\sigma_1 - \sigma_2}{2} \\[3mm] \tau_{23} = \pm \dfrac{\sigma_2 - \sigma_3}{2} \\[3mm] \tau_{31} = \pm \dfrac{\sigma_3 - \sigma_1}{2} \end{array} \right\} \qquad (2-25)$$

将上面结果列于表 2-1 中。

表 2-1 　主平面、主切应力平面及其面上的正应力和切应力及方向余弦

	第 1 组	第 2 组	第 3 组	第 4 组	第 5 组	第 6 组
l	0	0	± 1	0	$\pm 1/\sqrt{2}$	$\pm 1/\sqrt{2}$
m	0	± 1	0	$\pm 1/\sqrt{2}$	0	$\pm 1/\sqrt{2}$
n	± 1	0	0	$\pm 1/\sqrt{2}$	$\pm 1/\sqrt{2}$	0
切应力	0	0	0	$\pm(\sigma_2-\sigma_3)/2$	$\pm(\sigma_3-\sigma_1)/2$	$\pm(\sigma_1-\sigma_2)/2$
正应力	σ_3	σ_2	σ_1	$(\sigma_2+\sigma_3)/2$	$(\sigma_3+\sigma_1)/2$	$(\sigma_1+\sigma_2)/2$

　　从表 2-1 可看出：前 3 组微分面上的切应力为极小值 ($\tau = 0$)，是主平面。后面 3 组微分面上的切应力有极大值，为主切应力平面。主切应力平面共有 12 个，这 3 组主切应力平面分别与一个主平面垂直，与另外两个主平面交成 45° 角，如图 2.17 所示。需要说明的是：每对主切应力平面上的正应力相等。图 2.18 为 $\sigma_1\sigma_2$ 坐标平面上的例子。3 个主切应力中绝对值最大的一个叫作最大切应力，用 $\tau_{\max}$ 表示，若 $\sigma_1 > \sigma_2 > \sigma_3$，则

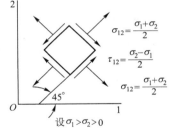

图 2.18　主切应力平面上的正应力

$$\tau_{\max} = \tau_{13} = \pm \frac{\sigma_1 - \sigma_3}{2} \qquad (2-26)$$

或可表示为

$$\tau_{\max} = \frac{\sigma_{\max} - \sigma_{\min}}{2} \qquad (2-27)$$

式中，$\sigma_{\max}$、$\sigma_{\min}$ 分别为代数值最大、最小主应力值。

　　从式 (2-25) 中可看出：

　　(1) 若 $\sigma_1 = \sigma_2 = \sigma_3 = \pm \sigma$，即变形体处于三向等拉或三向等压的应力状态时，主切应力为零，即

$$\tau_{12} = \tau_{23} = \tau_{31} = 0$$

　　(2) 若 3 个主应力同时增加或减少一个相同的值时，主切应力值将保持不变。主切应力的这些性质对研究金属塑性成形有着重要的作用。

2.2.7　应力偏张量和应力球张量

1. 应力张量的分解

　　应力张量图的分解可用图 2.19 表示。应力张量是可以分解的，按应力叠加原理，表

示变形体内任意一点的应力张量可以分解为应力球张量和应力偏张量两部分。

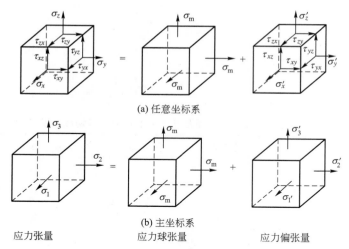

(a) 任意坐标系

(b) 主坐标系

应力张量　　　　　应力球张量　　　　　应力偏张量

图 2.19　应力张量的分解

设 σ_m 为 3 个正应力分量的平均值，称平均应力（或静水应力），即

$$\sigma_m = \frac{\sigma_x + \sigma_y + \sigma_z}{3} = \frac{\sigma_1 + \sigma_2 + \sigma_3}{3} = \frac{J_1}{3} \qquad (2-28)$$

由式(2-28)可知，σ_m 为不变量，与所取坐标无关，即对于一个确定的应力，它是一个单值。将 3 个正应力分量设为

$$\left. \begin{array}{l} \sigma'_x = \sigma_x - \sigma_m \\ \sigma'_y = \sigma_y - \sigma_m \\ \sigma'_z = \sigma_z - \sigma_m \end{array} \right\} \qquad (2-29)$$

或

$$\left. \begin{array}{l} \sigma_x = (\sigma_x - \sigma_m) + \sigma_m = \sigma'_x + \sigma_m \\ \sigma_y = (\sigma_y - \sigma_m) + \sigma_m = \sigma'_y + \sigma_m \\ \sigma_z = (\sigma_z - \sigma_m) + \sigma_m = \sigma'_z + \sigma_m \end{array} \right\} \qquad (2-29a)$$

将上式代入应力张量表达式(2-5)中，就可将应力张量分解为两个张量，即有

$$\sigma_{ij} = \begin{bmatrix} \sigma_x & \tau_{xy} & \tau_{xz} \\ \tau_{yx} & \sigma_y & \tau_{yz} \\ \tau_{zx} & \tau_{zy} & \sigma_z \end{bmatrix} = \begin{bmatrix} \sigma_x - \sigma_m & \tau_{xy} & \tau_{xz} \\ \tau_{yx} & \sigma_y - \sigma_m & \tau_{yz} \\ \tau_{zx} & \tau_{zy} & \sigma_z - \sigma_m \end{bmatrix} + \begin{bmatrix} \sigma_m & 0 & 0 \\ 0 & \sigma_m & 0 \\ 0 & 0 & \sigma_m \end{bmatrix} \qquad (2-30)$$

或简记为

$$\sigma_{ij} = \sigma'_{ij} + \delta_{ij}\sigma_m$$

上式中，δ_{ij} 为克氏符号，或称单位张量，当 $i = j$ 时，$\delta_{ij} = 1$；当 $i \neq j$ 时，$\delta_{ij} = 0$。用克氏符号可以将角标不同的元素去掉。

如取主轴坐标，则只要将式(2-30)中的 σ_x、σ_y、σ_z 换写成 σ_1 或 σ_2 及 σ_3，切应力取为 0。

则式（2-30）为

$$\delta_{ij} = \begin{bmatrix} \sigma_1 & 0 & 0 \\ 0 & \sigma_2 & 0 \\ 0 & 0 & \sigma_3 \end{bmatrix} = \begin{bmatrix} \sigma_1-\sigma_m & 0 & 0 \\ 0 & \sigma_2-\sigma_m & 0 \\ 0 & 0 & \sigma_3-\sigma_m \end{bmatrix} + \begin{bmatrix} \sigma_m & 0 & 0 \\ 0 & \sigma_m & 0 \\ 0 & 0 & \sigma_m \end{bmatrix}$$

式(2-30)中，$\delta_{ij}\sigma_m$ 表示球应力的状态，或称静水应力状态，也称为球应力张量，其任何方向都是主方向，且主应力相同，均为平均应力 σ_m。球应力状态在任何方向斜微分面上都没有切应力，故不能使物体产生形状的变化（塑性变形），只能产生体积变化。式(2-30)中 σ'_{ij} 称为应力偏张量，是由原来的应力张量分解出球张量后得到的，可记为

$$\sigma'_{ij} = \sigma_{ij} - \delta_{ij}\sigma_m \qquad (2-31)$$

应力偏张量是将原应力张量减去只引起物体体积变化的应力球张量而得到的。由于被分解出的应力球张量没有切应力，任意方向都是主方向且主方向应力相等。因为，应力偏张量 σ'_{ij} 的切应力分量、主切应力、最大切应力及应力主轴等都与原应力张量相同。因而，应力偏张量使物体产生形状变化，而不能产生体积变化，材料的塑性变形就是由应力偏张量引起的。

2. 应力偏张量不变

因为应力偏张量是原应力张量减去应力球张量后得到的，其还是一个张量，而且是一个二阶对称张量，所以，它同样存在 3 个不变量，分别用 J'_1、J'_2、J'_3 表示。用应力偏张量的分量代入式(2-13)，可得

$$\left. \begin{aligned} J'_1 &= \sigma'_x+\sigma'_y+\sigma'_z = (\sigma_x-\sigma_m)+(\sigma_y-\sigma_m)+(\sigma_z-\sigma_m) = 0 \\ J'_2 &= -(\sigma'_x\sigma'_y+\sigma'_y\sigma'_z+\sigma'_z\sigma'_x)+\tau^2_{xy}+\tau^2_{yz}+\tau^2_{zx} \\ &= \frac{1}{6}\big[(\sigma_x-\sigma_y)^2+(\sigma_y-\sigma_z)^2+(\sigma_z-\sigma_x)^2+6(\tau^2_{xy}+\tau^2_{yz}+\tau^2_{zx})\big] \\ J'_3 &= \begin{vmatrix} \sigma'_x & \tau_{xy} & \tau_{xz} \\ \tau_{yx} & \sigma'_y & \tau_{yz} \\ \tau_{zx} & \tau_{zy} & \sigma'_z \end{vmatrix} \end{aligned} \right\} \qquad (2-32)$$

而对于主轴坐标，则有

$$\left. \begin{aligned} J'_1 &= 0 \\ J'_2 &= \frac{1}{6}\big[(\sigma_1-\sigma_2)^2+(\sigma_2-\sigma_3)^2+(\sigma_3-\sigma_1)^2\big] \\ J'_3 &= \sigma'_1\sigma'_2\sigma'_3 \end{aligned} \right\} \qquad (2-33)$$

应力偏张量第一不变量 $J'_1 = 0$，表示应力分量中已经没有静水应力成分；第二不变量 J'_2 与屈服准则有关；第三不变量 J'_3 决定了应变类型，$J'_3>0$、$J'_3=0$、$J'_3<0$ 分别属于伸长、平面和压缩类应变。

应力偏张量对塑性成形加工是一个很重要的概念。

【例 2.1】 已知简单拉伸和拉拔及挤压变形区的应力张量分别为

$$\begin{pmatrix} 6 & 0 & 0 \\ 0 & 0 & 0 \\ 0 & 0 & 0 \end{pmatrix}, \quad \begin{pmatrix} 3 & 0 & 0 \\ 0 & -3 & 0 \\ 0 & 0 & -3 \end{pmatrix}, \quad \begin{pmatrix} -2 & 0 & 0 \\ 0 & -8 & 0 \\ 0 & 0 & -8 \end{pmatrix}$$

应力单位为 10MPa，试分解应力球张量和应力偏张量，并画出分解主应力图。

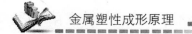

解：对于简单拉伸，有 $\sigma_1 = 6$，$\sigma_2 = \sigma_3 = 0$，则

$$\sigma_{\mathrm{m}} = \frac{\sigma_1 + \sigma_2 + \sigma_3}{3} = \frac{6}{3} = 2$$

故

$$\sigma_1' = \sigma_1 - \sigma_{\mathrm{m}} = 6 - 2 = 4$$

$$\sigma_2' = \sigma_2 - \sigma_{\mathrm{m}} = 0 - 2 = -2$$

$$\sigma_3' = \sigma_3 - \sigma_{\mathrm{m}} = 0 - 2 = -2$$

$$\begin{bmatrix} 6 & 0 & 0 \\ 0 & 0 & 0 \\ 0 & 0 & 0 \end{bmatrix} = \begin{bmatrix} 2 & 0 & 0 \\ 0 & 2 & 0 \\ 0 & 0 & 2 \end{bmatrix} + \begin{bmatrix} 4 & 0 & 0 \\ 0 & -2 & 0 \\ 0 & 0 & -2 \end{bmatrix}$$

对于拉拔，有 $\sigma_1 = 3$，$\sigma_2 = \sigma_3 = -3$，而

$$\sigma_{\mathrm{m}} = \frac{\sigma_1 + \sigma_2 + \sigma_3}{3} = \frac{-3}{3} = -1$$

故

$$\sigma_1' = \sigma_1 - \sigma_{\mathrm{m}} = 3 - (-1) = 4$$

$$\sigma_2' = \sigma_2 - \sigma_{\mathrm{m}} = -3 - (-1) = -2$$

$$\sigma_3' = \sigma_3 - \sigma_{\mathrm{m}} = -3 - (-1) = -2$$

$$\begin{bmatrix} 3 & 0 & 0 \\ 0 & -3 & 0 \\ 0 & 0 & -3 \end{bmatrix} = \begin{bmatrix} -1 & 0 & 0 \\ 0 & -1 & 0 \\ 0 & 0 & -1 \end{bmatrix} + \begin{bmatrix} 4 & 0 & 0 \\ 0 & -2 & 0 \\ 0 & 0 & -2 \end{bmatrix}$$

对于挤压，有 $\sigma_1 = -2$，$\sigma_2 = \sigma_3 = -8$，而

$$\sigma_{\mathrm{m}} = \frac{\sigma_1 + \sigma_2 + \sigma_3}{3} = \frac{-18}{3} = -6$$

故

$$\sigma_1' = \sigma_1 - \sigma_{\mathrm{m}} = -2 - (-6) = 4$$

$$\sigma_2' = \sigma_2 - \sigma_{\mathrm{m}} = -8 - (-6) = -2$$

$$\sigma_3' = \sigma_3 - \sigma_{\mathrm{m}} = -8 - (-6) = -2$$

$$\begin{bmatrix} -2 & 0 & 0 \\ 0 & -8 & 0 \\ 0 & 0 & -8 \end{bmatrix} = \begin{bmatrix} -6 & 0 & 0 \\ 0 & -6 & 0 \\ 0 & 0 & -6 \end{bmatrix} + \begin{bmatrix} 4 & 0 & 0 \\ 0 & -2 & 0 \\ 0 & 0 & -2 \end{bmatrix}$$

图 2.20(a)、图 2.20(b)、图 2.20(c)分别表示简单拉伸、拉拔、挤压变形区中典型部位的应力状态及分解后的应力球张量和应力偏张量。

由图 2.20 可看出，尽管主应力的数目不等，且符号不一，但它们的应力偏张量却相同，所产生的变形都是轴向伸长，横向收缩，同属于伸长类应变。所以根据应力偏张量可以判断变形的种类。

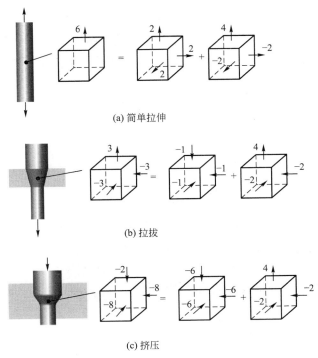

(a) 简单拉伸

(b) 拉拔

(c) 挤压

图 2.20 应力状态分析

2.2.8 八面体应力和等效应力

1. 八面体应力

八面体平面和正八面体如图 2.21(a)、图 2.21(b)所示。为了研究方便,取受力物体内任意点 Q 的应力主轴为坐标,在无限靠近该点处作等倾斜的微分面,其法线与 3 个坐标轴的夹角都相等。在主轴坐标系空间 8 个象限的等倾斜面构成一个八面体,如图 2.21(c)、图 2.21(d)所示。正八面体的每个平面称八面体平面,八面体平面上的应力称为八面体应力。

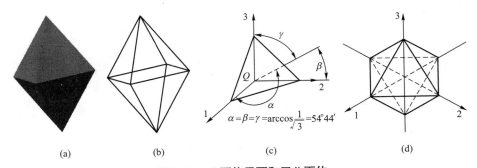

(a)   (b)   (c)   (d)

图 2.21 八面体平面和正八面体

此八面体上任意倾斜面的法线与主轴夹角的余弦为 $l=m=n$,由式(2-12)解得,八

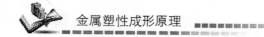

面体平面的方向余弦为

$$l=m=n=\pm\frac{1}{\sqrt{3}}$$

将上列方向余弦代入式(2-18)和式(2-19),可得八面体正应力 σ_8 和八面体切应力 τ_8 为

$$\sigma_8=\frac{1}{3}(\sigma_1+\sigma_2+\sigma_3)=\frac{1}{3}J_1=\sigma_m \tag{2-34}$$

$$\tau_8=\frac{1}{3}\sqrt{(\sigma_1-\sigma_2)^2+(\sigma_2-\sigma_3)^2+(\sigma_3-\sigma_1)^2}$$

$$=\frac{2}{3}\sqrt{\tau_{12}^2+\tau_{23}^2+\tau_{31}^2}=\sqrt{\frac{2}{3}J_2'} \tag{2-35}$$

从式(2-34)及式(2-35)可以看出,σ_8 就是平均应力,即应力球张量,是不变量;τ_8 则是与应力球张量无关的不变量,反映了3个主切应力的综合效应,与应力偏张量第二不变量 J_2' 有关。如果式(2-34)的 J_1 和式(2-35)的 J_2' 分别用式(2-13)和式(2-32)代入,可得到用任意坐标系应力分量表示的八面体应力

$$\sigma_8=\frac{1}{3}(\sigma_x+\sigma_y+\sigma_z) \tag{2-36}$$

$$\tau_8=\frac{1}{3}\sqrt{(\sigma_x-\sigma_y)^2+(\sigma_y-\sigma_z)^2+(\sigma_z-\sigma_x)^2+6(\tau_{xy}^2+\tau_{yz}^2+\tau_{zx}^2)} \tag{2-37}$$

主应力平面、主切应力平面和八面体平面都是一点应力状态的特殊平面,总共有26个,这些平面上的应力值,对研究一点的应力状态有着重要作用。

2. 等效应力

在塑性理论中,为了使不同的应力状态的强度效应能进行比较,引入了等效应力的概念,也称为广义应力或应力强度,用 $\bar{\sigma}$ 表示。对主轴坐标系,用八面体切应力 τ_8 乘以系数 $3/\sqrt{2}$ 得到 $\bar{\sigma}$:

$$\bar{\sigma}=\frac{3}{\sqrt{2}}\tau_8=\frac{1}{\sqrt{2}}\sqrt{(\sigma_1-\sigma_2)^2+(\sigma_2-\sigma_3)^2+(\sigma_3-\sigma_1)^2} \tag{2-38}$$

对任意坐标系

$$\bar{\sigma}=\frac{1}{\sqrt{2}}\sqrt{(\sigma_x-\sigma_y)^2+(\sigma_y-\sigma_z)^2+(\sigma_z-\sigma_x)^2+6(\tau_{xy}^2+\tau_{yz}^2+\tau_{zx}^2)} \tag{2-39}$$

等效应力是一个与金属塑性变形有着密切关系的重要参数,具有以下特点:

(1) 等效应力是一个不变量。

(2) 等效应力在数值上等于单向均匀拉伸(或压缩)时的拉伸(或压缩)应力 σ_1,当 $\sigma_2=\sigma_3=0$ 时,即有 $\bar{\sigma}=\sigma_1$。

(3) 等效应力并不代表某特定平面上的应力,因此,不能在某一截面上表示出来。

(4) 等效应力可以理解为代表一点应力状态中应力偏张量的综合作用。

等效应力是研究塑性变形的一个重要要概念,它是与材料的塑性变形有密切关系的参数。

2.2.9 应力平衡微分方程

在外力作用下，变形体内部各点的应力状态是不同的。根据基本假设，变形体是连续的，因此，处于平衡状态的变形物体，其内部点与点之间的应力大小是连续变化着的，也就是说，应力是坐标的连续函数，即 $\sigma_{ij} = f(x, y, z)$。同时，变形体处于静力平衡状态，则应力状态的变化必须满足一定的条件，这个条件就是应力平衡微分方程。

将一受力物体置于直角坐标系中，则变形体内一点 Q 的坐标为 (x, y, z)，其应力状态为 σ_{ij}，在 Q 点无限邻近处有另一点 Q'，坐标为 $(x+dx, y+dy, z+dz)$，则形成一个边长为 dx、dy、dz 并与 3 个坐标面平行的平行六面体，如图 2.22 所示。

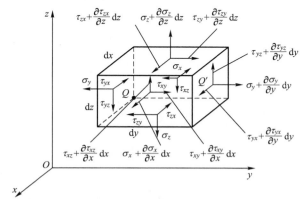

图 2.22 直角坐标系中平衡状态下六面体上的应力分布

由于坐标的微量变化，因此 Q' 点的应力比 Q 点的应力有一个微小的增量，即 $\sigma_{ij} + d\sigma_{ij}$，如 Q 点在 x 面上的正应力分量为 σ_x，则 Q' 点在 x 面上的正应力分量应为 $\sigma_x + \dfrac{\partial \sigma_x}{\partial x} dx$。依此类推，故 Q' 点的应力状态为

$$\sigma_{ij} + d\sigma_{ij} = \begin{bmatrix} \sigma_x + \dfrac{\partial \sigma_x}{\partial x} dx & \tau_{xy} + \dfrac{\partial \tau_{xy}}{\partial x} dx & \tau_{xz} + \dfrac{\partial \tau_{xz}}{\partial x} dx \\ \tau_{yx} + \dfrac{\partial \tau_{yx}}{\partial y} dy & \sigma_y + \dfrac{\partial \sigma_y}{\partial y} dy & \tau_{yz} + \dfrac{\partial \tau_{yz}}{\partial y} dy \\ \tau_{zx} + \dfrac{\partial \tau_{zx}}{\partial z} dz & \tau_{zy} + \dfrac{\partial \tau_{zy}}{\partial z} dz & \sigma_z + \dfrac{\partial \sigma_z}{\partial z} dz \end{bmatrix}$$

因六面体处于静力平衡状态，所以作用在六面体上的所有力沿坐标轴的投影之和应等于零。沿 x 轴和 y 轴及 z 轴分别有

$$\sum P_x = 0, \quad \sum P_y = 0, \quad \sum P_z = 0$$

列出 3 个平衡方程，经化简整理后，可得直角坐标系中质点的应力平衡微分方程为

$$\left. \begin{aligned} \frac{\partial \sigma_x}{\partial x} + \frac{\partial \tau_{yx}}{\partial y} + \frac{\partial \tau_{zx}}{\partial z} = 0 \\ \frac{\partial \tau_{xy}}{\partial x} + \frac{\partial \sigma_y}{\partial y} + \frac{\partial \tau_{zy}}{\partial z} \\ \frac{\partial \tau_{xz}}{\partial x} + \frac{\partial \tau_{yz}}{\partial y} + \frac{\partial \sigma_z}{\partial z} \end{aligned} \right\} \tag{2-40}$$

或简记为

$$\frac{\partial \sigma_{ij}}{\partial x_i}=0 \qquad (2-41)$$

如果变形体是旋转体，采用圆柱坐标方便，3 个坐标轴分别为：ρ（或 r）——径向、θ——周向、z——轴向。

对于圆柱坐标系，作用在变形体单元体各面上的应力分量，如图 2.23 所示。沿 ρ、θ 和 z 方向，分别有

$$\sum P_\rho=0,\ \sum P_\theta=0,\ \sum P_z=0$$

列出力的微分平衡方程，经化简整理后，略去高价无穷小，并取 $\cos\frac{\mathrm{d}\theta}{2}\approx1$，$\sin\frac{\mathrm{d}\theta}{2}\approx\frac{\mathrm{d}\theta}{2}$，可得圆柱坐标系中质点的应力平衡微分方程为

$$\left.\begin{aligned}
\frac{\partial \sigma_\rho}{\partial \rho}+\frac{1}{\rho}\frac{\partial \tau_{\theta\rho}}{\partial \theta}+\frac{\partial \tau_{z\rho}}{\partial z}+\frac{1}{\rho}(\sigma_\rho-\sigma_\theta)=0\\
\frac{\partial \tau_{\rho\theta}}{\partial \rho}+\frac{1}{\rho}\frac{\partial \sigma_\theta}{\partial \theta}+\frac{\partial \tau_{z\theta}}{\partial z}+\frac{2\tau_{\rho\theta}}{\rho}=0\\
\frac{\partial \tau_{\rho z}}{\partial \rho}+\frac{1}{\rho}\frac{\partial \tau_{\theta z}}{\partial \theta}+\frac{\partial \sigma_z}{\partial z}+\frac{\tau_{\rho z}}{\rho}=0
\end{aligned}\right\} \qquad (2-42)$$

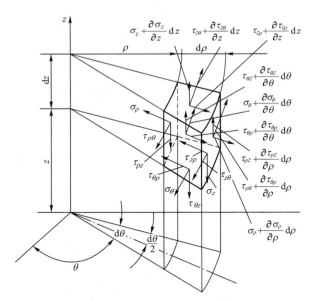

图 2.23　圆柱坐标系作用于单元体上各面上的应力分量

2.2.10　应力莫尔圆

应力莫尔圆是表示点的应力状态的几何方法，由德国工程师 Otto Mohr 在 1914 年提出。已知某点的一组应力分量或主应力，就可以利用应力莫尔圆通过图解法确定该点任意方向上的正应力和切应力。需要指出的是，在作应力莫尔圆时，切应力的正、负应按照材

料力学中的规定确定：即顺时针作用于所研究的单元体上的切应力为正；反之为负。

1. 平面应力状态下的莫尔圆

如果变形体与某方向轴（如 z 轴）垂直的平面上没有应力分量，即变形体内各点的 $\sigma_z = 0$、$\tau_{zx} = 0$、$\tau_{zy} = 0$，那么，平面应力状态的应力分量就只有 σ_x、σ_y、τ_{xy}（或 τ_{yx}），如果这 3 个应力分量为已知，且这些应力分量与 z 轴无关，就可利用应力莫尔圆求任意斜面上的应力、主应力和主切应力等。

平面应力状态下任意斜面上的应力、主应力和主切应力可分别由三向应力状态的公式导出，设平面应力状态如图 2.24(a)、图 2.24(b) 所示，又设斜微分面 $A-B$ 法线 N 与 x 轴的夹角为 φ，则斜面 $A-B$ 的法线 N 与 3 个方向的方向余弦为 $l = \cos\varphi$，$m = \cos(90° - \varphi) = \sin\varphi$，$n = 0$，由三向应力状态下任意斜面上应力计算公式 (2-7)～式 (2-10) 得

$$\left.\begin{array}{l} S_x = \sigma_x l + \tau_{xy} m = \sigma_x \cos\varphi + \tau_{xy} \sin\varphi \\ S_y = \sigma_y m + \tau_{xy} l = \sigma_y \sin\varphi + \tau_{xy} \cos\varphi \end{array}\right\} \tag{2-43}$$

则斜面上正应力由式 (2-9) 可得

$$\sigma = \sigma_x \cos^2\varphi + \sigma_y \sin^2\varphi + 2\tau_{xy} \cos\varphi \sin\varphi$$
$$= \frac{1}{2}(\sigma_x + \sigma_y) + \frac{1}{2}(\sigma_x - \sigma_y)\cos 2\varphi + \tau_{xy} \sin 2\varphi \tag{2-44}$$

或斜面的切应力由图 2.24(c) 可得

$$\tau = S_x m - S_y l = \frac{1}{2}(\sigma_x - \sigma_y)\sin 2\varphi - \tau_{xy} \cos 2\varphi \tag{2-45}$$

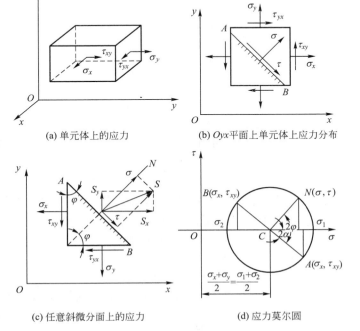

(a) 单元体上的应力　　　　　　(b) Oyx 平面上单元体上应力分布

(c) 任意斜微分面上的应力　　　　(d) 应力莫尔圆

图 2.24　平面应变状态

消去式(2-44)和式(2-45)参数 2φ，整理后得

$$\left(\sigma - \frac{\sigma_x + \sigma_y}{2}\right)^2 + \tau^2 = \left(\frac{\sigma_x - \sigma_y}{2}\right)^2 + \tau_{xy}^2 \qquad (2-46)$$

式(2-46)就是平面应力下的应力莫尔圆方程，其圆心坐标为

$$C\left(\frac{\sigma_x + \sigma_y}{2},\ 0\right)$$

半径为

$$R = \sqrt{\left(\frac{\sigma_x + \sigma_y}{2}\right)^2 + \tau_{xy}^2}$$

设纵坐标为切应力，横坐标为正应力，如已知单元体或平面应力为 σ_x、σ_y、τ_{xy}，就可在 $\sigma - \tau$ 坐标平面上画出应力莫尔圆。或者在 $\sigma - \tau$ 坐标系内标出点 $A(\sigma_x，\tau_{xy})$ 和点 $B(\sigma_y，\tau_{yx})$，连接 A、B 两点，以 AB 线与 σ 轴的交点 C 为圆心，AC 为半径作圆，即得应力莫尔圆，如图 2.24(d) 所示。

应力莫尔圆可描述任意微分面上的 $\sigma - \tau$ 的变化规律，圆周上每一点表示对应于一个变形体某一平面的应力。

从图 2.24(d) 的应力莫尔圆中可以方便地得到平面状态下的主应力 σ_1、σ_2 和 σ_x、σ_y、τ_{xy} 之间的关系

$$\left.\begin{array}{r} \sigma_1 \\ \sigma_2 \end{array}\right\} = \frac{\sigma_x + \sigma_y}{2} \pm \sqrt{\left(\frac{\sigma_x - \sigma_y}{2}\right)^2 + \tau_{xy}^2} \\ \sigma_3 = 0 \qquad (2-47)$$

或者反之

$$\left.\begin{array}{l} \sigma_x = \dfrac{\sigma_1 + \sigma_2}{2} + \dfrac{\sigma_1 - \sigma_2}{2}\cos 2\alpha \\[2mm] \sigma_y = \dfrac{\sigma_1 + \sigma_2}{2} - \dfrac{\sigma_1 - \sigma_2}{2}\cos 2\alpha \\[2mm] \tau_{xy} = \dfrac{\sigma_1 - \sigma_2}{2}\sin 2\alpha \end{array}\right\} \qquad (2-48)$$

式中，α 为主应力 σ_1 的方向与 x 轴之间的夹角，且

$$\alpha = \frac{1}{2}\arctan\frac{-\tau_{xy}}{\sigma_x - \sigma_y} \qquad (2-49)$$

在与 x 轴成逆时针 φ 角的斜微分面 $A-B$，即图中法线为 N 的平面上的正应力 σ 和切应力 τ，就是在应力莫尔圆图中将 AB 视作为线段，以 C 点为圆心，逆时针转 2φ 后所得的 N 点坐标 $(\sigma，\tau)$。从应力莫尔圆上可得到主切应力 τ_{12}，且

$$\tau_{12} = \pm\frac{\sigma_1 - \sigma_2}{2}$$

但 $|\tau_{12}|$ 只是莫尔圆半径，并不是最大的切应力，最大的切应力是由 σ_1 和 σ_3（$\sigma_3 = 0$，坐标原点）组成的应力莫尔圆半径 $\tau_{max} = \tau_{13} = \pm\sigma_1/2$，所以只有在 σ_1 和 σ_2 的大小相等，方向相反的情况下，τ_{12} 才是最大的切应力。根据材料力学，极值切应力与主应力（主平面）

成 45°角时，而极值切应力平面上的正应力等于零，极值切应力在数值上等于主应力。这种应力状态就是纯切应力状态，这种情况是平面应力状况的特例，如图 2.25 所示。

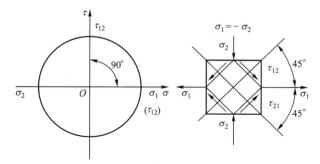

图 2.25　纯切应力状态的应力莫尔圆

2. 三向应力莫尔圆

对于三向应力状态，也可作为莫尔圆，圆上的任何一点的横坐标与纵坐标值代表某一斜微分面上的正应力 σ 及切应力 τ 的大小。

设已知变形体内某点的 3 个主应力为 σ_1、σ_2、σ_3，且 $\sigma_1 > \sigma_2 > \sigma_3$。以应力主轴为坐标轴，作一斜微分面，其方向余弦为 l、m、n，则有

$$\left.\begin{aligned}
\sigma &= \sigma_1 l^2 + \sigma_2 m^2 + \sigma_3 n^2 \\
\tau^2 &= \sigma_1^2 l^2 + \sigma_2^2 m^2 + \sigma_3^2 n^2 - (\sigma_1 l^2 + \sigma_2 m^2 + \sigma_3 n^2)^2 \\
l^2 &+ m^2 + n^2 = 1
\end{aligned}\right\} \quad (2-50)$$

式中，σ 为所作斜微分面上的正应力；τ 为所作斜微分面上的切应力。

将式 (2-50) 视作以 l^2、m^2、n^2 为未知数的方程组，并联解此方程组，可得

$$\left.\begin{aligned}
l^2 &= \frac{(\sigma - \sigma_2)(\sigma - \sigma_3) + \tau^2}{(\sigma_1 - \sigma_2)(\sigma_1 - \sigma_3)} \\
m^2 &= \frac{(\sigma - \sigma_1)(\sigma - \sigma_3) + \tau^2}{(\sigma_2 - \sigma_1)(\sigma_2 - \sigma_3)} \\
n^2 &= \frac{(\sigma - \sigma_1)(\sigma - \sigma_2) + \tau^2}{(\sigma_3 - \sigma_1)(\sigma_3 - \sigma_2)}
\end{aligned}\right\} \quad (2-51)$$

将式 (2-51) 展开并对 σ 配方，整理后得

$$\left.\begin{aligned}
\left(\sigma - \frac{\sigma_2 + \sigma_3}{2}\right)^2 + \tau^2 &= l^2 (\sigma_1 - \sigma_2)(\sigma_1 - \sigma_3) + \left(\frac{\sigma_2 - \sigma_3}{2}\right)^2 \\
\left(\sigma - \frac{\sigma_1 + \sigma_3}{2}\right)^2 + \tau^2 &= m^2 (\sigma_2 - \sigma_3)(\sigma_2 - \sigma_1) + \left(\frac{\sigma_3 - \sigma_1}{2}\right)^2 \\
\left(\sigma - \frac{\sigma_1 + \sigma_2}{2}\right)^2 + \tau^2 &= n^2 (\sigma_3 - \sigma_1)(\sigma_3 - \sigma_2) + \left(\frac{\sigma_1 - \sigma_2}{2}\right)^2
\end{aligned}\right\} \quad (2-52)$$

式(2-52)表示 σ-τ 平面坐标上的 3 个圆的方程式，圆心到坐标原点 O 的距离恰好分别为 3 个主切应力平面上的正应力，即为 $\frac{\sigma_2+\sigma_3}{2}$、$\frac{\sigma_1+\sigma_3}{2}$、$\frac{\sigma_1+\sigma_2}{2}$。3 个圆的半径随着斜微分面的方向余弦值 l、m、n 的变化而变化，如果一组方向余弦值 l、m、n 确定下来，就有图 2.26 表示的 3 个圆，式(2-52)中的每一个式子只表示或只包含一个方向余弦值，因此，由每一个式子所得的圆表示某一个方向余弦为定值时，随其他两个方向余弦变化时斜微分面上的 σ 和 τ 的变化规律。或即式(2-52)表明斜微分面上的应力既在第一式所表示的圆周上，又在第二式和第三式所表示的圆周上。

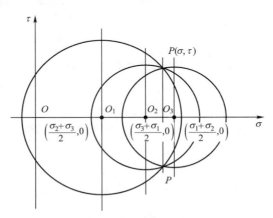

图 2.26　方向余弦定值斜微分面上应力变化

因此，由式(2-52)中的 3 式所表示的 3 个圆交于一点。交点 P 的坐标 σ、τ 就表示了方向余弦 l、m、n 为确定了的斜微分面上的正应力和切应力。事实上，只要知道 l、m、n、σ_1、σ_2、σ_3，作出上述 3 个圆中的任意两个圆并得到交点，即为斜微分面上的正应力和切应力。

如果式(2-52)中的 3 个方向余弦有 $l=m=n=0$，便可得到下列另 3 个圆的方程式

$$
\left.
\begin{aligned}
\left(\sigma-\frac{\sigma_2+\sigma_3}{2}\right)^2+\tau^2 &=\left(\frac{\sigma_2-\sigma_3}{2}\right)^2=\tau_{23}^2 \\
\left(\sigma-\frac{\sigma_1+\sigma_3}{2}\right)^2+\tau^2 &=\left(\frac{\sigma_3-\sigma_1}{2}\right)=\tau_{31}^2 \\
\left(\sigma-\frac{\sigma_1+\sigma_2}{2}\right)^2+\tau^2 &=\left(\frac{\sigma_1-\sigma_2}{2}\right)^2=\tau_{12}^2
\end{aligned}
\right\}
\qquad(2-53)
$$

式(2-53)表示的 3 个圆就叫作三向应力莫尔圆，如图 2.27 所示。

式(2-53)的 3 个圆方程各自的圆心位置与式(2-52)表示的 3 个圆心位置是相同的，半径分别等于各自的 3 个主切应力。图 2.27 中圆 O_1 表示 $l=0$、$m^2+n^2=1$ 时，即外法线 N 与主轴 σ_1 垂直的斜微分面在 σ_2-σ_3 坐标平面上旋转时，其 σ-τ 的变化规律。圆 O_2 和圆 O_3 也可以作同样的理解。这样的话，前面所述的平面应力状态下的莫尔圆的一些特性在此完全适用。

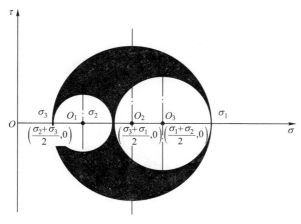

图 2.27　三向应力莫尔圆

若 $\sigma_1 \geqslant \sigma_2 \geqslant \sigma_3$，比较式(2-52)和式(2-53)，可得两组圆的半径之间的关系为

$$
\left.
\begin{aligned}
R_1' &= \sqrt{l^2(\sigma_1-\sigma_2)(\sigma_1-\sigma_3)+\left(\frac{\sigma_2-\sigma_3}{2}\right)^2} \geqslant R_1 = \tau_{23} \\
R_2' &= \sqrt{m^2(\sigma_2-\sigma_3)(\sigma_2-\sigma_1)+\left(\frac{\sigma_3-\sigma_1}{2}\right)^2} \leqslant R_2 = \tau_{31} \\
R_3' &= \sqrt{n^2(\sigma_3-\sigma_1)(\sigma_3-\sigma_2)+\left(\frac{\sigma_1-\sigma_2}{2}\right)^2} \geqslant R_3 = \tau_{12}
\end{aligned}
\right\}
\tag{2-54}
$$

式(2-54)说明由式(2-52)画得的 3 个圆的交点一定落在由式(2-53)画得的 O_1、O_3 圆以外和 O_2 圆以内的阴影部分(包括圆周上)。

2.3　变形体内质点的应变状态分析

物体在受到外力作用时，如果只发生物体的整体转动和移动，那么各质点之间的相对位置就不会发生变化，物体的外形也没有改变。如果把物体或施力的物体在某几个方向固定住，其各部分的质点的相互距离会发生变化，质点的相互距离发生改变而产生了物体的变形，而质点距离的改变或物体产生了变形就与相应的应变对应。与应力有大小类似，产生的应变也有大小之分，表示变形大小的物理量称为应变。在分析变形时，通常要把刚性位移或转动排除。应变是由位移引起的，它与物体中的位移场有密切联系，位移场一经确定，则变形体的应变场也就被确定。因此，应变分析主要是几何学问题。

研究变形问题一般从小变形着手，所谓小变形是指数量级不超过 $10^{-3} \sim 10^{-2}$ 的弹塑性变形。金属塑性加工是大变形，这时要采用应变增量或应变速率，应变增量实质上是变形过程每一瞬间的小变形。因此，小变形的结论适用于应变增量或应变速率。与应力分析一样，应变分析也需要引入"点应变状态"的概念。点的应变状态也是二阶对称张量，与应力张量有许多相似的地方。

2.3.1 质点的位移和应变

物体变形时，其内的质点在所有方向上都会产生应变。因此，描述质点的变形需要引入点的应变状态的概念。点的应变状态是表示变形体内某一点任意截面上的应变大小及方向。

1. 位移及其分量

图 2.28(a)、图 2.28(b)表示一受力物体内部质点产生的位置移动（由 M 移至 M_1），这种移动只能靠弹性或塑性变形才能完成。变形体内任意一点变形前后的直线距离称为位移，如图 2.28(c)所示的 MM_1。位移是个矢量，在直角坐标系中，一点的位移矢量在 3 个坐标轴上的投影称为该点的位移分量，一般用 u、v、w 或角标符号 u_i 来表示，如图 2.28(d)所示。

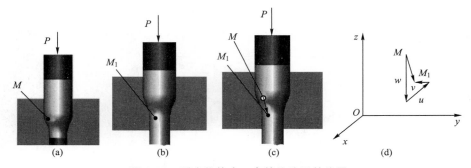

图 2.28　受力物体内一点的位移及其分量

变形体内不同点的位移分量也是不同的。根据连续性基本假设，位移分量应是坐标的连续函数，而且一般都有连续的二阶偏导数，即

$$\left.\begin{array}{l} u=u(x,\ y,\ z) \\ v=v(x,\ y,\ z) \\ w=w(x,\ y,\ z) \end{array}\right\} \qquad (2-55)$$

或

$$u_i=u_i(x,\ y,\ z) \qquad (2-55\text{a})$$

式(2-55)表示变形物体内的位移场。

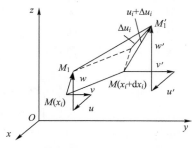

图 2.29　变形体内无限接近两点的位移分量及位移增量

现在来研究变形体内无限接近两点的位移分量之间的关系。设受力物体内任一点 M，其坐标为 $(x,\ y,\ z)$，小变形后移至 M_1，其位移分量为 $u_i(x,\ y,\ z)$。与 M 点无限接近的一点 M'，其坐标为 $(x+\mathrm{d}x,\ y+\mathrm{d}y,\ z+\mathrm{d}z)$，小变形后移至 M_1'，其位移分量为 $u_i'(x+\mathrm{d}x,\ y+\mathrm{d}y,\ z+\mathrm{d}z)$，如图 2.29 所示。将函数 u_i' 按泰勒级数展开，略去高阶微量，用求和约定，得

$$u_i'=u_i+\frac{\partial u_i}{\partial x_j}\mathrm{d}x_j=u_i+\Delta u_i \qquad (2-56)$$

式中，$\Delta u_i = \dfrac{\partial u_i}{\partial x_j} dx_j$ 称为 M' 点相对于 M 点的位移增量。Δu_i 可写成

$$\left.\begin{array}{l} \Delta u = \dfrac{\partial u}{\partial x} dx + \dfrac{\partial u}{\partial y} dy + \dfrac{\partial u}{\partial z} dz \\[3mm] \Delta v = \dfrac{\partial v}{\partial x} dx + \dfrac{\partial v}{\partial y} dy + \dfrac{\partial v}{\partial z} dz \\[3mm] \Delta w = \dfrac{\partial w}{\partial x} dx + \dfrac{\partial w}{\partial y} dy + \dfrac{\partial w}{\partial z} dz \end{array}\right\} \quad (2-57)$$

若无限接近两点的连线 MM' 平行于某坐标轴，如 $MM' /\!/ x$ 轴，则式（2-57）中，$dx \neq 0$，$dy = dz = 0$，此时，式（2-57）变为

$$\left.\begin{array}{l} \Delta u = \dfrac{\partial u}{\partial x} dx \\[3mm] \Delta v = \dfrac{\partial v}{\partial x} dx \\[3mm] \Delta w = \dfrac{\partial w}{\partial x} dx \end{array}\right\} \quad (2-58)$$

式（2-58）说明，若已知变形物体内点 M 的位移分量，则与其邻近一点 M' 的位移分量可以用 M 点的位移分量及其增量来表示。

2. 应变及其分量

1）名义应变及其分量

名义应变可称为相对应变或工程应变，适用于小应变分析，名义应变可分为线应变和切应变，与分析一点的应力状态一样，同样取变形体的单元体进行分析。单元体的线应变为棱边长度的变化前后的伸长或缩短，单元体的切应变为每两棱边所夹直角的变化前后增大或缩小。

图 2.30 表示平行于直角坐标系 xOy 平面内的单元体的一个面 $PABC$ 在 xOy 坐标平面内发生了很小的变形，由 $PABC$ 变成了 $PA_1B_1C_1$，线元 PB 变成了 PB_1，线元的长度由 r 变成了 $r_1(r_1 = r + \Delta r)$，于是其单位长度的相对变化为

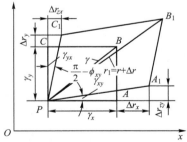

图 2.30 线应变与切应变

$$\varepsilon = \frac{r_1 - r}{r} = \frac{\Delta r}{r} \quad (2-59)$$

称为线元 PB 的线应变。线元伸长时 ε 为正，缩短时 ε 为负。同样，线元 PB 在 x 轴和 y 轴的分量 PA 和 PC 的线应变将分别为

$$\left.\begin{array}{l} \varepsilon_x = \dfrac{\Delta r_x}{r_x} \\[3mm] \varepsilon_y = \dfrac{\Delta r_y}{r_y} \end{array}\right\} \quad (2-60)$$

又设两个互相垂直的线元 PA 和 PC（图 2.30），变形前是直角 $\angle CPA$，变形后直角减

小了 ϕ，变成了 $\angle C_1PA$，根据图 2.29，由直角 $\angle CPA$ 变成了 $\angle C_1PA_1$ 是减小的，规定：减小时 ϕ 取正号，增大时 ϕ 取负号，由于变形很小，可以近似地认为 PC 或 PA 偏转时长度基本不变。由于图 2.30 中的 ϕ 发生在 xOy 平面内，写成 ϕ_{xy}。可看成是由线元 PA 和 PC 同时向内偏转相同的角度 γ_{xy} 和 γ_{yx} 而成（图 2.30），这样所产生的塑性变形效果是一样的，即

$$\angle CPC_1 = \angle APA_1 = \frac{\Delta r_{\tau x}}{(r_y + \Delta r_y)} = \frac{\Delta r_{\tau y}}{(r_x + \Delta r_x)} = \tan\frac{\phi}{2} \approx \frac{\phi}{2} \qquad (2-61)$$

定义

$$\gamma_{xy} = \gamma_{yx} = \frac{\phi_{xy}}{2} \qquad (2-62)$$

为切应变。角标的意义是：第一个角标表示线元的方向，第二个角标表示线元偏转的方向，如 γ_{xy} 表示 x 方向的线元向 y 方向偏转的角度。

在实际变形时，线元 PA 和 PC 的偏转角度不一定相同。现设它们的实际偏转角分别为 α_{xy} 和 α_{yx}，如图 2.31(a)所示，偏转的结果仍能使 $\angle CPA$ 减小了 ϕ_{xy}，于是就有

$$\alpha_{xy} + \alpha_{yx} = \phi_{xy}$$

即

$$\gamma_{xy} = \gamma_{yx} = \frac{1}{2}\phi_{xy} = \frac{1}{2}(\alpha_{xy} + \alpha_{yx})$$

现设线元 PA 和 PC 先同时偏转 γ_{xy} 和 γ_{yx}，如图 2.31(b)所示，然后整体绕 z 轴转动了一个角度 ω_z，如图 2.31(c)所示，由几何关系有

$$\left.\begin{array}{l} \alpha_{xy} = \gamma_{xy} - \omega_z \\ \alpha_{yx} = \gamma_{yx} + \omega_z \\ \omega_z = \dfrac{(\alpha_{yx} - \alpha_{xy})}{2} \end{array}\right\} \qquad (2-63)$$

ω_z 称为绕 z 轴的刚体转动角。显然，α_{xy} 和 α_{yx} 包含了刚体转动的成分，在研究应变时应把刚体运动部分去掉，而 γ_{xy} 和 γ_{yx} 则是排除刚体转动之后的纯切变形。

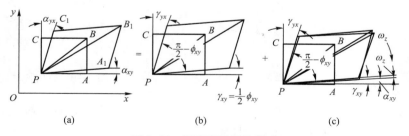

图 2.31　切应变及刚体转动

2) 应变分量和应变张量

在研究变形时，为了便于建立几何关系，要作均匀变形假设。当单元体切取得很小时，可以近似地认为其变形是均匀的；即原来的直线和平面在变形后仍然是直线和平面；原来相互平行的直线和平面，变形后仍然保持相互平行。物体变形时，变形体内所有方向

上都会有应变，和分析点的应力状态一样，设在直角坐标系 $Oxyz$ 中，物体内有一点 P，围绕 P 切取一个平行坐标面的微分平行六面体 $PABCDEFG$ 作为基元体。边长分别为 r_x、r_y 及 r_z，小变形后移至 $P_1A_1B_1C'D'E'F'G_1$，变成了一个偏斜的平行六面体，如图 2.32 所示。这时，单元体同时产生了线变形、切变形、刚体平移和转动。现设单元体先平移至变形后的位置，然后发生变形，其变形可分解为以下几部分，如图 2.33 所示。

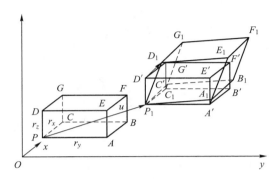

图 2.32 单元体变形

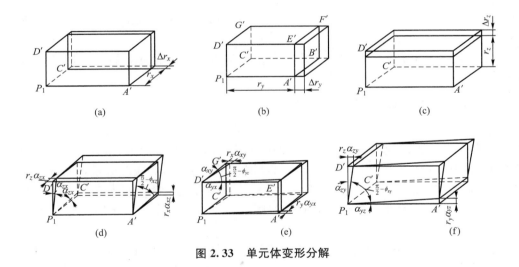

图 2.33 单元体变形分解

（1）变形后的单元体沿 x、y、z 3 个方向线尺寸伸长或缩短（称为正应变或线应变）由图 2.33(a)～图 2.33(c) 可得

$$\varepsilon_x = \frac{\Delta r_x}{r_x}, \quad \varepsilon_y = \frac{\Delta r_y}{r_y}, \quad \varepsilon_z = \frac{\Delta r_z}{r_z} \tag{2-64}$$

（2）单元体发生的畸变而引起的切应变，如 $P_1C'G'D'$ 面（即 x 面）在 Oxy 坐标面中偏转了 α_{yx} 角，$P_1A'E'D'$ 面（即 y 面）偏转了 α_{xy} 角，就形成了工程切应变 $\phi_{xy} = \alpha_{xy} + \alpha_{yx}$，如图 2.33(d) 所示，$\alpha_{xy}$ 和 α_{yx} 中包含了刚体转动 ω_z，去掉刚体转动为切应变 $\gamma_{xy} = \gamma_{yx} = \frac{1}{2}\phi_{xy}$，再根据图 2.33(e)、图 2.33(f)，可写出三组切应变

$$\left.\begin{array}{l} \gamma_{xy}=\gamma_{yx}=\dfrac{1}{2}\phi_{xy}=\dfrac{1}{2}\phi_{yx}=\dfrac{1}{2}(\alpha_{xy}+\alpha_{yx}) \\[2mm] \gamma_{yz}=\gamma_{zy}=\dfrac{1}{2}\phi_{yz}=\dfrac{1}{2}\phi_{zy}=\dfrac{1}{2}(\alpha_{yz}+\alpha_{zy}) \\[2mm] \gamma_{zx}=\gamma_{xz}=\dfrac{1}{2}\phi_{zx}=\dfrac{1}{2}\phi_{xz}=\dfrac{1}{2}(\alpha_{zx}+\alpha_{xz}) \end{array}\right\} \quad (2-65)$$

与点的应力张量表示方法一样，基元体的应变也有 9 个分量，组成应变张量。一般应变张量符号用 ε_{ij} 表示，即

$$\varepsilon_{ij}=\begin{bmatrix} \varepsilon_x & \gamma_{xy} & \gamma_{xz} \\ \gamma_{yx} & \varepsilon_y & \gamma_{yz} \\ \gamma_{zx} & \gamma_{zy} & \varepsilon_z \end{bmatrix} \quad (2-66)$$

式(2-66)中，角标 i 和 j 分别表示 x、y、z，即 $i=x$，y，z；$j=x$，y，z。对应正应变分量 ε_x、ε_y、ε_z，线尺寸伸长为正，缩短为负，对应切应变分量 γ_{xy}、γ_{yx}、γ_{yz}、γ_{zy}、γ_{xz}、γ_{zx}，γ_{ij} 表示 i 方向的线元向 j 方向偏转的角度。由于 $\gamma_{ij}=\gamma_{ji}$，所以上述 9 个应变分量中只有 6 个是独立的。这 9 个应变分量组成一个应变张量，也是一个二阶对称张量。

因此，点的应变状态需要用 9 个应变分量或应变张量来描述，若已知应变张量的分量，则该点的应变状态就完全被确定。

3. 点的应变状态与应力状态相比较

在应力状态分析中，由一点的 3 个相互垂直的微分面上的 9 个应力分量可求得过该点任意方向斜微分面上的应力分量，则该点的应力状态即可确定。与此相似，根据质点 3 个相互垂直方向的 9 个应力分量，也就可求出过该点任意方向上的应变分量，则该点的应变状态即可确定。比较式(2-66)与式(2-5)发现，点的应变张量与应力张量不仅在形式上相似，而且其性质和特性也相似。因此，参照应力张量可以得到关于应变张量的性质和特性。

已知 ε_{ij} 可以求出该点任意方向上的线应变和切应变，现设变形体内一点 $a(x，y，z)$，其应变分量为 ε_{ij}。由 a 引一任意方向线元 ab，其长度为 r，方向余弦为 l、m、n，小变形前，b 点可视为 a 点无限邻近点，其坐标为 $(x+\mathrm{d}x，y+\mathrm{d}y，z+\mathrm{d}z)$，线元 ab 在 3 个坐标方向上的投影为 $\mathrm{d}x$、$\mathrm{d}y$、$\mathrm{d}z$，则该线元的方向余弦及 r 为

$$\left.\begin{array}{l} l=\dfrac{\mathrm{d}x}{r} \\[2mm] m=\dfrac{\mathrm{d}y}{r} \\[2mm] n=\dfrac{\mathrm{d}z}{r} \end{array}\right\} \quad (2-67)$$

$$r^2=\mathrm{d}x^2+\mathrm{d}y^2+\mathrm{d}z^2 \quad (2-68)$$

小变形后，线元 ab 移至 a_1b_1，其长度为 $r_1=r+\Delta r$，同时偏转角度为 a_r，如图 2.34 所示。

现求 ab 方向上的线应变 ε_r。为求 r_1，可将 ab 平移至 a_1N，构成三角形 a_1Nb_1（$\triangle a_1Nb_1$）。由解析几何可知，三角形一边在 3 个坐标轴上的投影将分别等于另外两边在坐标轴上的投影之和。在这里，a_1N 的 3 个投影即为 dx、dy、dz，而 Nb_1 的投影（即 b 点相对 a 点的位移增量）为 Δu、Δv、$\Delta\omega$，因此线元 a_1b_1 的 3 个投影为（$dx+\Delta u$，$dy+\Delta v$，$dz+\Delta\omega$），于是 a_1b_1 的长度 r_1 为

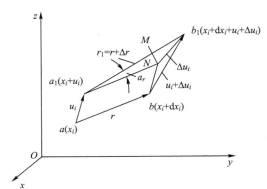

图 2.34 任意方向线元的应变

$$r_1^2=(r+\Delta r)^2=(dx+\Delta u)^2+(dy+\Delta v)^2+(dz+\Delta\omega)^2$$

将上式展开减去 r^2，并略去 Δr、Δu、Δv、$\Delta\omega$ 的平方项，化简得

$$r\Delta r=\Delta u\,dx+\Delta v\,dy+\Delta\omega\,dz \tag{2-69}$$

将式(2-69)两边除以 r^2，并考虑到式(2-67)和 $\varepsilon_r=\dfrac{\Delta r}{r}$，则得

$$\varepsilon_r=\frac{\Delta r}{r}=l\,\frac{\Delta u}{r}+m\,\frac{\Delta v}{r}+n\,\frac{\Delta\omega}{r} \tag{2-70}$$

将式(2-57)中 Δu、Δv、Δw 的值代入式(2-70)，整理后可得

$$\varepsilon_r=\frac{\partial u}{\partial x}l^2+\frac{\partial v}{\partial y}m^2+\frac{\Delta\omega}{\partial z}n^2+\left(\frac{\partial u}{\partial y}+\frac{\partial v}{\partial x}\right)lm+\left(\frac{\partial v}{\partial z}+\frac{\partial\omega}{\partial y}\right)mn+\left(\frac{\partial\omega}{\partial x}+\frac{\partial u}{\partial z}\right)nl$$

$$=\varepsilon_x l^2+\varepsilon_y m^2+\varepsilon_z n^2+2(\gamma_{xy}lm+\gamma_{yz}mn+\gamma_{zx}nl) \tag{2-71}$$

下面求线元变形后的偏转角，即图 2.34 中的 a_r。为了推导方便，可设 $r=1$。由 N 点引 $NM\perp a_1b_1$，按 Rt$\triangle NMb_1$ 有

$$NM^2=Nb_1^2-Mb_1^2=(\Delta u_i)^2-Mb_1^2 \tag{2-72}$$

由于

$$a_1M\approx a_1N=r=1$$

所以有

$$\tan a_r\approx a_r=\frac{NM}{a_1M}=NM$$

$$\varepsilon_r=\frac{\Delta r}{r}=\Delta r$$

$$Mb_1=a_1b_1-a_1M\approx\Delta r=\varepsilon_r$$

于是式(2-72)或写成

$$a_r^2=NM^2=Nb_1^2-Mb_1^2=(\Delta u_i)^2-\varepsilon_r^2 \tag{2-73}$$

式中，$(\Delta u_i)^2=\Delta u_i\Delta u_i=\Delta u^2+\Delta v^2+\Delta\omega^2$，即相对位移的平方。如果没有刚体转动，则求得的 a_r^2 就是切应变 γ_r。如为了除去刚体转动引起的相对位移分量，从而得到由纯变形

引起的相对位移分量 Δu_i 或只考虑纯剪切变形，由式(2-56)和式(2-57)，Δu_i 改写为

$$\Delta u_i = \frac{\partial u_i}{\partial x_j}\mathrm{d}x_j = \left[\frac{\partial u_i}{\partial x_j} + \frac{1}{2}\left(\frac{\partial u_j}{\partial x_i} - \frac{\partial u_j}{\partial x_i}\right)\right]\mathrm{d}x_j = \frac{1}{2}\left(\frac{\partial u_i}{\partial x_j} + \frac{\partial u_j}{\partial x_i}\right)\mathrm{d}x_j + \frac{1}{2}\left(\frac{\partial u_i}{\partial x_j} - \frac{\partial u_j}{\partial x_i}\right)\mathrm{d}x_j$$

从上式可看出，第一项是纯剪切变形引起的相对位移增量分量，第二项是由于刚体转动引起的位移增量分量，如果以 $\Delta u_i'$ 表示，则

$$\Delta u_i' = \frac{1}{2}\left(\frac{\partial u_i}{\partial x_j} + \frac{\partial u_j}{\partial x_i}\right)\mathrm{d}x_j = \varepsilon_{ij}\mathrm{d}x_j \tag{2-74}$$

如将式(2-74)代入式(2-73)，则切应变的表达式为

$$\gamma_r^2 = (\Delta u_1')^2 - \varepsilon_r^2 \tag{2-75}$$

求 ε_r 和求 γ_r 的公式(2-74)和公式(2-75)与求斜微分面上的正应力 σ 和切应力 τ 的表达式(2-9)和式(2-10)是一样的。

需要说明的是：导出公式(2-74)和公式(2-75)时，是将 Δr 和 Δu_i 等的平方项视作高阶无穷小略去不计的，如果变形比较大，这项平方项就不能略去不计，对于变形比较大的全量分析，就要用有限变形来进行分析。

2.3.2 主应变、应变张量不变量、主切应变和最大切应变、应变偏张量和应变球张量、主切应变简图

1. 主应变

过变形体一点存在 3 个相互垂直的应变主方向(或称应变主轴)，该方向上线元没有切应变，只有线应变，称为主应变，用 ε_1、ε_2、ε_3 表示。对于各向同性材料，可认为小应变主方向与应力主方向重合。若取应变主轴为坐标轴，则主应变张量为

$$\varepsilon_{ij} = \begin{pmatrix} \varepsilon_1 & 0 & 0 \\ 0 & \varepsilon_2 & 0 \\ 0 & 0 & \varepsilon_3 \end{pmatrix} \tag{2-76}$$

2. 应变张量不变量

如果已知一点的应变张量，求过该点的 3 个主应变，同样存在一个应变状态的特征方程，主应变的应变状态特征方程为

$$\varepsilon^3 - I_1\varepsilon^2 - I_2\varepsilon - I_3\varepsilon = 0 \tag{2-77}$$

对于一个已经确定的应变状态，3 个主应变具有单值，所以在求主应变大小的应变状态特征方程式(2-77)中的 3 个系数 I_1、I_2、I_3 也应具有单值，即为应变张量不变量。其计算公式为

$$\left.\begin{aligned}
I_1 &= \varepsilon_x + \varepsilon_y + \varepsilon_z = \varepsilon_1 + \varepsilon_2 + \varepsilon_3 = C_1 \\
I_2 &= -(\varepsilon_x\varepsilon_y + \varepsilon_y\varepsilon_z + \varepsilon_z\varepsilon_x) + (\gamma_{xy}^2 + \gamma_{yz}^2 + \gamma_{zx}^2) \\
&= -(\varepsilon_1\varepsilon_2 + \varepsilon_2\varepsilon_3 + \varepsilon_3\varepsilon_1) = C_2 \\
I_3 &= \varepsilon_x\varepsilon_y\varepsilon_z + 2\gamma_{xy}\gamma_{yz}\gamma_{zx} - (\varepsilon_x\gamma_{yz}^2 + \varepsilon_y\gamma_{zx}^2 + \varepsilon_z\gamma_{xy}^2) \\
&= \varepsilon_1\varepsilon_2\varepsilon_3 = C_3
\end{aligned}\right\} \tag{2-78}$$

式(2-78)中的 C_1、C_2、C_3 为常数。塑性变形若体积不变，则有 $I_1=\varepsilon_x+\varepsilon_y+\varepsilon_z=\varepsilon_1+\varepsilon_2+\varepsilon_3=C_1=0$。若已知 3 个主应变，一样也可以画出如图 2.35 所示的三向应变莫尔圆(设 $|\varepsilon_1|\geqslant|\varepsilon_2|\geqslant|\varepsilon_3|$)。为了方便，应变莫尔圆与应力莫尔圆配合使用时，应变莫尔圆的纵轴向下为正。

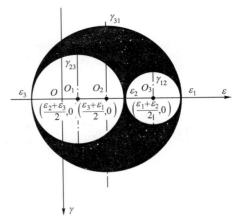

图 2.35　应变莫尔圆

3. 主切应变和最大切应变

在与主应变方向成 $\pm45°$ 角方向上也存在 3 对各自相互垂直的线元，其切应变都有极值，称为主切应变。和应力表达式相似，主切应变的表达式为

$$\left.\begin{array}{l}\gamma_{12}=\pm\dfrac{1}{2}(\varepsilon_1-\varepsilon_2)\\[2mm]\gamma_{23}=\pm\dfrac{1}{2}(\varepsilon_2-\varepsilon_3)\\[2mm]\gamma_{31}=\pm\dfrac{1}{2}(\varepsilon_3-\varepsilon_1)\end{array}\right\}\qquad(2-79)$$

和上文设定的一样，若 $|\varepsilon_1|\geqslant|\varepsilon_2|\geqslant|\varepsilon_3|$，则最大切应变为

$$\gamma_{\max}=\pm\dfrac{1}{2}(\varepsilon_1-\varepsilon_3)\qquad(2-80)$$

4. 应变偏张量和应变球张量

应变张量可分解为应变球张量和应变偏张量，即

$$\varepsilon_{ij}=\begin{pmatrix}\varepsilon_x-\varepsilon_m & \gamma_{xy} & \gamma_{xz}\\ \gamma_{yx} & \varepsilon_y-\varepsilon_m & \gamma_{yz}\\ \gamma_{zx} & \gamma_{zy} & \varepsilon_z-\varepsilon_m\end{pmatrix}+\begin{pmatrix}\varepsilon_m & 0 & 0\\ 0 & \varepsilon_m & 0\\ 0 & 0 & \varepsilon_m\end{pmatrix}\qquad(2-81)$$

$$=\varepsilon_{ij}'+\delta_{ij}\varepsilon_m$$

式中，$\varepsilon_m=\dfrac{(\varepsilon_1+\varepsilon_2+\varepsilon_3)}{3}$ 为平均线应变；ε_{ij}' 为应变偏张量，表示变形体单元体的形状变化；$\delta_{ij}\varepsilon_m$ 为应变球张量，表示变形体单元体的体积变化。

根据塑性变形时体积不变的假设，即 $\varepsilon_1+\varepsilon_2+\varepsilon_3=0$，有 $\varepsilon_m=0$，此时应变偏张量就是应变张量，即有 $\varepsilon_{ij}=\varepsilon_{ij}'$。但应变偏张量也有 3 个不变量，分别是应变偏张量第一、第二、第三不变量，有如下等式

$$\left.\begin{array}{l}I_1'=\varepsilon_x'+\varepsilon_y'+\varepsilon_z'=\varepsilon_1'+\varepsilon_2'+\varepsilon_3'=I_1=C_1=0\\[2mm]I_2'=-(\varepsilon_x'\varepsilon_y'+\varepsilon_y'\varepsilon_z'+\varepsilon_z'\varepsilon_x')+(\gamma_{xy}^2+\gamma_{yz}^2+\gamma_{zx}^2)\\[2mm]\quad\ =-(\varepsilon_1'\varepsilon_2'+\varepsilon_2'\varepsilon_3'+\varepsilon_3'\varepsilon_1')=I_2=C_2\\[2mm]I_3'=\varepsilon_x'\varepsilon_y'\varepsilon_z'+2\gamma_{xy}\gamma_{yz}\gamma_{zx}-(\varepsilon_x'\gamma_{yz}^2+\varepsilon_y'\gamma_{zx}^2+\varepsilon_z'\gamma_{xy}^2)\\[2mm]\quad\ =\varepsilon_1'\varepsilon_2'\varepsilon_3'=\varepsilon_1\varepsilon_2\varepsilon_3=C_3\end{array}\right\}\qquad(2-82)$$

5. 主切应变简图

用主应变的个数和符号来表示应变状态的简图称为主应变状态图，简称为主应变简图或主应变图。3个主应变中绝对值最大的主应变，反映了该工序变形的特征，称为特征应变。如用主应变简图来表示应变状态，按塑性变形体积不变条件和特征应变，变形体单元体的3个主应变不可能全部同号，如板料变形时的应变状态的主应变图（图2.36）只可能有三向应变状态和二向应变状态，三向应变状态中有：①具有一个正应变及两个负应变，如图2.36(a)所示；②具有一个负应变及两个正应变，如图2.36(b)所示。二向应变状态中有一个主应变为零，另两个应变的大小相等符号相反，如图2.36(c)所示。

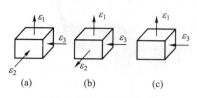

图 2.36 主应变图

主应变简图对于塑性变形时金属流动具有重要意义，据此可判别塑性变形的类型。如图2.37所示，板料成形缩口部位的应变就是压缩类变形，具有一个负应变及两个正应变，即 $\varepsilon_3 < 0$，$\varepsilon_1 + \varepsilon_2 = -\varepsilon_3$，此处材料是增厚的；又如圆板拉深时圆角部位的应变，如图2.38所示，具有一个正应变及两个负应变，$\varepsilon_1 > 0$，$\varepsilon_1 = -\varepsilon_2 - \varepsilon_3$，此处材料是变薄的。

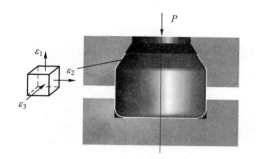

图 2.37 缩口部位的应变

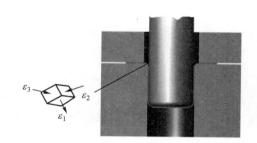

图 2.38 拉深时圆角部位的应变

2.3.3 八面体应变和等效应变

如以3个应变主轴为坐标轴的主应变空间中，同样可作出正八面体，八面体平面的法线方向线元的应变称为八面体应变：

$$\varepsilon_8 = \frac{1}{3}(\varepsilon_x + \varepsilon_y + \varepsilon_z) = \frac{1}{3}(\varepsilon_1 + \varepsilon_2 + \varepsilon_3) = \varepsilon_m = \frac{1}{3}I_1 \qquad (2-83)$$

八面体线应变为

$$\gamma_8 = \pm\frac{1}{3}\sqrt{(\varepsilon_x - \varepsilon_y)^2 + (\varepsilon_y - \varepsilon_z)^2 + (\varepsilon_z - \varepsilon_x)^2 + 6(\gamma_{xy}^2 + \gamma_{yz}^2 + \gamma_{zx}^2)}$$

$$\qquad\qquad\qquad\qquad\qquad\qquad\qquad\qquad\qquad\qquad (2-84)$$

$$= \pm\frac{1}{3}\sqrt{(\varepsilon_1 - \varepsilon_2)^2 + (\varepsilon_2 - \varepsilon_3)^2 + (\varepsilon_3 - \varepsilon_1)^2}$$

如取八面体切应变绝对值的 $\sqrt{2}$ 倍得到另一个表示应变状态不变量的参量，称为等效应变，也称为广义应变或应变强度，记为

$$\bar{\varepsilon} = \sqrt{2}\,|\gamma_8| = \frac{\sqrt{2}}{3}\sqrt{(\varepsilon_x - \varepsilon_y)^2 + (\varepsilon_y - \varepsilon_z)^2 + (\varepsilon_z - \varepsilon_x)^2 + 6(\gamma_{xy}^2 + \gamma_{yz}^2 + \gamma_{zx}^2)}$$
$$(2-85)$$
$$= \frac{\sqrt{2}}{3}\sqrt{(\varepsilon_1 - \varepsilon_2)^2 + (\varepsilon_2 - \varepsilon_3)^2 + (\varepsilon_3 - \varepsilon_1)^2}$$

等效应变在塑性变形时，如单向拉伸时，其数值上等于单向均匀拉伸或压缩方向上的线应变 ε_1，即 $\bar{\varepsilon} = \varepsilon_1$。因单向应力状态时，主应变为 ε_1，及 $\varepsilon_2 = \varepsilon_3$，由体积不变条件 $\varepsilon_1 + \varepsilon_2 + \varepsilon_3 = 0$，故有 $\varepsilon_2 = \varepsilon_3 = -\dfrac{1}{2}\varepsilon_1$，代入式（2-85），可得

$$\bar{\varepsilon} = \frac{\sqrt{2}}{3}\sqrt{\left(\frac{3}{2}\varepsilon_1\right)^2 + \left(-\frac{3}{2}\varepsilon_1\right)^2} = \varepsilon_1$$

2.3.4　位移分量和应变分量的关系——小变形几何方程

由于物体变形后，体内的点会产生位移，进而引起了质点的应变。所以，位移与应变场之间一定存在某种关系。为了阐明这种关系，可通过研究单元体在 3 个坐标平面上的投影，建立位移分量和应变分量之间的关系。

图 2.39 所示为从变形体内任意点处取出一个无穷小单元体，且单元体边长分别为 dx、dy、dz，因为产生了变形，所以单元体棱边长度已改变而棱边夹角不等于直角。$abcd$ 为单元体变形前在 xOy 坐标平面上的投影，而 $a_1b_1c_1d_1$ 为位移及变形后的投影。图 2.39 中 b、c 点为 a 点的邻近点，并设 $ac = \mathrm{d}x$，$ac \parallel Ox$ 轴；$ab = \mathrm{d}y$，$ab \parallel Oy$ 轴；点位移分量为 u、v，根据式（2-58），有

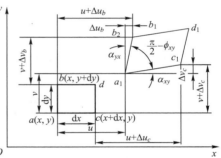

图 2.39　位移分量与应变分量的关系

$$\left.\begin{aligned} \Delta u_c &= \frac{\partial u}{\partial x}\mathrm{d}x \\[1.2em] \Delta v_c &= \frac{\partial v}{\partial x}\mathrm{d}x \\[1.2em] \Delta u_b &= \frac{\partial u}{\partial y}\mathrm{d}y \\[1.2em] \Delta v_b &= \frac{\partial v}{\partial y}\mathrm{d}y \end{aligned}\right\}$$

根据图 2.39 的几何关系，可求出棱边 ac 在 x 方向的线应变为

$$\varepsilon_x = \frac{u + \Delta u_c - u}{\mathrm{d}x} = \frac{\Delta u_c}{\mathrm{d}x} = \frac{\partial u}{\partial x}$$

棱边 ab（即 dy）在 y 方向的线应变为

$$\varepsilon_y = \frac{v + \Delta v_b - v}{\mathrm{d}y} = \frac{\Delta v_b}{\mathrm{d}y} = \frac{\partial v}{\partial y}$$

又由图 2.39 的几何关系，有

$$\alpha_{yx} \approx \tan\alpha_{yx} = \frac{b_1 b_2}{a_1 a_2} = \frac{u + \Delta v_b - u}{v + \Delta v_b + \mathrm{d}x - v} = \frac{\frac{\partial u}{\partial y}\mathrm{d}y}{\mathrm{d}y + \frac{\partial v}{\partial y}\mathrm{d}y} = \frac{\frac{\partial u}{\partial y}}{1 + \frac{\partial v}{\partial y}}$$

因为 $\varepsilon_y = \dfrac{\partial v}{\partial y}$，其值远小于 1，所以有

$$\tan\alpha_{yx} \approx \alpha_{yx} = \frac{\partial u}{\partial y}$$

同理可得

$$\tan\alpha_{xy} \approx \alpha_{xy} = \frac{\partial v}{\partial x}$$

因而工程切应变为

$$\phi_{xy} = \phi_{yx} = \alpha_{xy} + \alpha_{yx} = \frac{\partial v}{\partial x} + \frac{\partial u}{\partial y}$$

则切应变为

$$\gamma_{xy} = \gamma_{yx} = \frac{1}{2}\left(\frac{\partial v}{\partial x} + \frac{\partial u}{\partial y}\right)$$

按同样的方法，由单元体在 yOz 和 zOx 平面上投影的几何关系可得其余应变分量的公式。综合上述可得

$$\left.\begin{aligned} \varepsilon_x &= \frac{\partial u}{\partial x}; \quad \gamma_{xy} = \gamma_{yx} = \frac{1}{2}\left(\frac{\partial u}{\partial y} + \frac{\partial v}{\partial x}\right) \\ \varepsilon_y &= \frac{\partial v}{\partial y}; \quad \gamma_{yz} = \gamma_{zy} = \frac{1}{2}\left(\frac{\partial v}{\partial z} + \frac{\partial w}{\partial y}\right) \\ \varepsilon_z &= \frac{\partial w}{\partial z}; \quad \gamma_{zx} = \gamma_{xz} = \frac{1}{2}\left(\frac{\partial w}{\partial x} + \frac{\partial u}{\partial z}\right) \end{aligned}\right\} \tag{2-86}$$

或简记为

$$\varepsilon_{ij} = \frac{1}{2}\left(\frac{\partial u_i}{\partial x_i} + \frac{\partial u_j}{\partial x_j}\right) \tag{2-87}$$

式(2-86)或式(2-87)就是小变形时位移分量和应变分量的关系，或称小变形几何方程。如果物体中的位移场为已知，则可由几何方程可求得应变场。

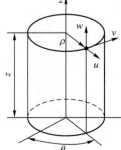

图 2.40　圆柱坐标中的位移分量

当采用圆柱坐标(ρ、θ、z)(图 2.40)时，其几何方程为

$$\left.\begin{aligned} \varepsilon_\rho &= \frac{\partial u}{\partial \rho}; \quad \gamma_{\rho\theta} = \frac{1}{2}\left(\frac{1}{\rho}\frac{\partial u}{\partial \rho} + \frac{\partial v}{\partial \rho} - \frac{v}{\rho}\right) \\ \varepsilon_\theta &= \frac{1}{\rho}\left(\frac{\partial v}{\partial z} + u\right); \quad \gamma_{\theta z} = \frac{1}{2}\left(\frac{\partial v}{\partial z} + \frac{\partial w}{\partial y}\right) \\ \varepsilon_z &= \frac{\partial w}{\partial z}; \quad \gamma_{z\rho} = \frac{1}{2}\left(\frac{\partial w}{\partial \rho} + \frac{\partial u}{\partial z}\right) \end{aligned}\right\} \tag{2-88}$$

2.3.5 应变连续方程

由小变形几何方程可知，6个应变分量取决于3个位移分量，因此，6个应变分量不应是任意的，其间必存在一定的关系，才能使变形体保持连续性，应变分量的这种关系称为应变连续方程或应变协调方程。应变连续方程有两组共六式。

一组为每个坐标平面内应变分量之间满足的关系。例如，在 xOy 坐标平面内，将几何方程(2-86)中的就 ε_x 对 y 求两次偏导数，ε_y 对 x 求两次偏导数得

$$\frac{\partial^2 \varepsilon_x}{\partial y^2} = \frac{\partial^2}{\partial x \partial y}\left(\frac{\partial u}{\partial y}\right)$$

$$\frac{\partial^2 \varepsilon_y}{\partial x^2} = \frac{\partial^2}{\partial x \partial y}\left(\frac{\partial v}{\partial x}\right)$$

上面两式两两相加得

$$\frac{\partial^2 \varepsilon_x}{\partial y^2} + \frac{\partial^2 \varepsilon_y}{\partial x^2} = \frac{\partial^2}{\partial x \partial y}\left(\frac{\partial u}{\partial y}\right) + \frac{\partial^2}{\partial x \partial y}\left(\frac{\partial v}{\partial x}\right) = \frac{\partial^2}{\partial x \partial y}\left(\frac{\partial u}{\partial y} + \frac{\partial v}{\partial x}\right) = 2\frac{\partial^2 \gamma_{xy}}{\partial x \partial y}$$

即

$$\frac{\partial^2 \gamma_{xy}}{\partial x \partial y} = \frac{1}{2}\left(\frac{\partial^2 \varepsilon_x}{\partial y^2} + \frac{\partial^2 \varepsilon_y}{\partial x^2}\right)$$

用同样方法还可求出其他两式，连同上式综合可得下列三个式子

$$\left.\begin{array}{l}\dfrac{\partial^2 \gamma_{xy}}{\partial x \partial y} = \dfrac{1}{2}\left(\dfrac{\partial^2 \varepsilon_x}{\partial y^2} + \dfrac{\partial^2 \varepsilon_y}{\partial x^2}\right)\\[3mm]\dfrac{\partial^2 \gamma_{yz}}{\partial y \partial z} = \dfrac{1}{2}\left(\dfrac{\partial^2 \varepsilon_y}{\partial z^2} + \dfrac{\partial^2 \varepsilon_z}{\partial y^2}\right)\\[3mm]\dfrac{\partial^2 \gamma_{zx}}{\partial z \partial x} = \dfrac{1}{2}\left(\dfrac{\partial^2 \varepsilon_z}{\partial x^2} + \dfrac{\partial^2 \varepsilon_x}{\partial z^2}\right)\end{array}\right\} \qquad (2-89)$$

式(2-89)表明：在一个坐标平面内，两个线应变分量一经确定，则切应变分量随之被确定。

另一组为不同坐标平面内应变分量之间应满足的关系。将式(2-86)中的 ε_x 对 y、z，ε_y 对 z、x，ε_z 对 x、y 分别求偏导，并将切应变分量 γ_{xy}、γ_{yz}、γ_{zx} 分别对 z、x、y 求偏导，得

$$\frac{\partial^2 \varepsilon_x}{\partial y \partial z} = \frac{\partial^3 u}{\partial x \partial y \partial z}$$

$$\frac{\partial^2 \varepsilon_y}{\partial z \partial x} = \frac{\partial^3 v}{\partial x \partial y \partial z}$$

$$\frac{\partial^2 \varepsilon_z}{\partial x \partial y} = \frac{\partial^3 w}{\partial x \partial y \partial z}$$

$$\frac{\partial \gamma_{xy}}{\partial z} = \frac{1}{2}\left(\frac{\partial^2 u}{\partial y \partial z} + \frac{\partial^2 v}{\partial x \partial z}\right)$$

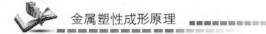

金属塑性成形原理

$$\frac{\partial \gamma_{yz}}{\partial x} = \frac{1}{2}\left(\frac{\partial^2 v}{\partial z \partial x} + \frac{\partial^2 w}{\partial x \partial y}\right)$$

$$\frac{\partial \gamma_{zx}}{\partial y} = \frac{1}{2}\left(\frac{\partial^2 w}{\partial x \partial y} + \frac{\partial^2 u}{\partial z \partial y}\right)$$

上面共有 6 个表达式。将 $\dfrac{\partial \gamma_{xy}}{\partial z}$ 的表达式加上 $\dfrac{\partial \gamma_{yz}}{\partial x}$ 的表达式并减去 $\dfrac{\partial \gamma_{zx}}{\partial y}$ 的表达式，得

$$\frac{\partial \gamma_{xy}}{\partial z} + \frac{\partial \gamma_{yz}}{\partial x} - \frac{\partial \gamma_{zx}}{\partial y} = \frac{\partial^2 v}{\partial x \partial z}$$

再将上式对 y 求偏导数，并考虑到 $\dfrac{\partial^2 \varepsilon_y}{\partial z \partial x}$ 的表达式，得

$$\frac{\partial}{\partial y}\left(\frac{\partial \gamma_{xy}}{\partial z} + \frac{\partial \gamma_{yz}}{\partial x} - \frac{\partial \gamma_{zx}}{\partial y}\right) = \frac{\partial^2 \varepsilon_y}{\partial z \partial x}$$

用同样方法还可求出其他两式，连同上式整理可得下列三个式子

$$\left.\begin{array}{l} \dfrac{\partial}{\partial y}\left(\dfrac{\partial \gamma_{xy}}{\partial z} + \dfrac{\partial \gamma_{yz}}{\partial x} - \dfrac{\partial \gamma_{zx}}{\partial y}\right) = \dfrac{\partial^2 \varepsilon_y}{\partial z \partial x} \\[3mm] \dfrac{\partial}{\partial z}\left(\dfrac{\partial \gamma_{yz}}{\partial x} + \dfrac{\partial \gamma_{zx}}{\partial y} - \dfrac{\partial \gamma_{xy}}{\partial z}\right) = \dfrac{\partial^2 \varepsilon_z}{\partial x \partial y} \\[3mm] \dfrac{\partial}{\partial x}\left(\dfrac{\partial \gamma_{zx}}{\partial y} + \dfrac{\partial \gamma_{xy}}{\partial z} - \dfrac{\partial \gamma_{yz}}{\partial x}\right) = \dfrac{\partial^2 \varepsilon_x}{\partial y \partial z} \end{array}\right\} \qquad (2-90)$$

式(2-90)表明，在三维空间内 3 个切应变分量一经确定，则线应变分量也就被确定。

应变连续方程的物理意义在于：只有当应变分量之间的关系满足上述方程时，物体变形后才是连续的。否则，变形后会出现“撕裂”或“重叠”，破坏变形物体的连续性。

需要指出的是：如果已知位移分量，则由几何方程求得的应变分量 ε_{ij} 自然满足连续方程。但若先用其他方法求得应变分量，则只有当它们满足连续方程时，才能由几何方程式(2-62)求得正确的位移分量。

2.3.6 应变增量和应变速率张量

前面所讨论的是小应变，反映单元体在某一变形过程或变形过程中的某个阶段结束时的应变，为全量应变。而塑性成形问题一般都是大尺寸和大变形，并且整个变形过程是比较复杂的。所以，前面所讨论小应变时的公式在大变形中就不能直接应用。然而，大变形是由很多小变形累积而成的，故有必要分析大变形过程中某个特定瞬间的变形情况，因此提出了应变增量和应变速率的概念。

一般采用无限小的应变增量来描述某一瞬间的变形情况，整个变形过程可以看作是很多瞬间应变增量的积累。

1. 速度分量和速度场

塑性成形时，变形物体内的各质点都处于运动状态，即各质点以一定的速度运动，也即存在一个速度场。将质点在单位时间内的位移称为位移速度，位移速度在 3 个坐标轴上的投影称位移速度分量，或简称速度分量，表示为

$$\dot{u}=\frac{u}{t}$$
$$\dot{v}=\frac{v}{t}$$
$$\dot{w}=\frac{w}{t}$$
(2－91)

可简记为

$$\dot{u}_i=\frac{u_i}{t}$$
(2－92)

因位移是坐标的连续函数，而位移速度不仅是坐标的函数，也是时间的函数，所以在各坐标方向上的投影称为速度分量，有

$$\dot{u}=u(x,\ y,\ x,\ t)$$
$$\dot{v}=v(x,\ y,\ z,\ t)$$
$$\dot{w}=w(x,\ y,\ z,\ t)$$
(2－93)

简记为
$$\dot{u}_i=\dot{u}_i(x,\ y,\ z,\ t)$$
(2－94)

上式即可用于表示物体中速度场，记为 $\dot{u}_i$。如果物体内各点的速度分量为已知，则物体中的位移增量和速度场就被确定。

2. 位移增量和应变增量

如已知速度分量，则在无限小时间间隔 $\mathrm{d}t$ 内，其质点产生极小的位移变化量称为位移增量，记为 Δu_i。图 2.41 中，设物体中的某一点 P，其在变形过程中经 $PP'P_1$ 的路线达到 P_1 点，这时的位移 PP_1，将 PP_1 的分量代入几何方程求得的应变就是该变形过程的全量应变。如果在某一瞬时，该点移动至 $PP'P_1$ 路线上的任意一点，如 P' 点，则由 PP' 求得的应变就是该瞬时的全量应变。如果该质点由 P' 再沿原路线经极短的时间 $\mathrm{d}t$ 移动无限小的距离到 P''，这时位移矢量 PP'' 与 PP' 之差即为此时的位移增量。此时的速度分量为

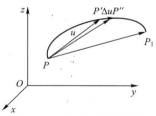

图 2.41 位移矢量和增量

$$\dot{u}=\frac{\Delta u}{\mathrm{d}t}$$
$$\dot{v}=\frac{\Delta v}{\mathrm{d}t}$$
$$\dot{w}=\frac{\Delta w}{\mathrm{d}t}$$
(2－95)

简记为

$$\dot{u}=\frac{\Delta u_i}{\mathrm{d}t}$$

即此时的位移增量分量为

$$\Delta u_i=\dot{u}_i\mathrm{d}t$$
(2－96)

产生位移增量分量后，变形体内各质点就有一个相应的无限小应变增量，用 $\Delta\varepsilon_{ij}$ 表示。应变增量与位移增量之间的关系，也即几何方程形式上与小变形几何方程相同，如果把式

(2-87)中的 u_i 改成 Δu_i，ε_{ij} 改成 $\Delta \varepsilon_{ij}$，并结合式(2-86)，可得应变增量几何方程为

$$
\left.
\begin{aligned}
\Delta \varepsilon_x &= \frac{\partial(\Delta u)}{\partial x}; \quad \Delta \gamma_{xy} = \Delta \gamma_{yx} = \frac{1}{2}\left(\frac{\partial(\Delta u)}{\partial y} + \frac{\partial(\Delta v)}{\partial x}\right) \\
\Delta \varepsilon_y &= \frac{\partial(\Delta v)}{\partial y}; \quad \Delta \gamma_{yz} = \Delta \gamma_{zy} = \frac{1}{2}\left(\frac{\partial(\Delta v)}{\partial z} + \frac{\partial(\Delta w)}{\partial y}\right) \\
\Delta \varepsilon_z &= \frac{\partial(\Delta w)}{\partial z}; \quad \Delta \gamma_{zx} = \Delta \gamma_{xz} = \frac{1}{2}\left(\frac{\partial(\Delta w)}{\partial x} + \frac{\partial(\Delta u)}{\partial z}\right)
\end{aligned}
\right\}
\tag{2-97}
$$

简记为

$$
\Delta \varepsilon_{ij} = \frac{1}{2}\left(\frac{\partial(\Delta u_i)}{\partial x_j} + \frac{\partial(\Delta u_j)}{\partial x_i}\right)
\tag{2-98}
$$

一点的应变增量也是二阶对称张量，称为应变增量张量，有

$$
\Delta \varepsilon_{ij} = \begin{bmatrix}
\Delta \varepsilon_x & \Delta \gamma_{xy} & \Delta \gamma_{xz} \\
\Delta \gamma_{yx} & \Delta \varepsilon_y & \Delta \gamma_{yz} \\
\Delta \gamma_{zx} & \Delta \gamma_{zy} & \Delta \varepsilon_z
\end{bmatrix}
\tag{2-99}
$$

应变增量是塑性成形理论中最常用的概念之一，因为在塑性成形时的变形加载过程中，质点在每一瞬时的应力状态一般是与该瞬时的应变增量相对应的，因此在分析塑性成形时，主要用应变增量。需要指出的是，塑性变形过程中某瞬时的应变增量 $\Delta \varepsilon_{ij}$ 是当时具体变形条件下的无限小应变，是将变形物体在变形过程中任意瞬间的形状和尺寸作为初始状态的，而当时的全量应变则是该瞬时以前的变形结果，该瞬时的变形条件和以前的变形条件并不一定时，应变增量的主轴与当时的全量应变主轴不一定重合。

应变增量张量和小应变张量一样，具有 3 个方向应变增量主方向，3 个主应变增量，3 个不变量，3 对主切应变增量，应变增量偏张量，应变球张量、等效应变增量等，其定义和表达式的形式和大小都与小应变张量一样。

只要将 $\Delta \varepsilon_{ij}$ 改成 ε_{ij} 即可。

3. 应变速率和应变速率张量

单位时间内的应变称为应变速率，或称变形速度，用 $\dot{\varepsilon}_{ij}$ 表示，其单位为 s^{-1}。设在时间间隔 $\mathrm{d}t$ 内产生的应变增量为 $\Delta \varepsilon_{ij}$，则应变速率为

$$
\dot{\varepsilon}_{ij} = \frac{\Delta \varepsilon_{ij}}{\mathrm{d}t}
\tag{2-100}
$$

可见应变速率与应变增量相似，都是描述某瞬时的变形状态。

将式(2-96)代入式(2-98)得

$$
\Delta \varepsilon_{ij} = \frac{1}{2}\left(\frac{\partial(\dot{u}_i\,\mathrm{d}t)}{\partial x_j} + \frac{\partial(\dot{u}_j\,\mathrm{d}t)}{\partial x_i}\right)
$$

上式两边除以时间增量 $\mathrm{d}t$，再根据应变速率的定义，得

$$
\dot{\varepsilon}_{ij} = \frac{\Delta \varepsilon_{ij}}{\mathrm{d}t} = \frac{1}{2}\left(\frac{\partial \dot{u}_i}{\partial x_j} + \frac{\partial \dot{u}_j}{\partial x_i}\right)
\tag{2-101}
$$

或写成

$$
\left.
\begin{array}{l}
\dot{\varepsilon}_x = \dfrac{\partial \dot{u}}{\partial x}; \quad \dot{\gamma}_{xy} = \dot{\gamma}_{yx} = \dfrac{1}{2}\left(\dfrac{\partial \dot{u}}{\partial y} + \dfrac{\partial \dot{v}}{\partial x}\right) \\[3mm]
\dot{\varepsilon}_y = \dfrac{\partial \dot{v}}{\partial y}; \quad \dot{\gamma}_{yz} = \dot{\gamma}_{zy} = \dfrac{1}{2}\left(\dfrac{\partial \dot{v}}{\partial z} + \dfrac{\partial \dot{w}}{\partial y}\right) \\[3mm]
\dot{\varepsilon}_z = \dfrac{\partial \dot{w}}{\partial z}; \quad \dot{\gamma}_{zx} = \dot{\gamma}_{xz} = \dfrac{1}{2}\left(\dfrac{\partial \dot{w}}{\partial x} + \dfrac{\partial \dot{u}}{\partial z}\right)
\end{array}
\right\}
\tag{2-102}
$$

一点的应变速率也是一个二阶对称张量，称为应变速率张量

$$
\dot{\varepsilon}_{xy} = \begin{bmatrix} \dot{\varepsilon}_x & \dot{\gamma}_{xy} & \dot{\gamma}_{xz} \\ \dot{\gamma}_{yx} & \dot{\varepsilon}_y & \dot{\gamma}_{yz} \\ \dot{\gamma}_{zx} & \dot{\gamma}_{zy} & \dot{\varepsilon}_z \end{bmatrix}
\tag{2-103}
$$

或写成

$$
\dot{\varepsilon}_{xy} = \begin{bmatrix} \dot{\varepsilon}_x & \dot{\gamma}_{xy} & \dot{\gamma}_{xz} \\ \cdot & \dot{\varepsilon}_y & \dot{\gamma}_{yz} \\ \cdot & \cdot & \dot{\varepsilon}_z \end{bmatrix}
\tag{2-104}
$$

应变速率张量与应变增量张量相似，都可描述瞬时变形体状态。应变增量张量和应变速率张量都有主方向（主轴方向），主应变增量 $\Delta\varepsilon_1$、$\Delta\varepsilon_2$、$\Delta\varepsilon_3$ 和主应变速率 $\dot{\varepsilon}_1$、$\dot{\varepsilon}_2$、$\dot{\varepsilon}_3$，主切应变增量 $\Delta\gamma_{12}$、$\Delta\gamma_{23}$、$\Delta\gamma_{31}$ 和主切应变速率 $\dot{\gamma}_{12}$、$\dot{\gamma}_{23}$、$\dot{\gamma}_{31}$，应变速率偏张量 $\dot{\varepsilon}_{ij}'$、应变速率球张量 $\delta_{ij}\dot{\varepsilon}_m$、应变速率张量不变量、等效应变增量 $\Delta\bar{\varepsilon}$ 和等效应变速率 $\dot{\bar{\varepsilon}}$ 及莫尔圆等，它们的含义和表达式与小变形的应变张量相同。

应变速率表示变形程度的变化快慢，不能与工具的移动速率相混淆。例如，如图 2.42 所示，在试验机上均匀压缩一柱体，下垫板不动，上垫板以速度 $\dot{u}_0$ 下移，现取圆柱体下端为坐标原点，压缩方向为 x 轴，柱体某瞬时的高度为 h，则柱体内各质点在 x 方向的速度为

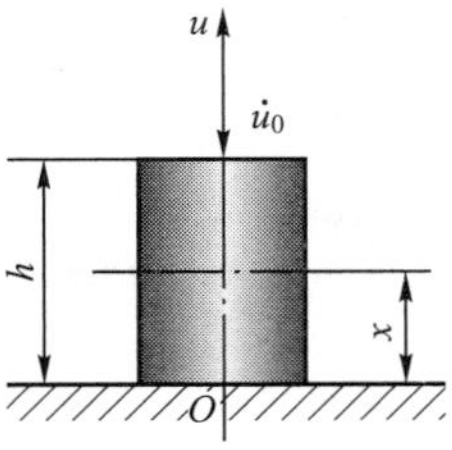

$$
\dot{u}_x = \frac{\dot{u}_0}{h}x
$$

图 2.42 单向均匀压缩
时位移速度

于是，各质点在 x 方向的应变速率分量为

$$
\dot{\varepsilon}_x = \frac{\partial \dot{u}_x}{\partial x} = \frac{\dot{u}_0}{h}
$$

从上式显然可以看到，位移速度和应变速率是两个不同的概念。

应变速率不仅取决于工具的运动速率，而且与变形体的尺寸及边界条件有关，所以不能仅仅用工具或质点的运动速度来衡量变形体内质点的变形速度。但在塑性成形理论中，如不计变形速度对材料性能和摩擦的影响，或板料成形比较小或浅尺寸的零件时（图 2.43），用应变增量和应变速率进行计算所得结果是一致的。但如对于应变速率敏感的材料或不同成形方式及变形体尺寸比较大又比较复杂的零件，则采用应变速率来分析计算较合适。如板料冲压成形不锈钢零件时，就要采用应变速率来分析计算；再如汽覆盖件这一类尺寸比较大的冲压件拉深成形，如图 2.44 所示，也要采用应变速率来分析计算。

 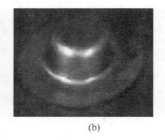

(a)　　　　　　　　　　(b)

图 2.43　小尺寸零件　　　　　　　图 2.44　汽车覆盖件

2.3.7　塑性加工中常用变形程度的表达式

板料拉深(图 2.6)是由圆板毛坯拉深而成,由于拉深后沿径向的板料厚度是不同的,所以可采用厚度减薄率来初步预测筒形件发生破裂和起皱的可能性。厚度减薄率为

$$\varepsilon_t = \frac{t_0 - t_1}{t_0} = \frac{\Delta t}{t_0} \times 100\% \tag{2-105}$$

式中, t_0 为圆板毛坯的厚度; t_1 为拉深后板料的厚度; Δt 为厚度绝对减薄量。

由式(2-105)可算出法兰的筒形件沿径向的板料厚度变化,如图 2.45 所示。

板料塑性成形时,一般认为 $\varepsilon_t \leqslant 25\%$,则发生破裂的可能性比较小,而 $|\varepsilon_t| \geqslant 30\%$,则有可能发生起皱。式(2-105)表示了厚度减薄或增厚相对变形量,在大变形程度时误差比较大。如用厚度减薄率来预测板料发生破裂和起皱的可能性,还要与板料拉深的成形极限图(Forming Limit Diagram,FLD)配合使用。在冲压生产中,根据复杂零件的每一局部会产生的变形,可预先在毛坯料表面上作出一定形式的密集网格(一般采用 $\phi 2mm$ 或 $\phi 5mm$ 的小圆圈),观察测定网格上小圆圈变成椭圆的尺寸(图 2.46),椭圆长轴和短轴的变形 ε_1 、 ε_2 ,网格原始直径 d_0 ,变形后椭圆长轴径长为 d_1 ,短轴径长为 d_2 ,则相对应变

(a) 成形前　　(b) 成形后

图 2.45　圆筒形件的厚度减薄率分布　　　图 2.46　网格成形前后变化图

$$\left.\begin{array}{l} 长轴\ \varepsilon_1 = \dfrac{d_1 - d_0}{d_0} \\[2mm] 短轴\ \varepsilon_2 = \dfrac{d_2 - d_0}{d_0} \end{array}\right\} \tag{2-106}$$

作为纵轴和横轴的坐标数据,即可绘制出成形极限图 2.47。用成形极限图(FLD)评价拉深成形中的起皱和破裂。定义拉裂安全成形曲线 $\varphi_1(\varepsilon_1, \varepsilon_2)$ 和起皱安全成形曲线 $\varphi_2(\varepsilon_1, \varepsilon_2)$,图中所示函数表达式为

$$\psi_1(\varepsilon_1,\ \varepsilon_2) = \psi(\varepsilon_1,\ \varepsilon_2) - s_1 \qquad (2-107)$$

$$\psi_2(\varepsilon_1,\ \varepsilon_2) = \phi(\varepsilon_1,\ \varepsilon_2) - s_2(\theta) \qquad (2-108)$$

式中，ε_1、ε_2 为主应变和次应变；$\psi(\varepsilon_1,\ \varepsilon_2)$ 为拉裂成形极限曲线；$\phi(\varepsilon_1,\ \varepsilon_2)$ 为起皱成形极限曲线；s_1、$s_2(\theta)$ 为拉裂安全距离和起皱安全距离；θ 为起皱安全角度。

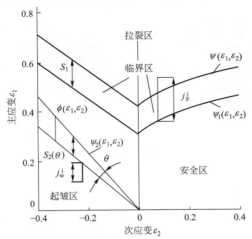

图 2.47　FLD 成形极限图

由此，FLD 目标评价函数定义为

$$\left.\begin{array}{l} f(\varepsilon_1,\ \varepsilon_2) = \alpha \sum_{i=1}^{N} (j_w^i)^2 + \sum_{i=1}^{N} (j_F^i)^2 \\ j_w^i = |\phi(\varepsilon_1^u) - \varepsilon_2^u| \qquad \varepsilon_2^u \leqslant \phi(\varepsilon_1^u) \\ j_F^i = |\varepsilon_1^u - \psi(\varepsilon_2^u)| \qquad \varepsilon_1^u > \psi(\varepsilon_2^u) \end{array}\right\} \qquad (2-109)$$

式中，$f(\varepsilon_1,\ \varepsilon_2)$ 为单元目标评价函数；j_F^i、j_w^i 为单元目标拉裂距离和起皱距离；$\psi(\varepsilon_2^u)$、$\phi(\varepsilon_1^u)$ 为单元目标拉裂安全成形曲线和单元目标起皱安全成形曲线；α 为由试验确定的平衡起皱和破裂的因素，一般取 $\alpha=0.1$；ε_1^u、ε_2^u 为单元主应变和单元次应变；N 为单元个数。式(2-109)中上角标 u 表示有限元模拟中对板料网格划分后得到的单元，也可以是板料拉深生产或试验预先在板料上划出的细密网格(单元)变形后应变。

拉深成形时，ε_1^u 和 ε_2^u 数值越小越好，表明位于安全区域的点越多，即成形性能越好。图 2.48 是根据成形极限图(FLD)预测和评价某产品成形中的起皱和破裂情况。图 2.48(a)

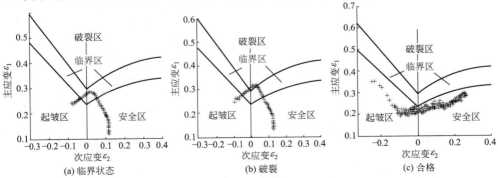

图 2.48　预测成形中的起皱和破裂

表示处于临界状态，有应变点落在临界内，发生破裂的概率很高；图 2.48(b)表示有应变点落在破裂区，则发生破裂；图 2.48(c)表示应变点落在了安全区，产品合格。图 2.49 (a)所示为产品成形中发生的破裂情况，图 2.49(b)所示为根据预测成形破裂后调整模具并成形后的合格产品。

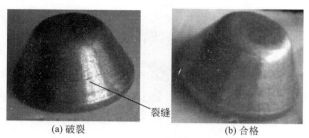

(a) 破裂   (b) 合格

图 2.49　产品成形中的起皱和破裂

2.3.8　塑性变形体积不变条件

如图 2.50 所示，设单元初始边长为 dx、dy、dz，则变形前的体积 V_0 为

$$V_0 = dx\,dy\,dz \tag{2-110}$$

考虑到小变形时，切应变引起的边长变化及体积变化都是高阶微量，可以忽略，则体积的变化只是由线应变引起的，如图 2.51 所示。在 x、y、z 方向上的线应变为

$$\left. \begin{aligned} \varepsilon_x &= \frac{r_x - dx}{dx} \\ \varepsilon_y &= \frac{r_y - dy}{dy} \\ \varepsilon_z &= \frac{r_z - dz}{dz} \end{aligned} \right\}$$

或改写成

$$\left. \begin{aligned} r_x &= dx(1+\varepsilon_x) \\ r_y &= dy(1+\varepsilon_y) \\ r_z &= dz(1+\varepsilon_z) \end{aligned} \right\} \tag{2-111}$$

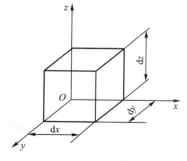

图 2.50　单元体体积

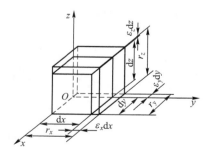

图 2.51　单元体边长的线变形

变形后单元体的体积为(其中略去高阶无穷小)

$$V_1 = r_x r_y r_z = (1+\varepsilon_x)\mathrm{d}x(1+\varepsilon_y)\mathrm{d}y(1+\varepsilon_z)\mathrm{d}z \approx (1+\varepsilon_x+\varepsilon_y+\varepsilon_z)\mathrm{d}x\mathrm{d}y\mathrm{d}z \quad (2-112)$$

于是单元体的体积变化率为

$$\theta = \frac{V_1-V_0}{V_0} = \varepsilon_x+\varepsilon_y+\varepsilon_z \quad (2-113)$$

弹性变形时，要考虑体积变化率，塑性变形时，由于是假定材料是连续致密的，体积的变化很微小，与形状相比可以忽略不计，因此认为塑性变形时体积不变，即

$$\theta = \frac{V_1-V_0}{V_0} = \varepsilon_x+\varepsilon_y+\varepsilon_z = 0 \quad (2-114)$$

式(2-114)中的 ε_x、ε_y、ε_z 为塑性变形的 3 个线应变分量。若用主应变表示，则有

$$\varepsilon_1+\varepsilon_2+\varepsilon_3 = 0 \quad (2-115)$$

式(2-115)称为塑性变形时的体积不变条件。也就是说，在塑性变形时，变形前物体的体积等于变形后的体积。

体积不变条件用对数应变(用符号 $\in$ 表示)表示则更为准确。设变形体的原始长、宽、高分别为 l_0、b_0、h_0，变形后为 l_1、b_1、h_1，则体积不变条件可表示为

$$\in_l + \in_b + \in_h = \ln\frac{l_1}{l_0} + \ln\frac{b_1}{b_0} + \ln\frac{h_1}{h_0} = \ln\frac{l_1 b_1 h_1}{l_0 b_0 h_0} = 0 \quad (2-116)$$

由式(2-85)可以看出，塑性变形时 3 个线应变分量不等于零，就不可能全部同号，绝对值最大的应变永远和另外两个应变的符号相反。因此，塑性变形只能有压缩、伸长和剪切 3 种类型。此外，塑性变形应变莫尔圆的切应变轴 γ 必定在由 ε_1 与 ε_3 组成的大圆之内变化。

在金属塑性成形过程中，体积不变条件是一项很重要的原则，在塑性加工中用于坯料或工件半成品的形状和尺寸的计算。

【例2.2】 一块长×宽×厚为 120mm×36mm×0.5mm 的平板，拉伸后在长度方向均匀伸长至 144mm，若设宽度不变，求平板的最终尺寸。

解： 根据变形条件可求得长、宽、厚方向的主应变(用对数应变表示)为

$$\in_1 = \ln\frac{144}{120}$$

$$\in_2 = \ln\frac{36}{36} = 0$$

$$\in_3 = \ln\frac{h}{h_0}$$

由体积不变条件

$$\in_l + \in_b + \in_h = 0$$

即

$$\in_h = -\in_l$$

所以有

$$\ln\frac{h}{h_0} = -\ln\frac{144}{120} = \ln\frac{120}{140}$$

即

$$\frac{h}{h_0} = \frac{120}{140}$$

$$h = \frac{120}{140} h_0 = \frac{120}{140} \times 0.5\text{mm} = 0.417\text{mm}$$

所以平板的最终尺寸为 144mm×36mm×0.417mm。

本题也可直接用变形前后体积相等求解。

如设变形体积 V_0，变形后体积 V_1，因 $V_0 = V_1$，则

$$120\text{mm} \times 36\text{mm} \times 0.5\text{mm} = 144\text{mm} \times 36\text{mm} \times h\ \text{mm}$$

$$h = \frac{120\text{mm} \times 36\text{mm} \times 0.5\text{mm}}{144\text{mm} \times 36\text{mm}} = 0.417\text{mm}$$

事实上，变形前后体积相等求解的方法只能求解毛坯或工件半成品中的一个未知参数，一般在实际生产中，大多是根据工件形状和尺寸求解毛坯或工件半成品的其中一个尺寸。

【例 2.3】 拉深件如图 2.52(a)所示，测量尺寸如图 2.52(b)所示，计算原始圆板毛坯直径 D_0。设毛坯厚度拉深前 $t = 2\text{mm}$，拉深后工件厚度与毛坯厚度相等。

解： 设拉深前毛坯体积 V_0，拉深后体积 V_1，由拉深前后体积不变，$V_0 = V_1$，因拉深后体积可用查询求得，如图 2.53(a)所示。经简单计算后得毛坯及尺寸，如图 2.53(b)所示。因为

$$V_1 = 20597.6433\text{mm}^3$$

而

$$V_0 = \frac{\pi}{4} D_0^2 t$$

故

$$D_0 = \sqrt{\frac{4 \times V_0}{\pi t}} = \sqrt{\frac{4 \times 20597.6433}{\pi \times 2}} \approx 115\text{mm}$$

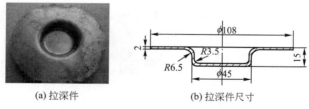

(a) 拉深件　　　　　　　(b) 拉深件尺寸

图 2.52　拉深件和尺寸

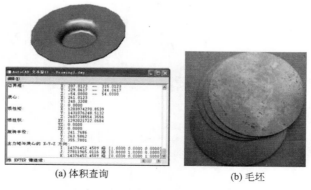

(a) 体积查询　　　　　　　(b) 毛坯

图 2.53　体积计算和毛坯尺寸

这个计算结果是比较精确的，实际冲压作业中，考虑法兰起皱等因素，拉深杯形件或复杂冲压件（如汽车覆盖件）一类的冲压件，原始坯料的外缘一般作为工艺辅助边，或者在此类冲压件的展开形状外缘增加一定宽度的工艺辅助边，工艺辅助边参与冲压拉深的变形并在冲压完成后切除，如图 2.54 所示。

图 2.54　杯形件和毛坯及冲切后工艺辅助边

2.3.9　平面变形和轴对称变形

1. 平面变形问题

如果物体内所有质点都只在一个坐标平面内发生变形，而在该平面的法线方向没有变形，这种变形就称为平面变形。设 z 方向没有变形，则 z 方向必为主方向，z 方向的位移分量 $\omega=0$，且其余各位移分量与 z 轴无关，故有 $\varepsilon_z=\gamma_{zy}=\gamma_{zx}=0$。因此，平面变形只有 3 个应变分量，即 ε_x、ε_y、γ_{xy}。平面变形问题的几何方程为

$$
\left.\begin{aligned}
\varepsilon_x &= \frac{\partial u}{\partial x} \\
\varepsilon_y &= \frac{\partial v}{\partial y} \\
\gamma_{xy} &= \frac{1}{2}\left(\frac{\partial u}{\partial y}+\frac{\partial v}{\partial x}\right)
\end{aligned}\right\}
\tag{2-117}
$$

又根据塑性变形时的体积不变条件及时性 $\varepsilon_x=0$，有

$$
\varepsilon_x = -\varepsilon_y
$$

需要特别指出的是，平面塑性变形时应变为零的方向的应力一般不等于零，其正应力是主应力且

$$
\sigma_z = \frac{\sigma_x+\sigma_y}{2} = \frac{\sigma_1+\sigma_2}{2} = \sigma_{\mathrm m}
$$

它是一个不变量。

2. 轴对称变形问题

轴对称变形问题采用圆柱坐标比较方便。轴对称变形时，由于通过轴线的子午面始终保持平面，所以 θ 向位移分量 $v=0$，且各位移分量均与 θ 坐标无关，因此 $\gamma_{\rho\theta}=\gamma_{\theta z}=0$，$\theta$ 向必为应变方方向，这时只有 4 个应变分量，其几何方程为

$$
\left.\begin{aligned}
\varepsilon_\rho &= \frac{\partial u}{\partial \rho} \\
\varepsilon_z &= \frac{\partial w}{\partial z} \\
\varepsilon_\theta &= \frac{u}{\rho} \\
\gamma_{z\rho} &= \frac{1}{2}\left(\frac{\partial w}{\partial \rho}+\frac{\partial u}{\partial z}\right)
\end{aligned}\right\}
\tag{2-118}
$$

对于某些轴对称问题，如单向均匀拉伸、锥形模挤压及拉拔、圆柱体镦粗等，其径向位移

分量 u 与坐标 ρ 呈线性关系，于是有

$$\frac{\partial u}{\partial \rho} = \frac{u}{\rho}$$

所以可以进一步推导出此时的径向应力和周向应力必然相等，即 $\sigma_\theta = \sigma_\rho$。这就说明，在圆柱体镦粗时，若按柱坐标取单元体分析应力，则径向应力和周向应力相等。

2.4 屈 服 准 则

塑性条件也称为屈服准则或屈服条件，是描述不同应力状态下变形体内质点进入塑性状态并使塑性变形继续进行所必须遵循的条件。受力物体是否进入塑性变形，是由其内在的物理性能和一定的外部变形条件(变形温度、变形速度、力学条件等)所决定的，在材料单向受拉时，由于质点处于单向应力状态，只要单向拉应力达到材料的屈服极限，该质点即行屈服进入塑性状态。多向应力状态时，显然就不能仅用某一应力分量来断定质点是否进入塑性状态，应同时考虑其他分量。但无论应力状态如何变化，一般用来描述质点各应力分量之间应满足的塑性条件关系式，常用的是屈雷斯加(H. Tresca)塑性条件和米塞斯(Von. Mises)塑性条件。

2.4.1 屈雷斯加塑性条件

屈雷斯加认为"任意应力状态下，只要最大切应力达到临界值后，材料就开始屈服"，数学表达式为

$$\tau_{max} = \left| \frac{\sigma_1 - \sigma_3}{2} \right| = \frac{\sigma_s}{2} \tag{2-119}$$

式中，τ_{max} 为质点的最大切应力；σ_1、σ_3 分别为代数值最大、最小的主应力(设 $\sigma_1 > \sigma_2 > \sigma_3$)；$\sigma_s$ 为金属在一定的变形温度、变形速度下的屈服点。

即当受力物体内质点的最大切应力达到材料单向拉伸时屈服点值 σ_s 的一半时，该点就发生屈服。或者说，材料(质点)处于塑性状态时，其最大切应力等于 σ_s 的一半。所以屈雷斯加屈服准则又称为最大切应力理论。最大切应力理论形式简单，在预先已知主应力大小的情况下，使用该屈服条件还是很方便的，但公式(2-119)中忽略了中间应力 σ_2 对材料屈服的影响。板料成形中，σ_2 对屈服条件还是起到很大的作用的。

2.4.2 米塞斯塑性条件

米塞斯提出：受力物体内质点的等效应力 $\bar{\sigma}$ 达到材料单向拉伸屈服值 σ_s 时，该点就发生屈服。米塞斯屈服准则也称为能量准则。如果用主应力表达，其数学表达式为

$$(\sigma_1 - \sigma_2)^2 + (\sigma_2 - \sigma_3)^2 + (\sigma_3 - \sigma_1)^2 = 2\sigma_s^2 \tag{2-120}$$

或

$$\bar{\sigma} = \frac{1}{\sqrt{2}} \sqrt{(\sigma_1 - \sigma_2)^2 + (\sigma_2 - \sigma_3)^2 + (\sigma_3 - \sigma_1)^2} = \sigma_s \tag{2-121}$$

式中，σ_1、σ_2、σ_3 为质点的 3 个主应力。

若用修正系数来考虑中间主应力 σ_2 的影响，米塞斯屈服准则可以简写为

$$\sigma_1 - \sigma_3 = \beta \sigma_s$$

式中，β 为中间主应力 σ_2 对 σ_s 影响的系数，或称为应力修正系数，一般 $\beta = 1 \sim 1.155$。

在单向应力及轴对称应力状态时，即 $\sigma_2 = \sigma_1$，$\sigma_2 = \sigma_3$ 时，板料软凸模胀形的中心点，$\beta = 1$；在纯剪状态和平面应变状态，即 $\sigma_2 = \frac{1}{2}(\sigma_1 + \sigma_3)$ 时，如宽板弯曲成形，$\beta = 1.155$；对于一般情况，受力物体内各点的应力状态不同，如板料拉深成形，凸缘上应力与直壁的应力状态不同，β 应凭经验选取，如无法判别时，可取 $\beta = 1.1$。

有一些共同特点，也有不同之处。

屈雷斯加屈服准则和米塞斯屈服准则的共同点是：

(1) 屈服准则的表达式都和坐标的选取无关，等式左边都是不变量的函数。

(2) 3 个主应力可以任意置换而不影响屈服，同时，认为拉应力和压应力的作用是一样的。

(3) 各表达式都与应力球张量无关。

屈雷斯加屈服准则和米塞斯屈服准则的不同点是：

屈雷斯加屈服准则没有考虑中间应力的影响，3 个主应力大小顺序不知时，使用不便；而米塞斯屈服准则考虑了中间应力的影响，使用方便。

2.4.3　米塞斯屈服准则的物理意义

米塞斯提出的屈服准则并没有考虑其物理意义，只是从数学上计算简化。德国力学家汉基（H. Hencky）于 1924 年从能量角度说明了米塞斯屈服准则的物理意义，认为：在一定的条件下，当材料的单位体积形状改变的弹性位能（或称弹性形变能）达到某一常数时，材料就屈服。

物体在外力作用下产生弹性变形，若物体保持平衡而且无温度变化，则外力所做的功将全部转换成弹性势能（位能）。设物体单位体积内总的变形位能为 W，其中包括单位体积变化位能 W_v 和单位形状位能 W_f（弹性变形能），在主坐标系下，单位体积内总的变形位能为

$$W = \frac{1}{2}(\sigma_1 \varepsilon_1 + \sigma_2 \varepsilon_2 + \sigma_3 \varepsilon_3) \qquad (2-122)$$

在弹性变形范围内，广义胡克定律

$$\left. \begin{array}{l} \varepsilon_1 = \dfrac{1}{E}[\sigma_1 - \nu(\sigma_2 + \sigma_3)] \\[2mm] \varepsilon_2 = \dfrac{1}{E}[\sigma_2 - \nu(\sigma_1 + \sigma_3)] \\[2mm] \varepsilon_3 = \dfrac{1}{E}[\sigma_3 - \nu(\sigma_1 + \sigma_2)] \end{array} \right\} \qquad (2-123)$$

式中，E 为弹性模量；ν 为泊松比。

将式（2-123）代入式（2-122），整理得

$$W = \frac{1}{2E}[\sigma_1^2 + \sigma_2^2 + \sigma_3^2 - 2\nu(\sigma_1 \varepsilon_1 + \sigma_2 \varepsilon_2 + \sigma_3 \varepsilon_3)] \qquad (2-124)$$

单位体积变化位能（由应力球张量引起）

$$W_v = \frac{3}{2}\sigma_m\varepsilon_m \qquad\qquad (2-125)$$

式中，$\sigma_m = \frac{1}{3}(\sigma_1+\sigma_2+\sigma_3)$，$\varepsilon_m = \frac{1}{3}(\varepsilon_1+\varepsilon_2+\varepsilon_3)$，而 ε_1、ε_2、ε_3 可用式(2-123)代入式 (2-125)整理得

$$W_v = = \frac{1-2\nu}{6E}(\sigma_1+\sigma_2+\sigma_3)^2 \qquad\qquad (2-126)$$

由于单位形状位能 W_f 等于单位体积内总的变形位能 W 减去单位体积变化位能 W_v，所以

$$W_f = \frac{1+\nu}{6E}[(\sigma_1-\sigma_2)^2+(\sigma_2-\sigma_3)^2+(\sigma_3-\sigma_1)^2] \qquad\qquad (2-127)$$

式(2-127)与米塞斯屈服准则相比，若满足屈服准则，则有

$$W_f = \frac{1+\nu}{6E}2\sigma_s^2 = \frac{(1+\nu)}{3E}\sigma_s^2 \qquad\qquad (2-128)$$

式中，σ_s 为材料的屈服极限。

式(2-128)说明，单位体积弹性变形 W_f 达到 $\frac{(1+\nu)}{3E}\sigma_s^2$ 时，材料就开始屈服，所以米塞斯屈服准则又称为能量准则。

2.5 塑性变形的应力应变关系(本构关系)

塑性变形时的应力与应变之间的关系称为本构关系，这种关系的数学表达式称为本构方程，或称为物理方程。本构方程和屈服准则都是求解塑性变形问题的补充方程。

2.5.1 弹性变形时的应力应变关系

材料在单向应力状态如简单拉、压和扭转情况下，弹性变形时的应力与应变关系，由胡克定律表达为

$$\sigma = E\varepsilon；\ \tau = 2G\gamma$$

而一般应力状态下的各向同性材料的弹性应力应变关系，可由广义胡克定律表达，即

$$\left.\begin{aligned}
\varepsilon_x &= \frac{1}{E}[\sigma_x-\nu(\sigma_y+\sigma_z)]；\ \gamma_{xy} = \frac{1}{2G}\tau_{xy} \\[2mm]
\varepsilon_y &= \frac{1}{E}[\sigma_y-\nu(\sigma_x+\sigma_z)]；\ \gamma_{yz} = \frac{1}{2G}\tau_{yz} \\[2mm]
\varepsilon_z &= \frac{1}{E}[\sigma_z-\nu(\sigma_x+\sigma_y)]；\ \gamma_{zx} = \frac{1}{2G}\tau_{zx}
\end{aligned}\right\} \qquad (2-129)$$

式中，G 为切变模量。

3 个弹性常数 E、ν、G 之间有以下关系

$$G = \frac{E}{2(1+\nu)} \qquad\qquad (2-130)$$

若将式(2-129)中的前 3 个式相加，整理后可得

$$\varepsilon_x + \varepsilon_y + \varepsilon_z = \frac{1-2\nu}{E}(\sigma_x + \sigma_y + \sigma_z)$$

即

$$\varepsilon_m = \frac{1-2\nu}{E}\sigma_m \qquad (2-131)$$

式中，$\varepsilon_m = \dfrac{(\varepsilon_x + \varepsilon_y + \varepsilon_z)}{3}$ 为平均线应变；σ_m 为平均应力。

式(2-131)表明，物体弹性变形时，其单位体积的变化率($\theta = 3\varepsilon_m$)与平均应力成正比，这说明应力球张量使物体产生弹性的体积改变。

若将式(2-129)中的第一式减去式(2-131)，整理后得

$$\varepsilon_x - \varepsilon_m = \frac{1+\nu}{E}(\sigma_x - \sigma_m) = \frac{1}{2G}(\sigma_x - \sigma_m)$$

即

$$\varepsilon_x' = \frac{1}{2G}\sigma_x'$$

同理可得

$$\varepsilon_y' = \frac{1}{2G}\sigma_y'$$

$$\varepsilon_z' = \frac{1}{2G}\sigma_z'$$

将以上 3 式与式(2-129)的后 3 式合并，得

$$\left.\begin{array}{l} \varepsilon_x' = \dfrac{1}{2G}\sigma_x'; \quad \gamma_{xy} = \dfrac{1}{2G}\tau_{xy} \\[2mm] \varepsilon_y' = \dfrac{1}{2G}\sigma_y'; \quad \gamma_{yz} = \dfrac{1}{2G}\tau_{yz} \\[2mm] \varepsilon_z' = \dfrac{1}{2G}\sigma_z'; \quad \gamma_{zx} = \dfrac{1}{2G}\tau_{zx} \end{array}\right\} \qquad (2-132)$$

简记为

$$\varepsilon_{ij}' = \frac{1}{2G}\sigma_{ij}' \qquad (2-133)$$

式(2-133)表示应变偏张量与应力偏张量成正比，也就是说物体形状的改变只是由应力偏张量引起的。由于应变是张量，因而可以分解为应变偏张量和应变球张量，由式(2-131)和式(2-133)，则广义广义胡克定律写成张量的形式为

$$\varepsilon_{ij} = \varepsilon_{ij}' + \delta_{ij}\varepsilon_m = \frac{1}{2G}\sigma_{ij}' + \frac{1-2\nu}{E}\delta_{ij}\sigma_m \qquad (2-134)$$

广义胡克定律还可写成比例和差比的形式，即

$$\frac{\varepsilon_x'}{\sigma_x'} = \frac{\varepsilon_y'}{\sigma_y'} = \frac{\varepsilon_z'}{\sigma_z'} = \frac{\gamma_{xy}}{\tau_{xy}} = \frac{\gamma_{yz}}{\tau_{yz}} = \frac{\gamma_{zx}}{\tau_{zx}} = \frac{1}{2G} \qquad (2-135)$$

及

$$\frac{\varepsilon_x-\varepsilon_y}{\sigma_x-\sigma_y}=\frac{\varepsilon_y-\varepsilon_z}{\sigma_y-\sigma_z}=\frac{\varepsilon_z-\varepsilon_x}{\sigma_z-\sigma_x}=\frac{\gamma_{xy}}{\tau_{xy}}=\frac{\gamma_{yz}}{\tau_{yz}}=\frac{\gamma_{zx}}{\tau_{zx}}=\frac{1}{2G} \tag{2-135a}$$

式(2-135a)表明了前面引用的应变莫尔圆与应力莫尔圆几何相似且成正比。根据式(2-39)，对任意坐标的应力强度(即等效应力)为

$$\bar{\sigma}=\frac{1}{\sqrt{2}}\sqrt{(\sigma_x-\sigma_y)^2+(\sigma_y-\sigma_z)^2+(\sigma_z-\sigma_x)^2+6(\tau_{xy}^2+\tau_{yz}^2+\tau_{zx}^2)}$$

由式(2-135a)得

$$\begin{cases} (\sigma_x-\sigma_y)^2=4G^2(\varepsilon_x-\varepsilon_y)^2 \\ (\sigma_y-\sigma_z)^2=4G^2(\varepsilon_y-\varepsilon_z)^2 \\ (\sigma_z-\sigma_x)^2=4G^2(\varepsilon_z-\varepsilon_x)^2 \end{cases}$$

将以上3式代入应力强度公式，得

$$\bar{\sigma}=\frac{2G}{\sqrt{2}}\sqrt{(\varepsilon_x-\varepsilon_y)^2+(\varepsilon_y-\varepsilon_z)^2+(\varepsilon_z-\varepsilon_x)^2+6(\gamma_{xy}^2+\gamma_{yz}^2+\gamma_{zx}^2)}$$

$$=\frac{E}{\sqrt{2}(1+\nu)}\sqrt{(\varepsilon_x-\varepsilon_y)^2+(\varepsilon_y-\varepsilon_z)^2+(\varepsilon_z-\varepsilon_x)^2+6(\gamma_{xy}^2+\gamma_{yz}^2+\gamma_{zx}^2)}$$

令

$$\bar{\varepsilon_i}=\frac{1}{\sqrt{2}(1+\nu)}\sqrt{(\varepsilon_x-\varepsilon_y)^2+(\varepsilon_y-\varepsilon_z)^2+(\varepsilon_z-\varepsilon_x)^2+6(\gamma_{xy}^2+\gamma_{yz}^2+\gamma_{zx}^2)}$$

$$\bar{\varepsilon_i}=\frac{3}{2(1+\nu)}\bar{\varepsilon}$$

式中，$\bar{\varepsilon_i}$ 称为弹性应变强度，$\bar{\varepsilon}$ 为等效应变。

于是有

$$\bar{\sigma}=E\bar{\varepsilon} \tag{2-136}$$

式(2-136)表明，材料在弹性变形范围内，应力强度与应变强度成正比，比例系数仍是 E。

由以上分析可得弹性变形时的应力-应变关系具有以下特点：

(1) 应力与应变完全呈线性关系，应力主轴与全量应变主轴重合。

(2) 弹性变形是可逆的，应力与应变之间是单值关系，加载与卸载的规律完全相同。

(3) 弹性变形时，应力球张量使物体产生体积的变化，泊松比 $\nu<0.5$。

2.5.2 塑性应力应变关系的特点

材料产生塑性变形时，应力与应变之间的关系具有以下特点：

(1) 塑性变形是不可恢复的，应力与应变是不可逆的关系。

(2) 对于应变硬化材料，卸载后再重新加载，其屈服应力就是卸载时的屈服应力，比初始屈服应力要高。

(3) 塑性变形时，可以认为体积不变，即应变球张量为零，泊松比 $\nu=0.5$。

(4) 应力与应变之间的关系是非线性的，因此，全量应变主轴与应力主轴不一定重合。

2.5.3 塑性变形的增量理论

增量理论又称为流动理论，是描述材料处于塑性状态时，应力与应变增量或应变速率之间关系的理论。它是针对加载过程中的每一瞬间的应力状态所确定的该瞬间的应变增量，这就撇开了加载历史的影响。

1. 列维-密席斯(Lew-Mises)方程

列维和密席斯分别于1871年和1913年建立了理想刚塑性材料的塑性流动理论方程，该方程是建立在下面4个假设基础上的：

(1) 材料是理想刚塑性材料，即弹性应变增量为零，塑性应变增量就是总应变增量。

(2) 材料服从密席斯屈服准则，即 $\bar{\sigma} = \sigma_s$。

(3) 每一加载瞬间，应力主轴与应变增量主轴重合。

(4) 塑性变形时体积不变，即 $\Delta\varepsilon_x + \Delta\varepsilon_y + \Delta\varepsilon_z = \Delta\varepsilon_1 + \Delta\varepsilon_2 + \Delta\varepsilon_3 = 0$。所以 $\Delta\varepsilon_{ij} = \Delta\varepsilon'_{ij}$。

在上述4个假定条件下，应变增量与应力偏张量成正比，即

$$\Delta\varepsilon_{ij} = \sigma'_{ij}\,\mathrm{d}\lambda \qquad (2-137)$$

式中，$\mathrm{d}\lambda$ 为瞬时比例常数，为非负值。在加载的不同瞬时是变化的，在卸载时 $\mathrm{d}\lambda = 0$。

式(2-137)称为列维-密席斯方程。该方程与胡克定律 $\sigma = E\varepsilon$，$\tau = 2G\gamma$ 相似，故也可以写成比例的形式或差比形式

$$\frac{\Delta\varepsilon_x}{\sigma'_x} = \frac{\Delta\varepsilon_y}{\sigma'_y} = \frac{\Delta\varepsilon_z}{\sigma'_z} = \frac{\Delta\gamma_{xy}}{\tau_{xy}} = \frac{\Delta\gamma_{yz}}{\tau_{yz}} = \frac{\Delta\gamma_{zx}}{\tau_{zx}} = \mathrm{d}\lambda \qquad (2-138)$$

及

$$\frac{\Delta\varepsilon_x - \Delta\varepsilon_y}{\sigma_x - \sigma_y} = \frac{\Delta\varepsilon_y - \Delta\varepsilon_z}{\sigma_y - \sigma_z} = \frac{\Delta\varepsilon_z - \Delta\varepsilon_x}{\sigma_z - \sigma_x} = \mathrm{d}\lambda \qquad (2-138a)$$

或

$$\frac{\Delta\varepsilon_1 - \Delta\varepsilon_2}{\sigma_1 - \sigma_2} = \frac{\Delta\varepsilon_2 - \Delta\varepsilon_3}{\sigma_2 - \sigma_3} = \frac{\Delta\varepsilon_3 - \Delta\varepsilon_1}{\sigma_3 - \sigma_1} = \mathrm{d}\lambda \qquad (2-138b)$$

为了确定比例系数 $\mathrm{d}\lambda$，可将式(2-138a)写成3个等式，然后两边平方，得

$$\left.\begin{array}{l} (\Delta\varepsilon_x - \Delta\varepsilon_y)^2 = (\sigma_x - \sigma_y)^2\,\mathrm{d}\lambda^2 \\ (\Delta\varepsilon_y - \Delta\varepsilon_x)^2 = (\sigma_y - \sigma_z)^2\,\mathrm{d}\lambda^2 \\ (\Delta\varepsilon_z - \Delta\varepsilon_x)^2 = (\sigma_z - \sigma_x)^2\,\mathrm{d}\lambda^2 \end{array}\right\} \qquad (2-139)$$

再将式(2-138)$i \neq j$ 中的3个等式两边平方后乘以6，可得

$$\left.\begin{array}{l} 6\Delta\gamma_{xy}^2 = 6\tau_{xy}^2\,\mathrm{d}\lambda^2 \\ 6\Delta\gamma_{yz}^2 = 6\tau_{yz}^2\,\mathrm{d}\lambda^2 \\ 6\Delta\gamma_{zx}^2 = 6\tau_{zx}^2\,\mathrm{d}\lambda^2 \end{array}\right\} \qquad (2-140)$$

将式(2-139)和式(2-140)相加，可得

$$(\Delta\varepsilon_x - \Delta\varepsilon_y)^2 + (\Delta\varepsilon_y - \Delta\varepsilon_z)^2 + (\Delta\varepsilon_z - \Delta\varepsilon_x)^2 + 6(\Delta\gamma_{xy}^2 + \Delta\gamma_{yz}^2 + \Delta\gamma_{zx}^2) = 2\bar{\sigma}^2\,\mathrm{d}\lambda^2$$

$\Delta\bar{\varepsilon}$ 称为塑性应变增量强度，也称等效应变增量，其表达式为

$$\Delta\bar{\varepsilon}=\frac{\sqrt{2}}{3}\sqrt{(\Delta\varepsilon_x-\Delta\varepsilon_y)^2+(\Delta\varepsilon_y-\Delta\varepsilon_z)^2+(\Delta\varepsilon_z-\Delta\varepsilon_x)^2+6(\Delta\gamma_{xy}^2+\Delta\gamma_{yz}^2+\Delta\gamma_{zx}^2)}$$

将 $\Delta\bar{\varepsilon}$ 代入上式可得

$$\frac{9}{2}\Delta\bar{\varepsilon}^2=2\bar{\sigma}^2\,d\lambda^2$$

从而可得

$$d\lambda=\frac{3}{2}\frac{\Delta\bar{\varepsilon}}{\bar{\sigma}} \qquad (2-141)$$

将式(2-141)和 $\sigma_m=\frac{1}{3}(\sigma_x+\sigma_y+\sigma_z)$ 代入式(2-137)，经整理后可将列维-密席斯方程写成接近于广义胡克定律表达式的形式

$$\left.\begin{array}{l}\Delta\varepsilon_x=\dfrac{\Delta\bar{\varepsilon}}{\bar{\sigma}}\Big[\sigma_x-\dfrac{1}{2}(\sigma_y+\sigma_z)\Big];\quad \Delta\gamma_{xy}=\dfrac{3}{2}\dfrac{\Delta\bar{\varepsilon}}{\bar{\sigma}}\tau_{xy}\\[3mm]\Delta\varepsilon_y=\dfrac{\Delta\bar{\varepsilon}}{\bar{\sigma}}\Big[\sigma_y-\dfrac{1}{2}(\sigma_z+\sigma_x)\Big];\quad \Delta\gamma_{yz}=\dfrac{3}{2}\dfrac{\Delta\bar{\varepsilon}}{\bar{\sigma}}\tau_{yz}\\[3mm]\Delta\varepsilon_z=\dfrac{\Delta\bar{\varepsilon}}{\bar{\sigma}}\Big[\sigma_z-\dfrac{1}{2}(\sigma_x+\sigma_y)\Big];\quad \Delta\gamma_{zx}=\dfrac{3}{2}\dfrac{\Delta\bar{\varepsilon}}{\bar{\sigma}}\tau_{zx}\end{array}\right\} \qquad (2-142)$$

由式(2-142)可以证明前面已经引用的结论：

(1) 平面塑性变形时，设 y 方向没有应变，则有 $\Delta\varepsilon_y=0$，根据式(2-142)有

$$\sigma_y=\frac{(\sigma_x+\sigma_z)}{2}$$

而

$$\sigma_m=\frac{1}{3}(\sigma_x+\sigma_y+\sigma_z)=\frac{1}{3}\Big[\sigma_x+\frac{1}{2}(\sigma_x+\sigma_z)+\sigma_z\Big]=\frac{1}{2}(\sigma_x+\sigma_z)=\sigma_y$$

即没有应变方向的应力值等于球应力的值。

(2) 对于某些轴对称问题，若有某两个应变分量的增量相等，则对应的应力偏量也相等，于是，对应的应力分量也相等。例如，$\Delta\varepsilon_\rho=\Delta\varepsilon_\theta$，根据式(2-142)有 $\sigma_\rho'=\sigma_\theta'$，因此有 $\sigma_\rho=\sigma_\theta$。

若将式(2-137)两边除以 dt，就可以得到应力-应变速率分量方程

$$\frac{\Delta\varepsilon_{ij}}{dt}=\frac{d\lambda}{dt}\sigma_{ij}'$$

式中，$\dfrac{\Delta\varepsilon_{ij}}{dt}=\dot{\varepsilon}_{ij}$ 为应变速率张量。

设 $\dfrac{d\lambda}{dt}=\dot{\lambda}=\dfrac{3}{2}\dfrac{\bar{\dot{\varepsilon}}_{ij}}{\bar{\sigma}}$，卸载时 $\dot{\lambda}=0$，式中 $\bar{\dot{\varepsilon}}_{ij}$ 称为应变速率强度或等效应变速率。于是有

$$\dot{\varepsilon}_{ij}=\dot{\lambda}\sigma_{ij}' \qquad (2-143)$$

式(2-143)就是应力-应变速率分量方程，它由圣维南(Saint-Venant)于1870年提出，由于它与牛顿黏性液体公式相似，故又称为圣维南塑性流动方程。如果不考虑应变速率对材

料性能的影响，该式与列维-密席斯方程是一致的。该式同样可以写成

$$
\left.
\begin{array}{l}
\dot{\varepsilon}_x = \dfrac{\bar{\dot{\varepsilon}}}{\bar{\sigma}}\left[\sigma_x - \dfrac{1}{2}(\sigma_y+\sigma_z)\right]; \quad \dot{\gamma}_{xy} = \dfrac{3}{2}\dfrac{\bar{\dot{\varepsilon}}}{\bar{\sigma}}\tau_{xy} \\[3mm]
\dot{\varepsilon}_y = \dfrac{\bar{\dot{\varepsilon}}}{\bar{\sigma}}\left[\sigma_y - \dfrac{1}{2}(\sigma_z+\sigma_x)\right]; \quad \dot{\gamma}_{yz} = \dfrac{3}{2}\dfrac{\bar{\dot{\varepsilon}}}{\bar{\sigma}}\tau_{yz} \\[3mm]
\dot{\varepsilon}_z = \dfrac{\bar{\dot{\varepsilon}}}{\bar{\sigma}}\left[\sigma_z - \dfrac{1}{2}(\sigma_x+\sigma_y)\right]; \quad \dot{\gamma}_{zx} = \dfrac{3}{2}\dfrac{\bar{\dot{\varepsilon}}}{\bar{\sigma}}\tau_{zx}
\end{array}
\right\}
\tag{2-144}
$$

应该指出列维-密席斯方程由于忽略了弹性变形，故它只适合塑性变形比弹性变形大得较多的大应变的情况下。列维-密席斯方程只给出了应变增量与应力偏量之间的关系。由于 $\Delta\varepsilon_m = 0$，因而对应力球张量没有加以限制。如果已知应变增量分量或应变速率分量，则只能求得应力偏张量或应力比值，一般不能直接求出各应力分量；如果已知应力分量，只能求得应变增量或应变速率各分量之间的比值，而不能直接求出它们的数值。原因是对于刚塑性材料，在前面假定条件下，应变增量分量与应力分量之间无单值关系，即 $\bar{\sigma}=\sigma_s$，而 $\Delta\bar{\varepsilon}$ 是不定值。

2. 普朗特-路埃斯(Prandtl - Reuss)方程

普朗特-路埃斯理论是在列维-密席斯理论的基础上发展的，普朗特于 1924 年提出了平面变形问题的弹塑性增量方程，并由路埃斯推广至一般状态，所以该方程叫普朗特-路埃斯方程，简称路埃斯方程。这个理论认为对于变形较大的问题，忽略弹性变形是可以的，但当变形较小时，略去弹性应变常会带来较大的误差，也不能计算塑性变形时的回弹及残余应力，因而提出在塑性区应考虑弹性应变部分。即总应变增量的分量由弹性、塑性增量分量两部分组成，即

$$
\left.
\begin{array}{l}
\Delta\varepsilon_x = \Delta\varepsilon_x^e + \Delta\varepsilon_x^p; \quad \Delta\gamma_{xy} = \Delta\gamma_{xy}^e + \Delta\gamma_{xy}^p \\[2mm]
\Delta\varepsilon_y = \Delta\varepsilon_y^e + \Delta\varepsilon_y^p; \quad \Delta\gamma_{yz} = \Delta\gamma_{yz}^e + \Delta\gamma_{yz}^p \\[2mm]
\Delta\varepsilon_z = \Delta\varepsilon_z^e + \Delta\varepsilon_z^p; \quad \Delta\gamma_{zx} = \Delta\gamma_{zx}^e + \Delta\gamma_{zx}^p
\end{array}
\right\}
\tag{2-145}
$$

简记为

$$
\Delta\varepsilon_{ij} = \Delta\varepsilon_{ij}^e + \Delta\varepsilon_{ij}^p
\tag{2-146}
$$

式(2-145)中上角标 e 表示弹性应变增量分量部分，上角标 p 表示塑性应变增量分量部分。塑性应变增量分量可用列维-密席斯方程计算。将式(2-134)微分，可得弹性应变增量表达式为

$$
\Delta\varepsilon_{ij}^e = \frac{1}{2G}\mathrm{d}\sigma_{ij}' + \frac{1-2\nu}{E}\delta_{ij}\mathrm{d}\sigma_m
$$

由此可得普朗特-路埃斯方程为

$$
\Delta\varepsilon_{ij} = \Delta\varepsilon_{ij}^e + \Delta\varepsilon_{ij}^p = \frac{1}{2G}\mathrm{d}\sigma_{ij}' + \frac{1-2\nu}{E}\delta_{ij}\mathrm{d}\sigma_m + \sigma_{ij}'\mathrm{d}\lambda
\tag{2-147}
$$

式(2-147)也可以写成

$$\Delta\varepsilon_{ij}' = \frac{1}{2G}\mathrm{d}\sigma_{ij}' + \sigma_{ij}'\mathrm{d}\lambda$$
$$\Delta\varepsilon_m = \frac{1-2\nu}{E}\mathrm{d}\sigma_m$$

$$(2-148)$$

综合上述理论，可作如下比较：

（1）普朗特-路埃斯理论与列维-密席斯理论的差别就在于前者考虑了弹性变形，后者没有考虑弹性变形，实质上后者可看成前者的特殊情况。由此，列维-密席斯理论仅适用于大应变，无法求弹性回跳与残余应力场问题；普朗特-路埃斯方程适用于各种情况，但由于该方程较为复杂，所以用得还不太多。目前，普朗特-路埃斯方程主要用于小变形及求弹性回跳与残余应力场问题。

（2）普朗特-路埃斯理论和列维-密席斯理论都提出了塑性应变增量与应力偏量之间的关系，$\Delta\varepsilon_{ij}^p = \sigma_{ij}'\mathrm{d}\lambda$。而普朗特-路埃斯理论，是在已知应变增量分量或应变速率分量时，能直接求出各应力分量；对于理想塑性材料，仍不能在已知应力分量的情况，直接求出应变增量或应变速率各分量的值；对于硬化材料，变形过程每一瞬间的 $\mathrm{d}\lambda$ 是定值，因此，应变增量或应变速率与应力分量之间是完全单值关系，所以，在已知应力分量的情况，可以直接求出应变增量或应变速率各分量的值。

（3）增量理论着重提出了塑性应变增量与应力偏量之间的关系，可以理解为它是建立各瞬时应力与应变增量的变化关系，而整个变形过程可以由各瞬时应变增量累积而得。因此增量理论能表达出加载过程对变形的影响，能反应出复杂的加载状况。增量理论并没有给出卸载规律，因此该理论仅适应于加载情况，卸载情况下仍按胡克定律进行。

2.5.4 塑性变形的全量理论

塑性变形时全量应变主轴与应力主轴不一定重合，故提出了增量理论。增量理论比较严密，但实际解题并不方便，因为在解决实际问题时往往感兴趣的是全量应变，从应变增量求全量应变并非易事。因此，有学者提出了在一定条件下直接确定全量应变理论或建立全量应变与应力之间的关系式，其被称为全量理论或形变理论。

由塑性应力应变关系特点可知，在比例加载时，应力主轴的方向将固定不变。由于应变增量主轴与应力主轴重合，所以应变增量主轴也将固定不变。这种变形称为简单变形。在比例加载的条件下，可以对普朗特-路埃斯方程进行积分得到全量应力应变的关系。

用下列式子表示比例加载：

$$\sigma_{ij} = C\sigma_{ij}^0$$
$$\sigma_{ij}' = C\sigma_{ij}^{0'}$$

式中，σ_{ij}、σ_{ij}' 分别为初始应力和初始应力偏张量；C 为变形过程单调增函数，对于理想塑性材料，塑性变形阶段的 C 为常数。

于是普朗特-路埃斯方程式（2-148）的第一式可以写成

$$\Delta\varepsilon_{ij}' = C\sigma_{ij}^{0'}\mathrm{d}\lambda + \frac{1}{2G}\mathrm{d}\sigma_{ij}'$$

在小变形情况下，$\Delta\varepsilon_{ij}'$ 的积分就是小应变张量 ε_{ij}'，对上式进行积分可得

$$\Delta\varepsilon'_{ij} = \sigma^{0}{}'_{ij}\int C\mathrm{d}\lambda + \frac{1}{2G}\sigma'_{ij} = \sigma'_{ij} + \frac{1}{2G}\sigma'_{ij}$$

设 $\lambda = \dfrac{\int C\mathrm{d}\lambda}{C}$，$\lambda$ 为比例系数；$\dfrac{1}{2G'} = \lambda + \dfrac{1}{2G}$，$G'$ 为塑性切变模量；则由式（2-148）积分所得到的全量关系式为

$$\left. \begin{aligned} \varepsilon'_{ij} &= \left(\lambda + \frac{1}{2G}\right)\sigma'_{ij} = \frac{1}{2G'}\sigma'_{ij} \\ \varepsilon_{\mathrm{m}} &= \frac{1-2\nu}{E}\sigma_{\mathrm{m}} \end{aligned} \right\} \tag{2-149}$$

这一等式最先由汉基于 1942 年提出来的，因此也称为汉基方程。

怎样保证变形体内各质点为比例加载是应用式（2-149）的关键。为此，一些学者提出了一些在特定条件下的全量理论，其中以伊留申在 1943 年提出的理论较为实用。下面介绍伊留申塑性变形的全量理论。

伊留申全量理论是在汉基理论基础上发展起来的，并且将应用范围推广到硬化材料。伊留申提出并证明了在满足下列条件时，可保证物体内每个质点都是比例加载。

（1）塑性变形是微小的，和弹性变形属于同一数量级。

（2）外载荷各分量按比例增加，不出现中途卸载的情况。

（3）变形体是可压缩的，即其泊松比 $\nu = 1/2$，$\varepsilon_{\mathrm{m}} = 0$。

（4）在加载过程中，应力主轴方向与应变主轴方向固定不变且重合。

（5）$\sigma - \varepsilon$ 符合单一曲线假设，并且呈现幂函数形式 $\bar{\sigma} = B\bar{\varepsilon}^{n}$。

在上述条件下，如果再假定材料是刚塑性的，则 $\dfrac{1}{2G} = 0$；这样，式（2-149）就可以写成

$$\varepsilon'_{ij} = \frac{1}{2G'}\sigma'_{ij} = \lambda\sigma'_{ij}$$

或写成

$$\varepsilon_{ij} = \frac{1}{2G'}\sigma'_{ij} = \lambda\sigma'_{ij} \tag{2-150}$$

式（2-150）与胡克定律式（2-133）相似，故也可以写成比例形式或差比形式，即

$$\frac{\varepsilon_x}{\sigma'_x} = \frac{\varepsilon_y}{\sigma'_y} = \frac{\varepsilon_z}{\sigma'_z} = \frac{\gamma_{xy}}{\tau_{xy}} = \frac{\gamma_{yz}}{\tau_{yz}} = \frac{\gamma_{zx}}{\tau_{zx}} = \frac{1}{2G'} = \lambda \tag{2-151}$$

$$\frac{\varepsilon_x - \varepsilon_y}{\sigma_x - \sigma_y} = \frac{\varepsilon_y - \varepsilon_z}{\sigma_y - \sigma_z} = \frac{\varepsilon_z - \varepsilon_x}{\sigma_z - \sigma_x} = \frac{1}{2G'} = \lambda \tag{2-151a}$$

或

$$\frac{\varepsilon_1 - \varepsilon_2}{\sigma_1 - \sigma_2} = \frac{\varepsilon_2 - \varepsilon_3}{\sigma_2 - \sigma_3} = \frac{\varepsilon_3 - \varepsilon_1}{\sigma_3 - \sigma_1} = \frac{1}{2G'} = \lambda \tag{2-151b}$$

由于

$$G' = \frac{E'}{2(1+\nu)} = \frac{E'}{3} \tag{2-152}$$

式中，G' 为塑性切变模量；E' 为塑性模量。G' 和 E' 是与材料特性、塑性变形程度、加载

历史有关，而与物体所处的应力状态无关的变量。仿照推导确定 $\mathrm{d}\lambda$ 的方法，可得比例系数

$$\lambda = \frac{3}{2}\frac{\bar{\varepsilon}}{\bar{\sigma}}; \quad G' = \frac{1}{3}\frac{\bar{\sigma}}{\bar{\varepsilon}}$$

故有

$$E' = 3G' = \frac{\bar{\sigma}}{\bar{\varepsilon}}$$

所以

$$\bar{\sigma} = E'\bar{\varepsilon} \tag{2-153}$$

式中，$\bar{\sigma}$ 为等效应力；$\bar{\varepsilon}$ 为等效应变。

将式(2-152)和 $\sigma_{\mathrm{m}} = \frac{1}{3}(\sigma_x + \sigma_y + \sigma_z)$ 代入式(2-150)整理后可得

$$\left.\begin{array}{l} \varepsilon_x = \dfrac{1}{E'}\left[\sigma_x - \dfrac{1}{2}(\sigma_y + \sigma_z)\right]; \quad \gamma_{xy} = \dfrac{1}{2G'}\tau_{xy} \\[2mm] \varepsilon_y = \dfrac{1}{E'}\left[\sigma_y - \dfrac{1}{2}(\sigma_x + \sigma_z)\right]; \quad \gamma_{yz} = \dfrac{1}{2G'}\tau_{yz} \\[2mm] \varepsilon_z = \dfrac{1}{E}\left[\sigma_z - \dfrac{1}{2}(\sigma_x + \sigma_y)\right]; \quad \gamma_{zx} = \dfrac{1}{2G'}\tau_{zx} \end{array}\right\} \tag{2-154}$$

式(2-154)与弹性变形时的广义胡克定律式(2-129)相似，式中的 E'、$\frac{1}{2}$、G' 与广义胡克定律式中的 E、ν、G 相当。

在塑性成形中，由于难以保证比例加载，所以一般都采用增量理论而不能使用塑性变形的全量理论。但塑性成形理论中很重要的问题之一是求变形力，此时一般只需要研究变形过程中某一特写瞬间的变形，如果以变形在该瞬时的形状、尺寸及性能作为原始状态，那么小变形全量理论与增量理论可以认为是一致的。此外的一些研究显示，某些塑性成形过程虽然与比例加载有一定偏距，运用全量理论也能得出较好的计算结果。故全量理论至今仍然得到使用，如可以利用全量理论计算式对冲压成形过程毛坯的变形和应力的特点性质做出大致的定性分析和判断。例如：

(1) 可根据偏应力($\sigma_i - \sigma_{\mathrm{m}}$)的正负来判断某个方向的主应变的正负。当某个方向的偏应力为正值时，则该方向的主应变亦为正值；反之，亦然。

(2) 若某点的主应力的关系为 $\sigma_1 = \sigma_2 = \sigma_3 = \sigma_{\mathrm{m}}$ 时，可得 $\varepsilon_1 = \varepsilon_2 = \varepsilon_3 = 0$，说明毛坯处于三向等拉或三向等压的应力状态。此时毛坯不产生塑性变形。例如，在球应力状态下，仅有弹性变形存在。

(3) 若某点的主应力的顺序为 $\sigma_1 > \sigma_2 > \sigma_3$，则该点主应变的顺序为 $\varepsilon_1 > \varepsilon_2 > \varepsilon_3$，且 $\varepsilon_1 > 0$，$\varepsilon_3 < 0$。说明最大拉应力 σ_1 方向上的变形一定是伸长变形，而在最小拉应力 σ_3 方向上的变形一定是压缩变形。例如，变形区内的板料金属处于径向 σ_1 和切向 σ_3 两向拉应力状态的腰形变形(不计板厚方向 σ_2 应力)，其应变状态是径向 ε_1 和切向 ε_3 受拉，厚向 ε_2 受压的三向应变状态，使得材料变薄。

(4) 当 $\sigma_1 > 0$，$\sigma_2 = \sigma_3 = 0$ 时，则有 $\varepsilon_1 > 0$，$\varepsilon_2 = \varepsilon_3 = -\left(\dfrac{1}{2}\right)\varepsilon_1$。说明变形体受单向拉应力状态，在拉应力作用方向上为伸长变形，其余方向上的应变为压缩变形，变形量为拉

伸变形的一半。例如，孔的翻边，其边缘就属于这种情况。当 $\sigma_3 < 0$，$\sigma_1 = \sigma_2 = 0$ 时，则有 $\varepsilon_3 < 0$，$\varepsilon_1 = \varepsilon_2 = -\left(\dfrac{1}{2}\right)\varepsilon_3$。说明变形体处于单向压应力状态，压应力作用方向上为压缩变形，其余方向上的应变为伸长变形，变形量为压缩变形之半。

（5）当变形体处于二向等拉的平面应力状态，即 $\sigma_1 = \sigma_2 > 0$，$\sigma_3 = 0$ 时，由式（2-18），则有 $\varepsilon_1 = \varepsilon_2 = -\left(\dfrac{1}{2}\right)\varepsilon_3$。此种情况就是平板毛坯胀形发生在中心部位，拉应力作用方向为伸长变形，板厚方向为压缩变形，其值为各伸长方向的变形量的两倍。

（6）当变形体处于平面应变状态，即 $\varepsilon_3 = -\varepsilon_1$，$\varepsilon_2 = 0$ 时，则其第二主应力 $\sigma_2 = \sigma_m = (\sigma_1 + \sigma_3)/2$。

2.6 金属材料的实际应力-应变曲线

塑性条件和本构方程是解塑性成形问题的两个重要的补充方程，对理想塑性材料，屈服应力（通常用 σ_s 来表示）为常数。但是对于一般工程材料来说，进入塑性状态后继续变形时，会产生强化，则屈服应力将不断变化，即为后继屈服应力。一般用流动应力泛指屈服应力，用 S 表示。它包括初始屈服应力和后继屈服应力。流动应力的数值等于试样断面上的实际应力。它是金属塑性加工变形抗力的指标。

流动应力变化规律通常表达为真实应力与应变的关系，即实际应力-应变曲线。实际应力-应变曲线一般由实验确定。其本质上可看成是塑性变形时的应力与应变之间的实验关系。

2.6.1 实验时的拉伸试验曲线

单向静力拉伸实验是室温下在万能材料试验机上以小于 $10^{-3}/s$ 的变形速率的条件下进行的。如图 2.55(a)所示为退火状态低碳钢拉伸实验确定的标称应力-应变曲线。标称应力 σ（或称名义应力或条件应力）及相对线应变 ε 分别为

$$\sigma = \frac{P}{A_0}; \quad \varepsilon = \frac{\Delta l}{l_0}$$

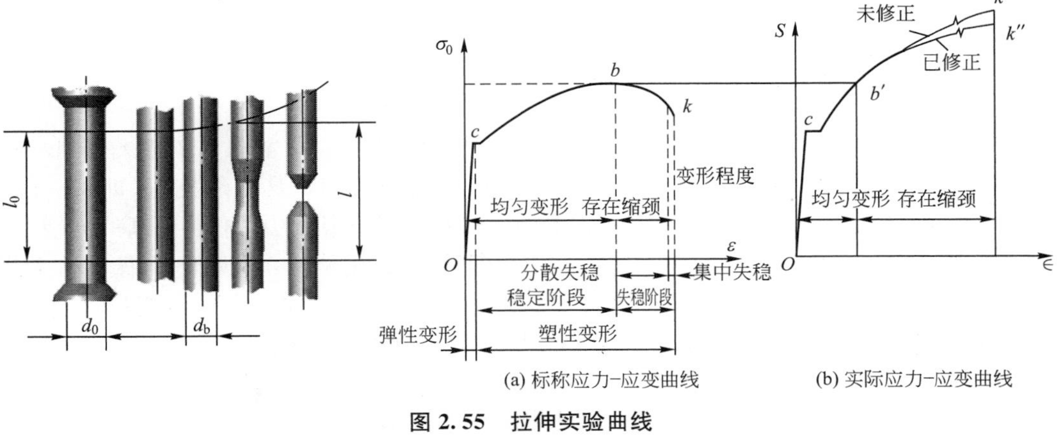

(a) 标称应力-应变曲线　　(b) 实际应力-应变曲线

图 2.55　拉伸实验曲线

式中，P 为拉伸载荷；A_0 为试样原始横截面的面积；Δl 为试样标距伸长量；l_0 为试样标距原始长度。

标称应力-应变曲线将整个拉伸变形过程分为 3 段，即弹性变形、均匀塑性变形和局部塑性变形。曲线上还有以下 3 个特征点。

第一特征点屈服点 c，它是弹性变形与塑性变形的分界点。对于有明显屈服点的金属，在曲线上呈现屈服平台，此时的应力称为屈服应力 σ_s。对于没有明显屈服点的材料，在曲线上无屈服平台，这时规定试件产生残余应变 $\varepsilon = 0.002$ 的应力作为材料的屈服应力，称为屈服强度，一般用 $\sigma_{0.2}$ 表示。

第二特征点是曲线最高点 b，它是均匀塑性变形和局部塑性变形的分界点。这时载荷达到最大值 $P_{\max}$，其对应的标称应力称为抗拉强度 $\sigma_b \left(\sigma_b = \dfrac{P_{\max}}{A_0} \right)$。

第三特征点是破坏点 k，这时试样发生断裂，是单向拉伸塑性变形的终止点。

标称应力是假设试样横截面的面积 A_0 为常数的条件下得到的，但实际上，材料在单向拉伸过程中，试样横截面的面积是不断变小的，因此标称应力 σ 并不能反映单向拉伸时试样横截面上的实际应力；同样试样标距长度在变形过程中是不断变化的，故相对线应变也并不反映单向拉伸变形瞬时的真实应变。所以，标称应力-应变曲线不能真实地反映材料在塑性变形阶段的力学特征。

2.6.2 实际应力-应变曲线

在解决实际塑性成形问题时，需要反映实际应力与应变的曲线，即实际应力-应变曲线。实际应力-应变曲线（又叫硬化曲线），按不同应变表示方式，可以有三种类型：第一类为实际应力与相对线应变组成的 $S-\varepsilon$ 曲线；第二类为实际应力与相对断面收缩率组成的 $S-\psi$ 曲线。由于对数应变具有可加性、可比性、可逆性等一些特点，能真实地反映塑性变形过程，因此在实际应用中，常用第三种类型为实际应力与对数应变组成的 $S-\in$ 曲线，如图 2.55(b) 所示。

实际应力 S 及对数应变 $\in$ 分别为

$$S = \frac{P}{A} \; ; \; \in = l_n \frac{l_1}{l_0}$$

式中，P 为拉伸载荷；A 为试样瞬时横截面面积；l_0、l_1 分别为试样标距的原始长度和拉伸后长度。

2.6.3 金属塑性成形中的加工硬化和硬化曲线

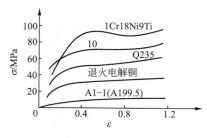

图 2.56 几种材料的硬化曲线

对于常用金属材料，在常温下的塑性成形过程中，随着变形程度的增加，其变形抗力（即每一瞬时的屈服极限 σ_s 和强度极限 σ_b）是不断提高的，硬度也将提高，而塑性指标（延伸率 δ 和断面收缩率 ψ）下降，这种现象称为加工硬化。材料不同，变形条件不同（变形温度、变形速度），其加工硬化的程度也就不同，在冷变形中材料的变形抗力随变形程度而变化，可用硬化曲线来表示。图 2.56 是几种材料在常温静载条件下的加工硬化曲线(实际应力-应变曲线)。加工硬化使材料的所有强度、硬度指标增加,同时塑性指标降低。

材料的加工硬化对塑性变形有较大的影响,使所需的变形抗力增加,限制了材料进一步的变形,塑性下降,使需要大变形量的冲压件无法一次成形,或使复杂变形的零件拉裂或起皱的可能性增加。要使变形继续下去,就要因此而增加退火工序。加工硬化有利的方面是:在某一次的冲压成形中,板料硬化能够减小过大的局部变形或避免过大的局部集中变形,有利于提高变形的均匀性,从而增大成形极限。由此可见,对塑性变形而言,材料的加工硬化有不利的一面,也有有利的一面。因此,在解决冲压生产实际问题过程中,要了解和研究并掌握材料的硬化规律,这样才能更好地制订工艺参数和生产流程。

由图 2.56 可知,几乎所有的硬化曲线都有一个共同的特点,就是随着变形程度的增加,材料的硬化强度(用 $\dfrac{d\sigma}{d\varepsilon}$ 表示)逐渐降低。为了实用上的需要,必须将硬化曲线用数学式表达出来,但由于不同材料的硬化曲线差别很大,而且实际应力与应变之间的关系又很复杂,不能用同一个数学式精确地把它们表达出来,在塑性力学中经常采用直线和指数曲线来近似代替实际硬化曲线,如图 2.57 所示为 4 种简化类型。其中图 2.57(c)是刚塑性硬化直线,其函数式为

$$\sigma = \sigma_s + D\varepsilon \tag{2-155}$$

式中,σ_s 为近似屈服应力(硬化直线在纵坐标轴上的截距);D 为硬化直线的斜率,称为硬化模数。

图 2.57(a)所示为幂指数硬化曲线,其函数式为

$$\sigma = A\varepsilon^n \tag{2-156}$$

式中,A 为强度系数;n 为硬化指数。A 和 n 取决于材料的种类和性能,可通过拉伸试验求得,其值列于表 2-1。指数曲线和材料的实际硬化曲线比较接近。

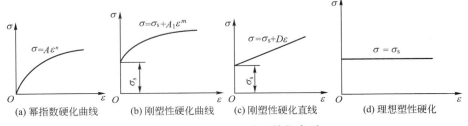

图 2.57 4 种硬化曲线简化类型

硬化指数 n 是表明材料变形时硬化性能的重要参数,也称 n 值。n 值大时,表示在冷变形过程中材料的变形抗力随变形程度的增加而迅速地增大。

表 2-2 部分材料的 A 和 n 值

材 料	A/MPa	n	材 料	A/MPa	n
软钢	710~750	0.19~0.22	银	470	0.31
黄铜(δ_b=400MPa)	990	0.46	铜	420~460	0.27~0.34
黄铜(δ_b=350MPa)	760~820	0.39~0.44	硬铝	320~380	0.12~0.13
磷青铜	1100	0.22	铝	160~210	0.25~0.27
磷青铜(低温退火)	890	0.52			

2.6.4 包申格效应

实验研究表明，单向拉伸实验的初始屈服应力和单向压缩实验的初始应力绝对值相

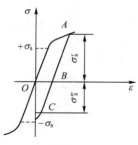

图 2.58 包申格效应

等，都是 σ_s。但当试样在一个方向加载（例如拉伸）超过屈服点到达 A 点后，如图 2.58 所示，此时卸载到 0（B 点）。然后反向加载（即压缩），则发现反向加载时屈服点 C 的应力 σ_s'' 的绝对值不仅比 A 点的 σ_s' 小，而且也比初始屈服应力 σ_s 小。这一随加载路径和方向不同而屈服应力降低的现象，称为包申格效应（Bauschinger effect）。在一般塑性理论中都不考虑这一效应，因为它会给处理塑性理论问题带来很大的困难。但在生产中遇到材料经受交变载荷时，应充分注意。包申格效应可用缓慢退火消除。

 思考与练习题

2-1 叙述下列术语的定义或含义

屈服准则；位移；位移分量；对数应变；主应变；应变张量不变量；主切应变；最大切应变；应变速率；位移速度；等效应变；八面体应变。

2-2 常用的屈服准则有哪两个？分别写出其数学表达式，在什么应力状态下差别最大？什么应力状态下两个屈服准则相同？

2-3 主应变简图如何表示塑性变形的类型？

2-4 试判断下列应力状态是否存在？是弹性变形状态还是塑性变形状态？

$$\sigma_{ij} = \begin{bmatrix} -5\sigma_s & 0 & 0 \\ 0 & -5\sigma_s & 0 \\ 0 & 0 & -4\sigma_s \end{bmatrix}; \qquad \sigma_{ij} = \begin{bmatrix} -\sigma_s & 0 & 0 \\ 0 & -0.5\sigma_s & 0 \\ 0 & 0 & -1.5\sigma_s \end{bmatrix};$$

$$\sigma_{ij} = \begin{bmatrix} -0.5\sigma_s & 0 & 0 \\ 0 & 0 & 0 \\ 0 & 0 & -0.6\sigma_s \end{bmatrix}; \qquad \sigma_{ij} = \begin{bmatrix} -0.8\sigma_s & 0 & 0 \\ 0 & -0.8\sigma_s & 0 \\ 0 & 0 & -0.2\sigma_s \end{bmatrix}$$

2-5 已知变形体某点的应力状态为

$$\sigma_{ij} = \begin{bmatrix} 10 & 0 & 15 \\ 0 & 20 & -15 \\ 15 & -15 & 0 \end{bmatrix}$$

(1) 将它们分解为应力球张量和应力偏张量；

(2) 求出主应力 σ_1、σ_2、σ_3 之值分别为多少？

(3) 求出八面体正应力 σ_8 和八面体切应力 τ_8 之值分别为多少？

2-6 真实应力-应变曲线的简化类型有哪些？分别写出其数学表达式。

第**3**章
影响金属塑性变形的
因素及缺陷分析

 本章教学要点

知识要点	掌握程度	相关知识
最小阻力定律及影响因素	了解最小阻力定律概念； 熟悉金属变形时，按最小阻力运动的规律	最小阻力定律在成形分析中的作用； 如何设计拉深时变压边力控制装置
变形条件对金属塑性的影响	了解影响金属变形的条件； 熟悉工具形状对金属塑性变形和流动的影响及运用工具的方法； 熟悉加工硬化对成形件的刚度和强度及成形性能的优缺点及应用	成形工具形状的设计如何满足金属变形的条件，利用加工硬化的特点达到提高成形件的强度和刚度
不均匀变形、附加应力和残余应力	了解金属的断裂和折叠及失稳发生的机理； 掌握解决金属成形中出现的缺陷的工艺措施	受力状态与金属成形中出现的缺陷的相互关系
塑性成形时摩擦的分类和机理	了解塑性成形摩擦的分类和机理； 熟悉影响摩擦的因素及金属塑性成形中的润滑； 掌握接触表面上摩擦力数学表达式	板料拉深中减小摩擦阻力的方法；各种摩擦力表达式的运用及差异

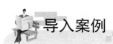

导入案例

变压边力控制

　　复杂薄板件(如汽车覆盖件)拉深成形，由于板材各部分流入模腔的流速是不一致的，往往需要对不同部位施加不同的限制力，如果在板料周围都施加相同的压边力，就容易导致有些部位起皱、有些部位撕裂的缺陷。因而在板料拉深成形过程中，在各阶段各部位对压边力的需求是变化的。变压边力(Variable Blank-holder Force，VBHF)控制是在板材拉深成形过程中，在冲压件法兰不同位置上，施加大小不同的压边力，通过调节各点正向压力大小而改变毛坯与模具接触面的摩擦阻力，增加板材中的拉应力，从而减小毛坯的切向压应力的影响，达到控制金属流动，避免或有效抑制板材成形中起皱和断裂的目的。变压边力控制技术是当前国内外薄板件成形研究的焦点之一。

　　变压边力控制是用单动液压压力机和倒装模具(凸模在下，凹模在上)，冲压件的模具压边圈为分段式(图 3.0 所示盒形件拉深分段压边)。各分段压边圈上安装可独立调压的压边油缸群体(各压力点)，安装在主缸(凸模)上的位移传感器(或时间传感器)和各个压边油缸上的压力(或时间)传感器将各自采集到的信号经 A/D 转换卡输入计算机，与计算机内部存储的压边力-凸模行程曲线(压边力-凸模运动时间曲线)数值对比，控制程序计算压边力数值及相应的液压缸流量，经 D/A 转换卡、比例放大器转换成电流信号驱动比例溢流阀，以控制开启量大小，而比例溢流阀开启大小直接影响各液压压边缸压力大小，由此得到在凹模洞口不同的形状部位处，随不同的压边力曲线变化的压边力。变压边力控制系统的特点是，可以得到凸模随行程(时间)连续变化时，法兰收缩(时间)相应变化的压边力，随行程(时间)变化的压边力可以通过给定压边力控制曲线来设定，给不同压边缸设置不同的压边力-行程(时间)曲线，就实现了随位置、时间变化的压边力。

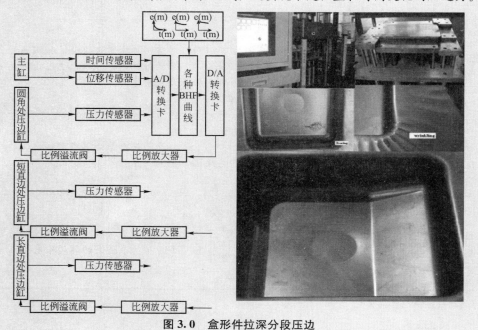

图 3.0　盒形件拉深分段压边

起皱和破裂是薄板拉深成形中产生的主要缺陷和失效形式，压边力大小(或压边力控制曲线)和加载方式是影响起皱和破裂的重要因素之一。压边力过小，无法有效地控制材料的流动，板料容易起皱；而压边力过大，虽然可以避免起皱，但拉破的趋势会明显增加，同时模具和板料表面受损的可能性也增大，影响模具寿命和板料成形质量。最优压边力控制曲线应当处于不产生起皱和破裂所构成的安全区内。传统压力机在拉深过程中：①一般不能提供随凸模行程变化(或难以精确控制随行程变化的压边力)和随位置变化的压边力；②压边圈一般是整体的且被看作是刚性的，在拉深过程中，不发生弹性变形，这种刚性压边圈实际上只能作用在板材最厚点，而导致其他部位因没有充分接触而得不到压边圈(压边力)的影响，结果出现板材起皱，为了改变这种状况，只有增加压边力，结果又导致材料拉裂。

在塑性加工生产中，阻碍金属流动的影响因素主要为摩擦阻力，然而不同形状的金属坯料也会对成形件产生极大的影响，毛坯形状不同就会产生堆积，从而引起折叠，折叠严重而继续加压就导致破裂。

本章通过介绍最小阻力定律及运用，变形条件对金属塑性的影响及金属产生缺陷的原因等，进一步学习金属塑性变形的基本理论与实际生产的结合，为解决或抑制金属产生缺陷的工艺方法打下一定的基础。

金属塑性变形可视作金属质点的流动。塑性成形时影响金属流动的因素主要与最小阻力定律、影响金属塑性因素、加工硬化、不均匀变形、附加应力和残余应力、金属的断裂、塑性成形件中的折叠、金属塑性成形中的摩擦和润滑等问题或规律有关。

3.1　最小阻力定律

最小阻力定律可描述为"当变形体的质点有可能沿不同方向移动时，则物体各质点将向着阻力最小的方向移动"。这是由学者古布金提出的。金属的变形可看作是质点的流动，因此，运用最小阻力定律，可以分析金属塑性成形时质点的流动规律。

运用最小阻力定律并通过观察金属质点的流动方向，就可增加或减小某个方向金属质点的流动阻力，从而达到改变金属在某个方向的流动的量使之符合成形要求或者更加合理。例如，在开式模锻中(图3.1)，金属将有两个流动量方向(A处和飞边槽处)，如果增加金属流向飞边槽的阻力，A处的金属流动量就会增加，便可以保证金属填充模腔；或者修磨圆角r，减少金属流向A腔的阻力，使金属填充得更好。在大型覆盖件拉深成形时(图3.2、图3.3)，由于直线部分或不规则弧处的材料相对于圆角部分进料阻力小，所以一般在直线部分或不规则弧处设置拉深肋，增加直线部分材料进入模具形腔的进料阻力，与圆角部分的进料阻力均匀，以保证覆盖件的成形质量。当接触表面存在摩擦时，矩形断面的棱柱体镦粗时的流动模型如图3.4所示。因为接触面上质点向周边流动的阻力与质点离周边的距离成正比，因此离周边的距离越近，阻力越小，金属质点必然沿这个方向流动。这个方向恰好是周边的最短法线方向。因此，可用点画线将矩形分成两个三角形和两个梯形，形成了4个流动区域。点画线是流动的分界线，线上各点距边界的距离相等，各个区域的质点到各边界的法线距离最短。这样流动的结果，梯形区域流出的金属多于三角形区域流出的金属。镦粗后，矩形截面将变成双点画线所示的多边形。可以想象，继续镦粗，截面的周边将趋于椭圆，而椭圆将进一步变成圆。如图 3.5 所示为矩形压制后各阶段形状，矩形长×宽×高 ＝ 200mm×100mm×50mm，压下量分别是：$h＝0$；$h＝5mm$，7mm，9mm，12mm。此后，各质点将沿半径方向移动。图 3.6 所示为方形金属于块压下不同的形状。相同面积的任何形状、圆形的周边最小，因而最小阻力定律在镦粗中也称为最小周边法则。

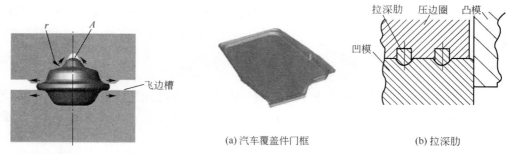

图 3.1 开式模锻的金属流动

(a) 汽车覆盖件门框   (b) 拉深肋

图 3.2 覆盖件及拉深形成的拉深肋

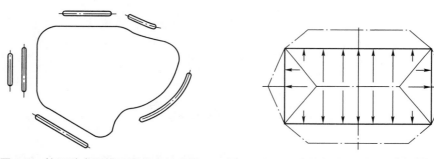

图 3.3 拉深肋在凹模口形状上的布置   图 3.4 矩形金属块断面棱柱体镦粗时的流动模型

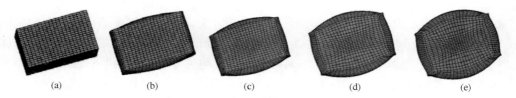

(a)   (b)   (c)   (d)   (e)

图 3.5 矩形金属块压制后各阶段形状

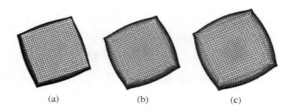

(a)   (b)   (c)

图 3.6 方形金属块压制后的不同形状

金属塑性变形应满足体积不变的条件，即坯料在某些方向被压缩的同时，在另一些方向将有伸长，而变形区域内金属质点是沿着阻力最小的方向流动的。根据体积不变条件和最小阻力定律，便可以大体确定塑性成形时的金属流动模型。因此，最小阻力定律在塑性成形工艺中得到广泛的应用。图3.7所示为圆筒形拉深件，由于拉深时进料阻力一致，可采用如图3.8所示的整体刚性压边圈，为避免发生如图3.9所示的拉深件起皱或破裂，可调整整体刚性压边圈施加压力的大或小。

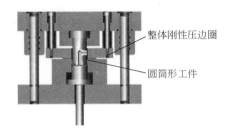

整体刚性压边圈

圆筒形工件

图3.7 圆筒形拉深件　　　　**图3.8 整体刚性压边圈**

(a) 起皱　　　　　　　　　　(b) 破裂

图3.9 拉深件起皱和破裂

非规则盒形件拉深时，圆角部位与直边的进料阻力不同，圆角部位进料阻力相对直边要大，材料在此容易堆积起皱，如果采用整体刚性压边圈施加压力并增加压边力，容易产生破裂(图3.10)，所以，除了布置拉深肋(图3.11、图3.12、图3.13)，还可采用称为变压力(Variable Blank-holder Force，VBHF)控制拉深的工艺方法。对于非规则形状的拉深件，由于板材各部分流入模腔的流速是不一致的，往往需要对不同部位施加不同的限制力，如果在板料周围都施加相同的压边力，就容易导致有些部位起皱、有些部位撕裂的缺陷。因而在板料拉深成形过程中，在各阶段各部位对压边力的需求是变化的。变压边力控制是在板材拉深成形过程中，在冲压件法兰不同位置上，施加大小不同的压边力，通过调节各点正向压力大小而改变毛坯与模具接触面的摩擦阻力，增加板材中的拉应力，从而减小毛坯的切向压应力的影响，达到控制金属流动，避免或有效抑制板材成形中起皱和断裂的目的，利用分块压边圈(图3.12)和变压边力模具及压力机(图3.13)可实现变压边力拉深控制。

(a) 起皱　　　　　　　　　　　(b) 破裂

图 3.10　非规则盒形件起皱和破裂

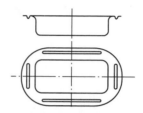

图 3.11　矩形盒形件布置的拉深肋

图 3.12　分块压边圈

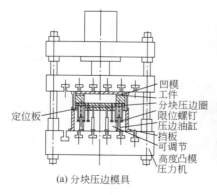

(a) 分块压边模具　　　　　　　(b) 分块压边压力机

图 3.13　变压边力拉深模具及压力机

3.2　影响金属塑性和塑性变形及流动的因素

3.2.1　塑性、塑性指标和塑性图

1. 金属塑性的概念

对金属能够施加压力并能使之产生变形，主要是由于金属具有塑性。金属在外力作用下能稳定地改变自己的形状和尺寸，而各质点间的联系不被破坏的性能称为塑性。

塑性不仅与金属或合金的晶格类型、化学成分和显微组织有关，而且与变形温度、变形速率和受力状况等变形外部条件有关。塑性不是一种固定不变的性质。实验证明，压力加工外部条件比金属本身的性质对塑性的影响更大。例如，一般来说铅是塑性很好的金属，但使其在三向等拉应力状态下变形，就不可能产生塑性变形，而在应力达到铅的强度极限时，它就像脆性物质一样被破坏。

2. 塑性指标

金属塑性的大小，可用金属在断裂前产生的最大变形程度来表示，它表示塑性加工时金属塑性变形的程度，所以称为"塑性极限"，一般称塑性指标。然而，由于塑性是一种依各种复杂因素而变化的加工性能，因此很难找出一个单一的指标来反映其塑特征。在大多数情况下，只能用某种变形方式下试验试样破坏前的变形程度来表示。常用的主要指标有下列几种。

1）力学性能试验法

（1）在材料试验机上进行拉伸试验，对应的拉伸速度通常在$(3 \sim 10) \times 10^{-3} \, \mathrm{m/s}$以下，对应的变形速度为$(10^{-3} \sim 10^{-2}) \, \mathrm{s}^{-1}$，相当于一般液压机的变形速度。以破断延伸率$\delta$断面收缩率$\psi$为塑性指标。即

$$\left. \begin{array}{l} \delta = \dfrac{l_1 - l_0}{l_0} \times 100\% \\[2mm] \psi = \dfrac{A_0 - A_1}{A_0} \times 100\% \end{array} \right\} \tag{3-1}$$

式中，l_0为拉伸试样原始标距长度；l_1为拉伸后试样断裂前标距长度；A_0为拉伸试样原来的横截面面积；A_1为拉伸后试样断裂前横截面面积。

（2）扭转试验的塑性指标用试样扭断时的扭转角（在试样标距离的起点和终点两个截面间的扭转角）或扭转圈数来表示。由于扭转时应力状态近于零静水压，且试样从试验开始到破坏止塑性变形在整个长度上均匀进行，始终保持均匀的圆柱形，不像拉伸试验时会出现缩颈和镦粗实验时会出现鼓形，从而排除了变形不均匀性的影响。

（3）冲击试验时的塑性指标是获得的冲击韧度a_k，用来表示在冲击力作用下使试样破坏所消耗的功。因为在同一变形力作用下消耗于金属破坏的功越大，则金属破坏时所产生的变形程度就越大。还可采用其他试验方法来测定金属或合金的塑性指标，例如，采用如图3.14所示的锥杯拉深试验。锥杯拉深试验是在锥形凸模孔内，通过冲头把试样冲成锥

杯，至杯底或其附近发生破裂时，测得杯口的平均直径 D_c，作为锥杯试验值，得到 CCV 值作为塑性指标，即

$$CCV = \frac{1}{2}(D_{cmax} + D_{cmin}) \qquad (3-2)$$

CCV 值越小，"拉深-胀形"成形性能越好。采用如图 3.15 所示的弯曲试验，测定试样弯曲区材料不产生裂纹时能达到的最小相对弯曲半径 r_{min}/t 的数值作为弯曲成形性能指标。最小相对弯曲半径越小，弯曲成形性能越好。

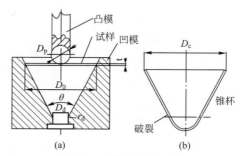

图 3.14　锥杯拉深试验

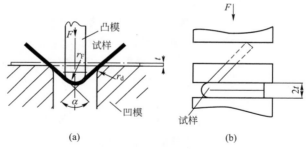

图 3.15　弯曲试验

2）模拟试验

一般在锻压生产中，常用镦粗试验测定材料的塑性指标。此种试验方法可反映应力状态与此相近的锻压变形过程的塑性大小。在压力机上镦粗时，一般的变形速度为$(10^{-2} \sim 10^{-1})s^{-1}$，相当于液压机和初轧机上的变形速度。将材料加工成圆柱形试样，其高度一般为直径的 1.5 倍。将一组试样在落锤上分别镦粗到预定的变形程度，以第一个出现表面裂纹的试样的变形程度 ε 作为塑性指标，即

$$\varepsilon = \frac{H_0 - H_1}{H_0} \qquad (3-3)$$

式中，H_0 为试样的原始高度；H_1 为第一个出现表面裂纹的试样镦粗后高度。

镦粗试验时，试样裂纹的出现是由于圆周表面有周向拉应力作用的结果。工具与试样接触表面上的摩擦情况、散热条件及试样的几何尺寸等因素，都会影响到附加拉应力的大小。因此，在用镦粗试验测定塑性指标时，为了使试验结果具备可比性，必须说明试验条件。

3. 塑性图

为了掌握不同的变形条件下金属的塑性随温度变化的情况，以不同的试验方法测定的

塑性指标(如 δ、ψ、ε 及冲击韧度 a_k 和扭转时转数 n 等)为纵坐标,以温度为横坐标绘制而成的塑性指标随温度变化的曲线图,称为塑性图。有的塑性图还给出了不同变形速率下塑性指标的变化情况。图 3.16 所示为 W18Cr4V 高速钢的塑性图。从图中可以看出,在温度范围内具有较好的塑性。因此,这种钢在 1180℃始锻,在 920℃左右终锻。图 3.17 所示为 3 种铝合金的塑性图。从图中可以看出,3A21 合金在 300～500℃范围内塑性最好,静载和动载下的 ε_c 都在 30%以上。2A50 铝合金在 350～500℃范围内亦具良好的塑性,但对应变速率有一定的敏感性。动载下的 ε_c 明显低于静载下的 ε_c。7A04 超硬铝合金的塑性较差,锻造温度较窄,并对变形速率相当敏感。

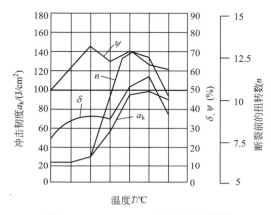

图 3.16　W18Cr4V 高速钢的塑性图

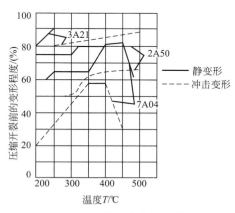

图 3.17　3 种铝合金的塑性图

3.2.2　变形条件对金属塑性的影响

1. 变形方式对金属塑性变形的影响

金属塑性成形时的受力和变形情况是很复杂的,但不外乎是在拉和压的综合作用下,产生了一定的拉应变与压应变,以达到成形的目的。在一定的加载条件和一定的变形温度及应变速度条件下,引起塑性变形的单位变形力称为变形抗力。一般来说,变形方式对金属的屈服与应变强化或变形抗力影响不大,而对金属的破坏则有比较显著的影响。金属塑性变形主要依靠晶内的滑移作用,而滑移阻力主要取决于金属的性质与晶格的构造,以及金属原子间的物理化学力。金属塑性的破坏是由于晶内滑移面上的裂纹扩展及晶间变位时结合面的破坏造成的。压应力有利于封闭裂纹,阻止其继续扩展,有利于增加晶间结合力,因此,金属塑性成形时,压力的成分越多,金属越不容易破坏,金属塑性的性能就提高,而拉应力的成分越多,越不利于金属可塑性的发挥。

2. 金属成分和组织对金属塑性变形的影响

金属成分和组织对金属塑性变形影响很大,如碳钢中的碳超过铁的溶碳能力,多余的碳便与铁形成硬而脆渗碳体,从而使碳钢的塑性降低,变形抗力提高。合金元素加入钢中的碳形成硬而脆的碳化物,使钢的强度提高,塑性降低。

组成固态金属组织的晶体结构常见的有面心立方结构和体心立方结构及密排六方结构,如图 3.18 所示。单晶体的塑性变形主要通过滑移和孪生两种方法进行。滑移是指晶体一部分沿一定的晶面(晶体中由原子组成的平面)和晶向(晶体中由原子组成的直线)相对于另一部分产滑移。孪生是指晶体一部分相对于另一部分,对应于一定的晶面沿一定方向发生转动。金属获得较大塑性变形的主要形式是滑移。在其他条件相同的情况下,晶体的滑移系多,金属的塑性好,而面心立方结构(滑移面数6、滑移方向数2、滑移系总数12)、体心立方结构(滑移面数4、滑移方向数3、滑移系总数12)的滑移系比密排六方结构(滑移面数1、滑移方向数3、滑移系总数3)的金属滑移系多,金属的塑性好。组成金属的化学成分越复杂,金属的塑性越差,变形抗力也越大。金属的组织和性能是随着塑性变形过程变化的,随着塑性变形程度的增加,变形阻力增加,强度和硬度升高,而塑性和韧性下降,这就是所谓的加工硬化,对金属塑性变形起着重要的影响。

(a) 面心立方结构 (b) 体心立方结构 (c) 密排六方晶格

图 3.18 常见晶体结构

3. 变形温度

变形温度对金属的塑性有很大的影响。在板料冲压成形时,有时采用加热成形的方式。加热的目的是:①增加板料在成形中所能达到的变形程度;②降低板料的变形抗力;③提高工件的成形准确度。一般来说,对于大多数金属,总的影响趋势是:随着温度的升高,金属软化,塑性增加,变形抗力下降。

温度的升高变化包括:①回复与再结晶,即使变形得到了一定程度的软化,回复的结果导致金属内部各种物理、化学状态的变化,使得金属的塑性和变形抗力发生改变,再结晶则完全消除了加工硬化的效应;②原子间的距离的改变和原子动能的增加;③晶间滑移系的增多。

由于金属和合金的种类繁多,温度变化引起的物理、化学状态的变化各不相同,所以温度对各种金属和合金塑性及变形抗力的影响规律也各不相同。金属加热软化的趋势并不是绝对的。在加热过程的某些温度区间,往往由于过剩相析出或相变等原因出现的脆性区,反而使金属的塑性降低而变形抗力增加。图 3.19(a)表示碳钢的加热温度——塑性指标曲线,图 3.19(b)表示钛合金的加热温度——塑性指标曲线,图 3.19(c)表示镁合金的加热温度——塑性指标曲线。

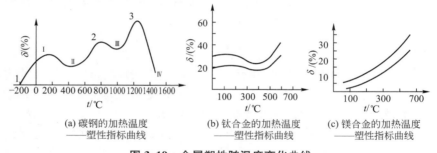

(a) 碳钢的加热温度　　(b) 钛合金的加热温度　　(c) 镁合金的加热温度
　　——塑性指标曲线　　　　——塑性指标曲线　　　　——塑性指标曲线

图 3.19 金属塑性随温度变化曲线

（1）对碳钢而言，在随温度升高塑性增加的总趋势下有几处相反的情况。在$200\sim400℃$范围内，因为时效作用，又由于夹杂物以沉淀的形式在晶界、滑移面析出，产生沉淀硬化，使塑性降低，变形抗力增加，这个温度范围称为冷脆区（或蓝脆区）。而在$800\sim950℃$范围内，又会出现热脆区，使塑性降低。原因是铁与硫形成的化合物FeS几乎不溶于固体铁中，形成低熔点（910℃）的共晶体（Fe＋FeS＋FeO）。当温度超过1250℃后，由于发生过热、过烧，塑性又会急剧下降，这个区称为高温脆区。

（2）钛合金在$300\sim500℃$范围内，塑性指标降低，温度增高至500℃以上，塑性指标才有显著增加，但在$800\sim850℃$的高温下，钛合金有容易氧化、晶粒长大及合金组织变化等有害现象。因此，钛合金的合理加热温度一般为$320\sim350℃$。

（3）镁合金的加热温度超过250℃后，塑性指标有显著增加，超过$430\sim450℃$后会出现热脆现象，所以成形的合理温度应选$320\sim350℃$。

在板料加热成形时，必须根据不同材料的温度-力学性能曲线及加热对材料可能产生的不利影响（如氧化、吸氢、脱碳等）和材料的变形性质做出合理的选择。

4. 变形速度

变形速度是指单位时间内应变的变化量。在冲压生产中很难控制和计量，一般以压力机的滑块的移动速度来近似地表示金属的变形速度。变形速度对金属塑性的影响是比较复杂的。板料拉深，速度慢，容易起皱，但是拉深速度过快，则容易拉裂。图3.20所示为直径$\phi115mm$、$t＝2mm$的08AL板料在模具上拉深，08AL材料特性见表3-1。

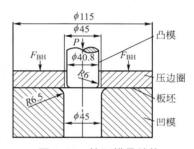

图3.20 拉深模具结构

表3-1 08AL材料特性

弹性模量 E/GPa	泊松比 ν	屈服极限 σ_s/MPa	应变强化因数 K/MPa	硬化指数 n	厚向异性因数 r
206.8	0.3	110.3	537	0.21	1.8

表3-2为危险断面处厚度减薄率模拟结果。

表3-2 模拟结果

凸模速度 m/s	计算时间 t/s	危险断面处厚度减薄率 $\Delta t/(\%)$	法兰上增厚率 $-\Delta t/(\%)$
1	4560	22.14	−5.62
2.5	2100	27.13	−2.975
5	900	27.2	−3.091
7.5	660	27.25	−2.702
10	540	27.43	−2.554
12.5	420	27.56	−2.634
20	300	26.62	−2.642
40	240	26.53	−2.611
50	120	27.31	−2.417
60	108	30.24	−2.14

图 3.21 所示为以不同的拉深速度在拉深高度为 21mm 拉深后的拉深件 FLD 图。

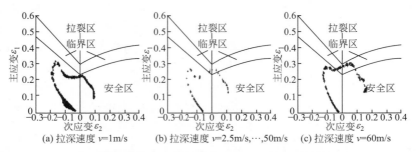

(a) 拉深速度 v=1m/s　　(b) 拉深速度 v=2.5m/s,…,50m/s　　(c) 拉深速度 v=60m/s

图 3.21　不同的拉深速度在拉深高度为 21mm 拉深后的拉深件 FLD 图

拉深试验结果显示拉深速度太慢(拉深速度 2mm/s)时拉深件则发生起皱,太快(拉深速度 6mm/s)则发生拉裂(图 3.22)。实际拉深速度一般为 2~9mm/s,有限元与所采用这样的速度进行模拟拉深,则计算时间太长而影响模拟效率。但模拟速度取值偏大会导致由慢性效应引起网格畸变等问题。模拟速度是实际速度的 1000 倍左右时,模拟结果相对误差较小。

(a) 拉深速度为 2mm/s　　(b) 拉深速度为 6mm/s
　　时的拉深件　　　　　　　时的拉深件

图 3.22　试验拉深后的筒形件

对块状金属,如圆钢(ϕ10mm 45 钢)压制成一字型旋杆刀头部分,用速度比较慢的液压机压扁刀头部分所需压力约 93t,采用速度比较快的 63t 机械式压力机则很容易成形。

从大量的试验资料分析可得,几乎所有的材料都存在着一种临界变形速度,超过这一速度后,塑性变形来不及传播,材料的塑性急剧下降。如图 3.23 所示,高速下的极限变

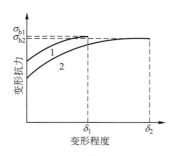

图 3.23　不同应变速率对变形抗力和塑性的影响示意图
1—高速；2—低速

形程度 δ_1 显然小于低速时的 δ_2。不同的材料具有不同的临界变形速度,一般在 15~150m/s 的范围内。而在临界变形速度以内,变形速度增加,材料的变形抗力增加,塑性都有不同程度的提高或保持不变。一般来说分 3 种情况:第一种情况是低速变形时塑性好,高速时塑性更好,如奥氏体不锈钢;第二种情况是低速变形时塑性一般,高速时塑性相同或略有提高,如铝合金;第三种情况是低速变形时塑性低,高速时塑性相同或很少提高,如钛合金。因此,奥氏体不锈钢比较适合高速成形,铝合金则采用高速或常规成形方法均可,而钛合金材料对变形速度影响不大,一般采用加热成形,利用温度提高其塑性。

目前在金属成形中,机床的运动速度都不大,对金属塑性成形的影响不大。如考虑变形速度,主要基于工件的尺寸和形状及复杂程度,如对于大型复杂板料零件(如汽车覆盖

件)的冲压成形,由于坯料各部分的变形程度极不均匀,材料的流动情况比较复杂,容易发生局部拉裂和起皱,宜采用低速压力机(如液压机或低速机械式压力机)。对于加热成形工序,如加热拉深等,为了使坯料中的已变形区域能及时冷却强化,宜采用低速压力机。对于钛合金和铝合金一类的材料,也宜采用低速成形。

5. 应力和应变状态

应力状态对金属的塑性有很大的影响。施加不同形式的力,在变形体中就有不同的应力状态和应变状态,从而表现出不同的塑性变形行为。但金属的塑性变形主要取决于主应力状态下静水压力的大小,静水压力越大,亦即压力的个数越多、数值越大时,金属表现出的塑性越好。相反,如拉应力的个数越多、数值越大,即静水压力小,则金属的塑性越差。

在主应力状态下,静水应力 $\sigma_{\mathrm{m}} = \dfrac{\sigma_1 + \sigma_2 + \sigma_3}{3}$ 的绝对值越大,则变形体的变形抗力越大。应变状态对金属的塑性也有一定的影响。在主应变状态中,压应变的部分越多,拉应变的成分越少,越有利于材料塑性的发挥;反之,越不利于材料塑性的发挥。这是因为材料的裂纹与缺陷在拉应变的方向易暴露和扩展,沿着压应变的方向则不易暴露和扩展。

6. 尺寸因素

金属塑性成形时,在其他条件相同的情况下,同一种材料,尺寸越大,塑性越差,变形抗力越大。由于材料尺寸越大,各处的组织和化学成分或杂质分布越不均匀,造成其内部缺陷也越多,导致成形时的应力应变分布也不均匀。例如,复杂料零件拉深,结构形状类似如圆角部位可能产生拉裂和起皱的程度并不相同;又如汽车纵梁尺寸大,同时由于回弹的影响,弯曲成形后,汽车纵梁的翼边与底部夹角 α 或圆角半径 R 沿宽度方向很可能不一致或很难做到完全一致,如图3.24所示。

图3.24 汽车纵梁翼边与底部夹角 α 或圆角半径 R

3.2.3 化学成分和组织对塑性的影响

1. 化学成分对塑性的影响

在碳钢中,铁和碳是基本元素。在合金钢中,除了铁和碳外,还有合金元素,如 Si、Mn 等。此外,由于矿石、冶炼等方面的原因,在各类钢中还有一些杂质,如 P、S、H 等。

碳对钢的性能影响最大,碳能固溶到铁里,形成铁素体和奥氏体,它们都具有良好的塑性和低的强度。当含碳量增大,超过铁的溶解能力时,多余的碳和铁形成化合物渗碳体。渗碳体有很高的硬度,塑性几乎为零,使基体的塑性降低,强度提高,如图3.25所示。

磷是钢中的有害杂质。磷能溶于铁素体中,使钢的强度、硬度显著提高,塑性、韧性显著降低。当磷的质量分数达0.3%时,钢完全变脆,冲击韧度接近于零,称冷脆性。当然钢中含磷不会如此之多,但磷

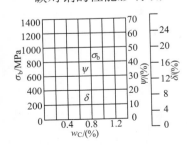

图3.25 碳含量对钢力学性能的影响

具有极大的偏析能力，会使钢中局部地区达到较高的含磷量而变脆。

硫也是钢中的有害杂质。硫不溶于铁素体中，但能生成 FeS。FeS 与 FeO 形成共晶体，分布于晶界，熔点为 985℃。当钢在 1000℃以上热加工时，由于晶界处的 FeS - FeO 共晶体熔化，导致锻件开裂，这种现象称为热脆性。钢中加可减轻或消除硫的有害作用，因为钢液中可与发生反应生成，其在 1620℃时熔化，而且在热加工温度范围内有较好的塑性，可以和基体一起变形。

氮在奥氏体中溶解度较大，在铁素体中溶解度很小，且随温度下降而减小。将含氮量高的钢由高温较快冷却时，铁素体中的氮由于来不及析出而过饱和溶解。在室温或稍高温度下，氮将以 FeN 形式析出，使钢的强度、硬度提高，塑性、韧性大为降低，这种现象称为时效脆性。

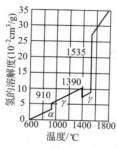

图 3.26 氢的溶解度与温度的影响关系

钢中溶氢较多时，会引起氢脆现象，使钢的塑性大大降低。氢在钢中的溶解度，随温度降低而降低，如图 3.26 所示。当含氢量较高的钢锭经锻轧后较快冷却时，从固溶体析出的氢原子来不及向钢坯表面扩散，会集中在钢内缺陷处（如晶界、嵌镶块边界和显微空隙处等），形成氢分子，产生相当大的压力，由于该压力以及组织应力、温度应力等内应力的共同作用，钢会出现细小型纹，即白点。白点一般易在大型合金钢锻件中出现。

氧在铁素体中溶解度很小，主要是以 Fe_2O_3 等形式存在于钢中，这些夹杂物对钢的性能有不良影响，会降低钢的疲劳强度和塑性。FeO 还会和 FeS 形成低熔点的共晶组织，分布于晶界，造成钢的热脆性。

2. 组织结构的影响

一定化学成分的金属材料，若其相组成、晶粒度、铸造组织等不同，则其塑性也有很大的差别。

1）相组织的影响

单相组织（线性金属或固溶体）比多相组织塑性好。多相组织由于各相性能不同，变形难易程度不同，导致变形和内应力的不均匀分布，因而塑性降低。例如，碳钢在高温时为奥氏体单相组织，故塑性好，而在 800℃左右时，转变为奥氏体和铁素体两相组织，塑性就明显降低。因此，对于有固态相变的金属来说，在单相区内进行成形加工是有利的。

工程上使用的金属材料多为两相组织，第二相的性质、形状、大小、数量和分布状态不同，对塑性的影响程度也不同。若两个相的变形性能相近，则金属的塑性近似介于两相之间。若两个相的性能差别很大，一相为塑性相，而另一相为脆性相，则变形主要在塑性相内进行，脆性相对变形起阻碍作用。如果脆性相呈边连续或不连续的网状分布于塑性相的晶界处，则塑性相被脆性相包围分割，其变形能力难以发挥，变形时易在相界处产生应力集中，导致裂纹的早期产生，使金属的塑性大为降低。如果脆性相呈片状或层状分布于晶粒内部，则对塑性变形的危害性较小，塑性事实上有一定程度的降低。如果脆性相呈颗粒状均匀分布于晶内，则对金属塑性的影响不大，特别是当脆性相数量较小时，如此分布的脆性相几乎不影响基体金属的连续性，它可随基体相的变形而"流动"，不会造成明显的应力集中，因而对塑性的不利影响就更小。

2）晶粒度的影响

金属和合金晶粒越细小，塑性越好。原因是晶粒越细，则同一体积内晶粒数目越多，在一定变形数量下，变形可分散在许多晶粒内进行，变形比较均匀。相对于粗晶粒材料而言，这样能延缓局部地区应力集中、出现裂纹以致断裂的过程，从而在断裂前可以承受较大的变形量，即提高塑性。另外，金属和合金晶粒越细小，同一体积内晶界就越多，室温时晶界强度高于晶内，因而金属和合金的实际应力高；但在高温时，由于能发生晶界黏性流动，细晶粒的材料其实际应力反而较低。

3）铸造组织的影响

铸造组织由于具有粗大的柱状晶粒和偏析、夹杂、气泡、疏松等缺陷，故使金属塑性降低。锻造时，应创造良好的变形力学条件，打碎粗大的柱状晶粒，并使变形尽可能均匀，以获得细晶组织，使金属的塑性提高。

3.2.4 提高金属塑性的途径

提高金属塑性的途径有多种，从塑性加工的角度讨论提高塑性的途径如下。

1. 提高材料成分和组织的均匀性

合金铸锭的化学成分和组织通常是很不均匀的，若在变形前进行高温扩散退火，能起到均匀化的作用，从而提高塑性。但是高温均匀化处理生产周期长、耗费大，可采用适当延长锻造加热时出炉保温时间来代替，其不足之处是降低了生产率。同时还应注意避免晶粒粗大。

2. 合理选择变形温度和变形速度

这种途径对于塑性加工是十分重要的。加热温度过高，容易使晶界处的低熔点物质熔化或使金属的晶粒粗大；加热温度太低时，金属则会出现加工硬化。这些都会使金属的塑性降低，引起变形时的开裂。对于具有速度敏感性的材料，应合理选择变形速度，这实际上也就是要合理地选择锻压设备。一般而言，锤类设备的变形速度最高，压力机其次，液压机最低。

3. 选择三向压缩性较强的变形方式

挤压变形时的塑性一般高于开式模锻，而开式模锻又比自由锻更有利于塑性的发挥。在锻造低塑性材料时，可采用一些能增加三向压应力状态的措施，以防止锻件的开裂。

4. 减小变形的不均匀性

不均匀变形引起的附加应力会导致金属的塑性降低。合理的操作规范、良好的润滑、合适的工模具形状等都能减小变形的不均匀性，从而提高塑性。例如，镦粗时采用铆锻、叠锻，或在接触表面上施加良好的润滑等，都有利于减小毛坯的鼓形和防止表面纵向裂纹的产生。图3.27所示为假设工具与圆柱体之间没有摩擦状态下的镦粗，没有出现中间鼓形。

3.2.5 摩擦对金属塑性变形和流动的影响

金属塑性成形时，在工具与变形金属之间的接触表面上存在摩擦，由于摩擦力的作

图 3.27 工具与圆柱体之间没有摩擦状态下的镦粗

用，在一定程度上阻碍或改变金属的流动方向和流动速率。矩形断面的棱柱体在平板间镦

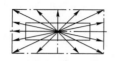

图 3.28 无摩擦时的质
点流动放射线方向

粗时，假如工具与变形金属之间的接触表面上无摩擦，则金属质点必然沿着断面的中心向四周做放射线方向流动，如图 3.28 所示。变形后的断面形状仍为矩形，并与原来的形状相似，如图 3.29 所示。当接触面上有摩擦时，由于摩擦力的作用，使各个方向阻力不同，断面将不再保持矩形最终趋于椭圆形，如图 3.4 所示。

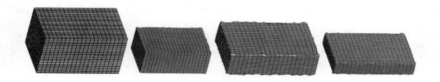

图 3.29 平板间镦粗无摩擦时的变形

环形零件镦粗时由于摩擦力作用，还会局部改变金属质点的流动方向。如图 3.30 (a)所示的圆环，如果接触面上的摩擦因数很小或无摩擦时，根据体积不变条件，圆环上每一质点均匀沿径向做辐射状向外流动，如图 3.30(b)、图 3.30(d)所示，变形时内外径均增大。如接触面的摩擦因数增加，金属的这种流动受到阻碍。当摩擦因数增大到某一临界值时，靠近内径处的金属质点向外流动阻力大于向内流动阻力，从而改变了流动方向。这时在圆环中出现了一个半径为 $\dfrac{d_f}{2}$ 的分流面，该面以内的金属向中心流动，该面以外的金属向外流动，变形后的圆环内径缩小，外径增大，如图 3.30(c)、图 3.30(e)、图 3.30(f)所示。而且，分流面半径 $\dfrac{d_f}{2}$ 随着摩擦因数的增加而加大。但是，$\dfrac{d_f}{2}$ 分流面的位置不是在圆环壁厚的中间处，而是偏于内侧。其原因是金属向内流动时，由于直径缩小，沿周向受压应力，该周向压应力的径向分量的方向，与圆环分流面以内金属流动的摩擦阻力的方向是一致的。

3.2.6 工具形状对金属塑性变形和流动的影响

工具形状是影响金属塑性流动方向的重要因素。工具形状不同，造成金属沿各个方向流动的阻力有差异，因而金属向各个方向的流动在数量上也有相应的差别。通过所设计的工具形状能基本判断出金属变形程度和质点流向。图 3.31 所示为旋杆的成形方式，圆钢

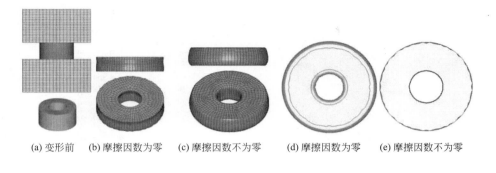

(a) 变形前　(b) 摩擦因数为零　(c) 摩擦因数不为零　(d) 摩擦因数为零　(e) 摩擦因数不为零

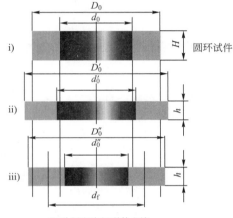

(f) 外径和内径形状之比

图 3.30　圆环镦粗模拟(摩擦因数为零和摩擦因数不为零时的外径和内径形状的比较结果)

在上下轧辊之间轧制加工成旋杆头部压扁的形状。图 3.32 所示也是旋杆的成形方式，圆钢在上下模块之间压制加工成旋杆头部压扁的形状。这两种方式虽然工具形状不同，但都可以把圆钢加工成旋杆头部压扁的形状。

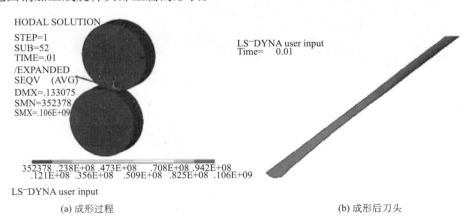

(a) 成形过程　　　　　　　　　(b) 成形后刀头

图 3.31　圆钢在上下轧辊之间轧制

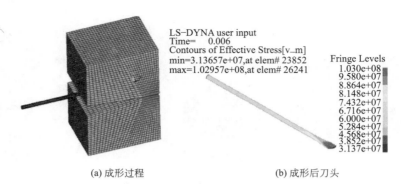

(a) 成形过程 (b) 成形后刀头

图 3.32　圆钢在上下模块之间压制

3.2.7　金属各部分之间的关系对塑性变形和流动的影响

金属各部分之间内力的作用会对金属的变形和流动会产生影响，内力的作用是塑性成形时为保持变形体的完整性和连续性的关键条件之一，没有变形的金属（或称"外端"）会影响变形区金属流动。

外端对变形区金属的影响主要是通过阻碍变形区金属流动，进而产生或加剧附加的应力和应变。外端对变形区金属流动产生影响的同时，变形区金属的变形流动也要对其相邻的外端金属发生作用，并可能引起外端金属产生变形，甚至引起工件破裂。

图 3.33 所示，开式冲孔时造成的"拉缩"便是由于冲头下部金属的变形流动所引起的。再如板料弯曲，如果坯料外端区已冲出的孔距离弯曲线太近，则弯曲后该孔的尺寸和形状发生畸变，如图 3.34 所示。这些都是变形金属对外端影响造成的结果。

图 3.33　开式冲孔时造成的"拉缩"

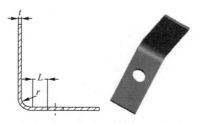

图 3.34　孔边到弯曲半径的距离

在金属塑性变形中，塑性变形区和不变形的外端之间的相互作用是一个带有普遍性的问题，其影响也比较复杂，必须针对具体的变形过程和特点进行分析。

3.2.8　金属本身性质不均匀对塑性变形和流动的影响

由于金属本身性质（化学成分、组织）和温度的不均匀，也会造成金属各部分的变形和流动的差异。变形首先发生在那些变形抗力最小的部分。但金属本身是一个整体，先变形的部分与后变形的部分，变形大的部分与变形小的部分必然会彼此产生影响。如图 3.35 所示，拉深时孔的变形，越是靠近凸缘外缘，板料的变形程度越大，凸缘上的圆孔拉深后变成了椭圆形孔。

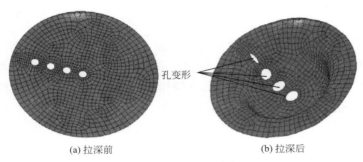

(a) 拉深前　　　　　　　　　　(b) 拉深后

图 3.35　拉深时孔的变形

3.3　加　工　硬　化

3.3.1　加工硬化的现象和机理

随着变形程度的增加，金属的强度和硬度增加，塑性韧性降低，这种现象称为加工硬化。

塑性变形后金属组织要产生一系列变化：晶粒内产生滑移带和孪晶带；滑移面转向，晶粒发生转动；变形程度很大时形成纤维组织；晶粒破碎，形成亚结构；当变形程度极大时各晶粒趋于一致，形成变形织构。由于塑性变形使金属内部组织发生变化，因而金属的性能也发生改变，其中变化最显著的是金属的力学性能。

3.3.2　加工硬化的效果及运用

塑性变形后金属产生的加工硬化使金属的强度提高，塑性降低，这对金属冷变形工艺将产生很大的影响。图 3.36 所示为圆板拉深后产生加工硬化分布，由于硬化是底部沿口部硬化加大，所以底部容易发生破裂。破裂工件外形如图 3.37 所示。

加工硬化有利的一方面是可作为强化金属的一种手段。尤其对一些不能用热处理方法强化的金属材料，加工硬化就成为这些材料强化的重要手段。加工硬化还可以改善一些冷加工工艺的工艺性。例如，板料拉深过程中，板料加工硬化使塑性变形能较均匀地分布于整个工件，而不至于变形集中在某些局部区域而导致工件很快破裂从而能提高板料成形后的强度与刚度。

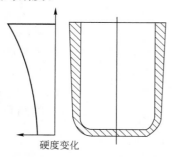

图3.36 拉深沿高度方向的厚度和硬度变化

图3.37 拉深件破裂

加工硬化不利的一面是由于金属的屈服强度提高，相应地要提高塑性加工设备的能力。同时，由于金属塑性的下降，使金属继续塑性变形困难，如拉深圆筒形件，如果一次不能成形，以后各次拉深的拉深系数 m（拉深后直径与拉深前直径之比）要越来越大，即后次拉深比前次拉深允许的变形程度越来越小，从而降低了生产率，提高了生产成本。用直径为 D_0 的圆坯拉成直径为 d_n、高度为 h_n 工件的工艺顺序（图3.38）。第一次拉成 d_1 和 h_1，第二次半成品为 d_2 和 h_2，最后一次即得工件尺寸 d_n 和 h_n。其各次的拉深系数为

$$\left.\begin{array}{l} m_1=\dfrac{d}{D_0} \\ m_2=\dfrac{d_2}{d_1} \\ \vdots \\ m_n=\dfrac{d_n}{d_{n-1}} \end{array}\right\} \tag{3-4}$$

首次拉深时 m_1 为 $0.5\sim0.55$；以后各次拉深时，$m_1<m_2<m_3<\cdots<m_n$。一般取 $m_2，m_3，\cdots，m_n$ 为 $0.7\sim0.8$，均大于首次拉深时的 m_1。

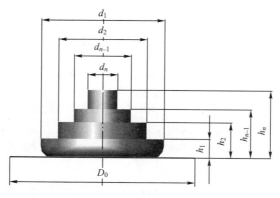

图3.38 拉深工艺顺序

3.4 不均匀变形、附加应力和残余应力

3.4.1 均匀变形与不均匀变形

在前面讨论变形体中点的应变状态时曾作了均匀变形的假设：即变形前体内的直线和平面，变形后仍然是直线和平面；变形前彼此平行的直线和平面，变形后仍然保持平行。显然，要实现均匀变形状态，就必须满足以下条件：

（1）变形物体的物理性质必须均匀（即均质），并且各向同性。

（2）整个物体在任何瞬间都承受相等的变形量。

（3）接触表面没有外摩擦，即变形体是在单向应力状态下变形。

可见，要实现均匀变形是困难的。塑性成形时，由于金属本身的性质（成分、组织等）不均匀，各处受力情况也不尽相同，变形体中各处的变形有先有后，有的部位变形大，有的部位变形小，因此，塑性变形实际上都是不均匀的。

不均匀变形最典型的例子是在平砧下镦粗圆柱体时出现鼓形，由于接触面上摩擦力阻碍金属流动，因而靠近工具表面处的金属变形困难，而坯料中部的金属阻力小变形容易，因而成了鼓形，如图3.39所示。

圆柱体镦粗时不均匀变形除了与接触摩擦有关外，还与变形区的几何形状有关。当工件的高径比大于2时，往往首先在与工具接触的两端产生变形，而中间处的变形很小，结果形成双鼓形，如图3.40所示。如果每次继续使用小变形量，表面变形的积累将会形成折叠，如图3.41所示。

图 3.39　镦粗圆柱体时出现鼓形　　图 3.40　镦粗圆柱体时出现双鼓形　　图 3.41　镦粗圆柱体时出现折叠

不均匀变形实质上是由金属质点的不均匀流动引起的。因此，凡是影响金属塑性流动的因素，都会对不均匀变形产生影响。

3.4.2 附加应力

由于物体内各部分的不均匀变形要受到物体整体性的限制，因而在各部分之间会产生相互平衡的应力，该应力称为附加应力，或称为副应力。附加应力是变形体为保持自身的完整和连续，约束不均匀变形而产生的内力。也就是说，附加应力是由不均匀变形所引起的，但同时它又限制不均匀变形的自由发展。此外，附加应力相互平衡且成对出现，当一处受附加压应力时，另一处必受附加拉应力。

物体的塑性变形总是不均匀的，故可以认为，任何塑性变形的物体内，在变形过程中均有自相平衡的附加应力。这就是金属塑性变形的附加应力定律。

附加应力通常分为三类：第一类附加应力是变形体内各区域体积之间由不均匀变形所引起的相互平衡的应力；第二类附加应力是各晶粒之间由于性质、大小和方位的不同，使晶粒之间产生不均匀变形所引起的附加应力；第三类附加应力存在于晶粒内部，是由于晶粒内各部分之间的不均匀变形所引起的附加应力。

由于不均匀变形引起了附加应力，对金属的塑性变形造成如下不良后果。

（1）引起变形体的应力状态发生变化，使应力分布更不均匀。

（2）提高了单位变形力。当变形不均匀分布时，变形体内部将产生附加应力，故变形所消耗的能量增加，从而使单位变形力增高。此外，附加应力使变形体的应力状态改变，往往也使单位变形力提高。

（3）使塑性降低，甚至可能造成破坏。当附加拉应力的数值超过材料所允许的强度时，可能造成破裂。在实际生产中挤压制品表面经常出现周期性裂纹，就是由第一类附加应力形成的残余应力所致。

（4）造成物体形状的歪扭。当变形物体某方向上各处的变形量差别太大，而物体的整体不能起限制作用时，则所出现的附加应力不能自相平衡而导致变形体外形的歪扭。如薄板或薄带轧制，薄壁型材挤压时出现的镰刀弯、波浪形等，均由这种原因所致。

（5）形成残余应力。附加应力是在不均匀变形时受到变形物体的整体性的制约而发生的，在变形体内自相平衡，并不与外力发生直接关系。因此，当外力去除，变形结束后，仍会继续保留在变形体内部，形成自相平衡的残余应力。

3.4.3 残余应力

引起内应力的外因去除后在物体内仍残存的应力称为残余应力。残余应力是弹性应力，它不超过材料的屈服应力。

残余应力也分为三类：第一类残余应力存在于变形物体各大区之间；第二类残余应力存在于各晶粒之间；第三类残余应力存在于晶粒内部。

1. 残余应力产生的原因

凡是塑性变形不均匀都会产生附加应力，当外力去除，由于附加应力是自相平衡的内应力，不会消失，它将成为残余应力存在于工件中，另外，由于温度不均匀（加热或冷却不均匀）所引起的热应力，以及由相变过程所引起的组织应力等都会形成残余应力。

一般来说，由于不均匀变形所引起的残余应力的符号与引起该残余应力的塑性应变的符号相反。

2. 残余应力引起的后果

（1）有残余应力的变形物体再承受塑性变形时，其应变分布及内部应力分布更不均匀。

（2）缩短制品的使用寿命。具有残余应力的制品在使用时若承受载荷，其内部的实际应力是由外力所引起的基本应力与残余应力之和或二者之差。因此，引起应力分布极不均匀。当合成应力的数值超过了该零件强度的许用值时，零件将产生塑性变形歪扭或破坏，这不但缩短了制品的使用寿命，而且容易使设备出现故障。

（3）使制品的尺寸和形状发生变化。当制品内残余应力的平衡受到破坏后，相应部分的弹性变形也发生了变化，从而引起制品某部分尺寸或形状的改变。因而，对有残余应力的制品进行机械加工时，尤其要充分注意这种情况。

（4）残余应力增加了塑性变形抗力，使金属的塑性冲击韧度及抗疲劳强度降低。此外，残余应力还会降低金属的耐蚀性。例如，将挤压或冲压的黄铜制品置于潮湿的气氛中（特别是含氨的气氛中）时，易产生裂纹，这种现象称为黄铜的季裂。

残余应力一般是有害的，特别是表面层具有残余拉应力的情况。但当表面层具有残余压应力时，反而可以增加使用性能。例如，轧辊表面淬火，零件喷丸加工，表面滚压，表面渗碳、渗氮等。

3. 消除残余应力的方法

消除制品内残余应力一般有两种方法，即热处理法和机械处理法。

1）热处理法

热处理法是较彻底的消除残余应力的方法，即采用去应力退火。第一类残余应力一般在回复温度下便可以大部分消除，而制品的硬化状态不受影响；第二类残余应力一般在退火温度接近再结晶时可以完全消除；第三类残余应力，因为存在于晶粒内部，只有充分再结晶后才可能消除。例如，普通黄铜在 40～140℃ 时只能消除很少一部分残余应力，在 200℃ 左右能消除大部分残余应力，其余的残余应力须经过再结晶才能消除。

用热处理法消除残余应力时，尤其是较高温度下的退火，虽然残余应力消除了，但制品的晶粒明显长大，并有损金属的力学性能。此外，热处理法也只有在制品允许退火时才能采用，对于不允许退火的制品，如双金属、淬制品等，为了消除应变产生的形状歪扭现象，应采用机械处理法。

2）机械处理法

机械处理法是使制品表面再产生一些表面变形，使残余应力得到一定程度的释放和松弛，或者使之产生新的附加应力，以抵消制品内的残余应力或尽量减少其数值。例如，用木锤敲打或喷丸加工；对管棒采用多辊校直；板材采用表面碾压及小变形量的拉伸；在冲模内作表面校形等。

3.5 金属的断裂

在塑性成形时，由于多种原因的影响，金属（特别是低塑性金属）的表面或者是内部出现裂纹，会使坯件或零件或产品成为废品。分析和研究断裂现象的物理实质及裂纹形成和发展的各种因素，对于改善金属的塑性加工性能，防止或抑制坯件或零件或产品裂纹的出现是很重要的。

3.5.1 塑性成形锻造时金属的断裂

锻造时工件开裂的情况如图 3.42 所示。镦粗时轴向虽然受压应力，但与轴线方向成 45°方向具有最大的切应力，镦粗低塑性材料时常出现图 3.42(a)～图 3.42(c)所示的侧面纵向裂纹和斜向裂纹。产生这种裂纹的主要原因在于材料变形时的鼓形区域受到周向拉应力。当锻造温度较高时，由于晶粒间的强度大大削弱，经常在晶粒边界处发生拉裂，裂纹与周向拉应力方向近于垂直，如图 3.42(a)所示。当锻造温度很低时，会出现穿晶断裂，裂纹与周向拉应力方向接近成 45°角，如图 3.42(b)所示。为防止这种开裂，必须尽量减少由于出现鼓形而引起的周向拉应力。生产中为减少不均匀变形常加强润滑或采用塑性垫镦粗，还可以采用包套镦粗法，以增强三向压应力状态。

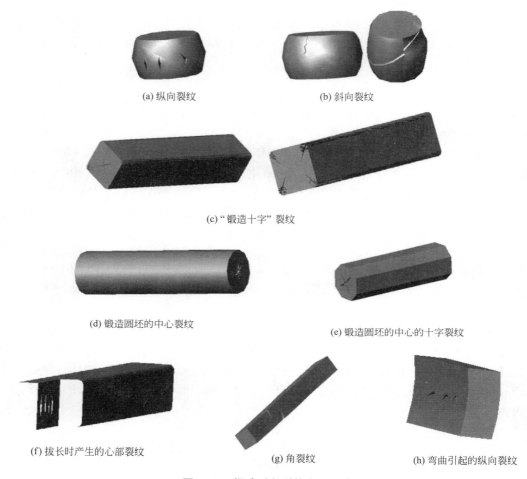

(a) 纵向裂纹　　　　　　　　(b) 斜向裂纹

(c) "锻造十字" 裂纹

(d) 锻造圆坯的中心裂纹

(e) 锻造圆坯的中心的十字裂纹

(f) 拔长时产生的心部裂纹

(g) 角裂纹

(h) 弯曲引起的纵向裂纹

图 3.42　锻造时断裂的主要形式

图 3.42(c)所示为在平砧上拔长方坯时产生的对称十字裂纹，称为"锻造十字"裂纹。这种裂纹产生的原因可以用图 3.43 来说明。图 3.43(a)中，在难变形区 A 金属做垂直方向运动，在自由变形区 B 金属做横向运动，于是带动与其相邻的对角十字区 a、b 金属做相应的流动。由于 a、b 区金属流动方向相反，因而在坯料对角线方向产生激烈的相对错动而发生减切。当坯料翻转 90℃时，a、b 区金属的错动方向对调，如图 3.43(b)所示。这样，在反复激烈的错动(剪切)下，最后导致从坯料对角线处开裂。

图 3.42(d)、图 3.42(e)为平砧下锻圆坯时在坯料中心出现的纵向裂纹。这是由于心部出现水平拉应力所致。如果使坯料旋转锻成圆坯，会产生图 3.42(d)所示的裂纹；如果由圆坯改锻为方坯，则出现图 3.42(e)的十字裂纹。

图 3.42(f)所示为拔长时产生的心部裂纹。当拔长的送进量较小时($l/h<0.5$)，便在断面中心产生纵向附加拉应力，从而导致产生横向裂纹。图 3.42(g)所示的角裂则是由于坯料没有倒角，而角部的温度迅速降低，使其变形抗力增大，伸长比其他部分小，在角部产生了纵向附加拉应力。

图 3.42(h)所示为弯曲时出现的纵向裂纹，当坯料断面边长相差比较大时，沿窄边压缩时容易产生弯曲，而在弯曲严重时，随后在校正时在凹的一侧受拉应力而引起纵向裂纹。

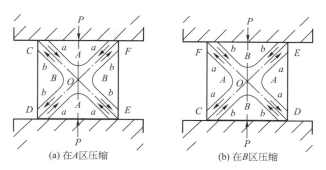

(a) 在 A 区压缩   (b) 在 B 区压缩

图 3.43 "锻造十字"区金属的流动方向

3.5.2 塑性加工挤压时金属的断裂

金属正挤压时，在挤压件的表面常出现如图 3.44(a)所示的裂纹，严重时裂纹变成竹节状。由于挤压筒和凹模孔与坯料之间接触摩擦力的阻滞作用，使挤压件表面层的流动速度低于中心部分，于是在表面层受附加拉应力，中心部分受附加压应力。此附加拉应力越趋于出口处，其值越大，与基本应力合成后，工件表面层的工作应力仍然为拉应力，如图 3.44(c)所示，当此应力超过材料的实际断裂强度时，则在表面上产生向内扩展的裂纹。减少金属与挤压筒及模孔间的摩擦力，并加强润滑，可减少金属流动的不均匀性，从而可以防止或减轻这种裂纹的产生。

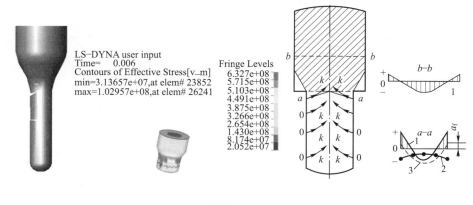

(a) 挤压时的裂纹   (b) 通过模孔时裂纹的形成   (c) 纵向应力分布图

图 3.44 正挤压时的裂纹

1—附加应力；2—基本应力；3—工作应力

图 3.45 所示为拉拔棒料时出现的内部横裂。当 l/d 较小时，变形不能深入棒材的轴

心部，只产生表面变形，结果导致轴心部分受附加拉应力。此附加拉应力与拉拔时纵向基本应力（拉应力）合成后，使轴心层的工作应力更大，从而导致出现内部裂纹。增加 l/d 可使变形深入轴心区，从而可以防止或减轻这种裂纹。

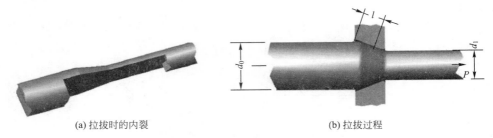

(a) 拉拔时的内裂　　　　　　　　　　(b) 拉拔过程

图 3.45　拉拔时的裂纹

3.6　塑性成形件中的折叠

折叠是在金属变形流动过程中已氧化的表面金属汇合在一起而形成的。在零件中，叠是一种内患，它不仅减小了零件的承载面积，而且工作时此处产生应力集中，常常成为疲劳源。因此，技术条件中规定锻件上一般不允许有折叠。锻件经酸洗后，一般用肉眼就可以观察到折叠，用肉眼不易查出的折叠，可以用磁粉检查或渗透检查。

3.6.1　折叠特征

锻件中的折叠一般具有下列特征。

（1）折叠与其周围金属流线方向一致，如图 3.46 所示。

（2）折叠尾端一般呈小圆角或枝叉形（鸡爪形），如图 3.47、图 3.48 所示。

（3）折叠两侧有较重的脱碳、氧化现象。

按照上述特征可以大致区分裂纹和折叠。锻件上的折叠经进一步变形和热处理等工序后，形态将发生某些变化，需要具体分析。例如，有折叠零件在进行调质处理时，折叠末端常常要扩展，扩展部分就是裂纹，其尾端呈尖形，表面一般无氧化、脱碳现象。

图 3.46　折叠与流线方向一致　　图 3.47　折叠尾端呈现小圆角　　图 3.48　折叠尾端呈枝叉形

3.6.2　折叠的类型及其形成原因

各种锻件，尤其是各种形状模锻件的折叠形式和位置一般是有规律的。实际生产中折叠的形式多种多样，但其类型及其形成原因大致有以下几种。

（1）由两段（或多段）金属对流汇合而形成的折叠。这种类型的折叠其形成原因有以下几方面。

① 模锻过程中由于某处金属充填较慢，而在相邻部分均已基本充满，此处仍缺少大量金属，形成空腔，于是相邻部分的金属便往此处汇流而形成折叠。模锻时坯料尺寸不合适，操作时坯料安放不当，打击（加压）速度过快，模具圆角、斜度不合适，或某处金属充填阻力过大等，常常会出现这种形式的折叠。

② 弯轴和带枝叉的锻件，模锻时常易由两股流动金属汇合形成折叠，如图 3.49 和图 3.50 所示。

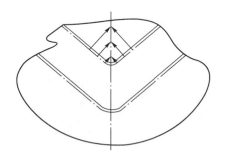

图 3.49　弯轴件折叠形成示意

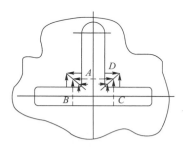

图 3.50　带枝叉的锻件折叠形成示意

以图 3.50 的情况为例，模锻时 A 和 B（或 A 和 C）两部分的金属往外流动，已氧化的表层金属对流汇合而形成折叠。这种折叠有时深入锻件内部，有时只分布在飞边区。折叠的起始位置与模锻前坯料在此处的圆角半径、金属量有关。若圆角半径较大，此时折叠就可能全部在飞边内；若圆角半径过小，此时形成的折叠就可能进入锻件内部。但折叠起始点位置取决于坯料 D 处（图 3.50 中虚线范围）金属量的多少。如果 D 部分金属量较多，模锻时有多余金属往外排出，折叠起始点就向飞边方向移动。

③ 由于变形不均匀，两股（或多股）金属对流汇合而成折叠。例如，拔长坯料端部时，如果送进量很小，表层金属变形大，会形成端部内凹（图 3.51），严重时可能发展成折叠。又如挤压时，当压余高度 h 较小，尤其当挤压比较大时，与凸模端面中间处接触的部分金属便被拉着开凸模端面，并往孔口部分流动，于是在制件中产生图 3.52 所示的缩孔，最后形成折叠。

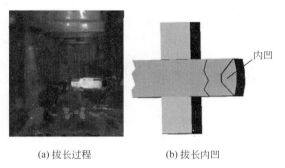

(a) 拔长过程　　　　(b) 拔长内凹

图 3.51　拔长时内凹的形成

图 3.52　挤压时的缩口

（2）由一股金属的急速大量流动将邻近部分的表层金属带着流动，两者汇合而形成的折叠。这种类型的折叠常产生于工字形断面的锻件、某些环形锻件和齿轮锻件。

图 3.53 所示的工字形锻件折叠是由于靠近接触面 ab 附近的金属沿着水平方向较大量地外流，同时带着 ac 和 bd 附近的金属一起外流，使已氧化的表层金属汇合而形成的。由此可以看出，只要靠近接触面 ab 附近的金属有沿水平方向外流，且中间部分排出的金属量较大，同时，当 l/t 较大，l 为矩形腹板的宽度或长度，t 为腹板厚度，如腹板为圆形，则用直径 d 表示，比值 d/t。筋与腹板之间的圆角半径过小，润滑剂过多和变形太快时，易产生这种折叠。

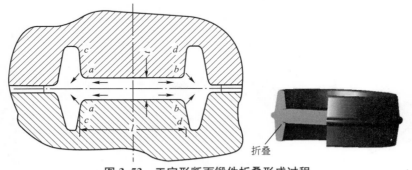

图 3.53　工字形断面锻件折叠形成过程

（3）由于变形金属发生弯曲、回流而形成的折叠。这类折叠可分为如下两种情况。

① 细长（或扁薄）锻件，先被压弯然后发展成的折叠。例如，细长（或较薄）坯料的镦粗（图 3.54、图 3.55）和 $l/d>3$ 的顶镦（图 3.56）。

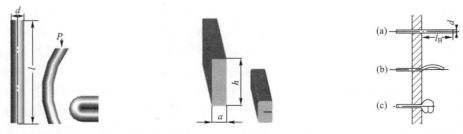

图 3.54　镦粗时折叠形成示意　　　图 3.55　压扁时折叠形成示意　　　图 3.56　顶镦时折叠形成示意

② 由于金属回流形成弯曲，继续模锻时发展成的折叠。

（4）部分金属局部变形，被压入另一部分金属内而形成的折叠。

3.7　塑性加工中的失稳

3.7.1　拉伸失稳

失稳有压缩失稳和拉伸失稳，拉伸失稳的主要因素是强度参数，表现因为破裂或撕裂，如在板料成形中，工件或材料凸模圆角上方处的受到的应力 $\sigma=P/A$，P 为侧壁拉力，A 为垂直于侧壁并沿周的工件的断面积，若 σ 超过材料的强度极限 σ_b 时，即 $\sigma = P/A \geqslant \sigma_b$，拉深件在凸模圆角上方就发生撕裂，根据拉深的应力应变分析，侧壁处受拉伸材料是变薄的。

3.7.2 压缩失稳

压缩失稳的主要影响因素是刚度参数，在塑性变形中造成拱起堆积起皱。压缩力引起的失稳起皱，如圆筒形零件拉深时法兰变形区的起皱、曲面零件成形时悬空部分的起皱，都属于这种类型。成形过程中变形区坯料在径向拉应力和切向压应力的平面应力状态下变形，当切向压应力达到失稳临界值时，坯料将产生失稳起皱。塑性失稳的临界应力可以用力平衡法或能量法求得。为了简化计算，多用能量法。不用压边圈或压边很小时的拉深产生的起皱如图 3.57 所示。

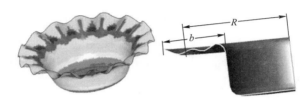

图 3.57　法兰变形区起皱

拉深过程中法兰变形区失稳起皱时能量的变化主要有三部分。

（1）皱纹弯曲所需的弯曲功。皱纹形成时，假定皱纹形状为正弦曲线，半波（一个皱纹）弯曲所需的弯曲功为

$$u_w = \frac{\pi E_0 I \delta^2 N^3}{4R_3} \tag{3-5}$$

（2）虚拟压力边力所消耗的功。法兰内边缘在凸模和凹模圆角间夹持得很紧，相当于内周边固持的环形板，起着阻止失稳起皱的作用，与有压边力的作用相似，可称为虚拟压边力。

$$u_x = \frac{\pi R b K \delta^2}{4N} \tag{3-6}$$

（3）变形区失稳起皱后，周长缩短，切向压应力由于周长缩短而放出的能量。形成一个皱纹，切向压应力放出的能量为

$$u_f = \frac{\pi \delta^2 N}{4R} \sigma_3 b t \tag{3-7}$$

式(3-5)～式(3-7)中，N 为皱纹数；R 为法兰变形区平均半径；b 为法兰变形区宽度；δ 为起皱后的皱纹高度；K 为常数。

法兰变形区失稳起皱的临界状态应该是切向压应力所释放的能量等于起皱所需的能量，即

$$u_f = u_w + u_x \tag{3-8}$$

将前边各能量值式(3-5)～式(3-7)代入式(3-8)，整理后得

$$\sigma_3 b t = \frac{E_0 I N^2}{R^2} + b K \frac{R^2}{N^2} \tag{3-9}$$

对皱纹数 N 进行微分，并令 $\dfrac{\partial \sigma_3}{\partial N}=0$，便得到临界状态下的皱纹数

$$N=1.65\frac{R}{b}\sqrt{\frac{E}{E_0}} \tag{3-10}$$

将 N 值代入式(3-9)得起皱时临界压应力

$$\sigma_{3K}=0.46E_0\left(\frac{t}{b}\right)^2 \tag{3-11}$$

因此可得到不需压边的极限条件

$$\sigma_{3K}\leqslant 0.46E_0\left(\frac{t}{b}\right)^2 \tag{3-12}$$

由式(3-11)可以看出，切向压应力的临界值与材料的折减弹性模量 E_0、相对厚度 t/b 有关。材料的弹性模量 E、硬化模量 F 越大，相对厚度越大，切向压应力越小，不用压边的可能性就越大。

在拉深的生产实践中，为了防止起皱，常采用压边圈，通过压边圈的压力作用，使毛坯不易拱起(起皱)而达到防皱的目的。当拉深同样高度时，在板坯外缘部分(或工艺辅助边内)沿周边打上距离非常近或均布的工艺孔(图3.58)，并设孔与孔之间的就是一个单元体，那么该单元体在拉深时由于两侧都是工艺孔，不会产生向此单元体堆积过来的由材料所产生的周向压应力，增厚现象削弱或消除，只需要克服摩擦阻力，而摩擦阻力比周向压应力要小得多，因而使所需要的拉应力下降，抑制了板坯成形中破裂，同样可以提高了拉深件壁部的承载能力。

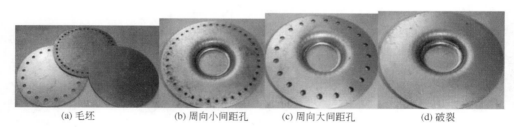

(a) 毛坯   (b) 周向小间距孔   (c) 周向大间距孔   (d) 破裂

图 3.58　带工艺孔板坯

3.8　金属塑性成形中的摩擦和润滑

金属塑性成形中，绝大多数工序是在工具不可避免地是与变形金属相接触的条件下进行的，此时金属在工具表面滑动，工具表面就产生阻止金属滑动的摩擦力。无论是在机械传动中，还是在金属塑性成形中，都存在着有相对运动或有相对运动趋势的两个接触表面之间的摩擦。前一种摩擦称为动摩擦，后一种摩擦称为静摩擦。在机械传动中主要是动摩擦。

金属塑性成形中的摩擦又有内、外摩擦之分。内摩擦是指变形金属内晶界面上或晶内滑移面上产生的摩擦。外摩擦是指变形金属与工具之间接触面上产生的摩擦。这里主要讨

论和研究的是外摩擦。外摩擦力简称为摩擦力，单位接触面上的摩擦力称为摩擦切应力，其方向与变形体质点运动方向相反，它阻碍金属质点的流动。

3.8.1 塑性成形时摩擦的分类和机理

1. 摩擦分类

金属在塑性成形时，根据坯料与工具的接触表面之间的润滑状态的不同，可以把摩擦分为三种类型，即干摩擦、边界摩擦和流体摩擦。图 3.59 是三种摩擦的示意图。

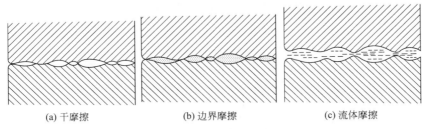

(a) 干摩擦   (b) 边界摩擦   (c) 流体摩擦

图 3.59　三种摩擦示意图

1）干摩擦

干摩擦是指坯料与工具的接触表面上完全不存在润滑剂或任何其他物质，只是金属与金属之间的摩擦，如图 3.59(a)所示。由于塑性成形时金属表面上总要吸附一些气体、灰尘，或产生氧化膜，因而真正的干摩擦在生产实践中是不存在的。通常所说的干摩擦是指不加润滑剂的摩擦状态。

2）边界摩擦

边界摩擦是指坯料与工具表面之间被一层厚度约为 $0.1\mu m$ 的极薄润滑油腊分开时的摩擦状态，介于干摩擦和流体摩擦之间，如图 3.59(b)所示。随着作用于接触表面上压力的增大，坯料表面的部分"凸峰"被压平，润滑剂或开成一层薄膜残留在接触面间，或被完全挤掉，出现金属间的接触，发生粘模现象。大多数塑性成形工序的表面接触状态都属于这种边界摩擦。

3）流体摩擦

流体摩擦是指坯料与工具表面之间完全被润滑油膜隔开时的摩擦，如图 3.58(c)所示。这时两表面在相互运动中不产生直接接触，摩擦发生在流体内部分子之间。流体摩擦不同于干摩擦，摩擦力的大小与接触面的表面状态无关，而取决于润滑剂的性质（如黏度）、速度梯度等因素，因而液体摩擦的摩擦因数很小。

在实际生产中，上述三种摩擦不是截然分开的，虽然在塑性加工中多半属于边界摩擦，但有时会出现所谓的混合摩擦，即半干摩擦与半流体摩擦。半干摩擦是边界摩擦与干摩擦的混合状态；半流体摩擦是边界摩擦与流体摩擦的混合状态。

2. 摩擦机理

塑性成形过程中摩擦的性质是复杂的，目前关于摩擦产生的原因（摩擦机理）有以下几种学说。

1）表面凹凸学说

所有经过机械加工的表面并非绝对平坦光滑，从微观角度来看仍旧呈现出无数的凸峰和凹谷。当凸凹不平的两个表面相互接触时，一个表面的部分"凸峰"可能会陷入另一个

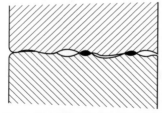

图 3.60　接触表面上的凹凸不平形成的机械咬合

表面的"凹坑"，产生机械咬合，如图 3.60 所示。当这两个相互接触的表面在外力的作用下发生相对运动时，相互咬合的部分会被剪断，此时摩擦力表面为这些凸峰被剪切时的变形阻力。根据这一观点，相互接触的表面越粗糙，微"凸峰""凹坑"越多，相对运动时的摩擦力就越大。因此，降低工具表面粗糙度或涂抹润滑剂以填补表面凹坑，都可以起到减少摩擦的作用。对于普通粗糙的表面来说，这种观点已得到实践的验证。

2）分子吸附学说

当两个接触表面非常光滑时，摩擦力不但不降低，反而会提高，这一现象无法用凹凸学说来解释。由此产生了分子吸附学说，认为摩擦产生的原因是接触表面上分子之间相互吸引的结果。物体表面越光滑，实际接触面积就越大，接触面间的距离也就越小，分子吸引力就越强，则摩擦力也就越大。

3）粘着理论

这一理论认为，当两个表面接触时，接触面上某些接触点处压力很大，以致发生粘接或焊合，当两表面产生相对运动时，粘接点被切断而产生相对滑动。

现代摩擦理论认为，摩擦力不仅包含剪切接触面机械咬合所产生的阻力，而且包含真实接触表面分子吸附作用所产生的粘合力及切断粘接点所产生的阻力。对于流体摩擦来说，摩擦力主要表现为润滑剂层之间的流动阻力。

3.8.2　塑性成形中摩擦的特点及其影响

与机械传动中的摩擦相比，塑性成形中的摩擦有如下特点。

1. 高压下的摩擦

金属塑性成形时作用在接触表面上的单位压力很大，一般达到 500MPa。钢冷挤压时可高达 2500MPa。而机械传动中承受载荷的轴承的工作压力一般约为 10MPa，即使重型轧钢机的轴承承受的压力也不过在 20～40MPa。接触面的压力越高，润滑越困难。

2. 伴随着塑性变形的摩擦

由于接触面压力高，故真实接触表面大。同时在塑性成形过程中会不断增加新的接触面，包括由原来接触的表面所形成的新表面，以及从原有表面下挤出的新表面。而且，接触面上各处的塑性流动情况各不相同，有快有慢，还有的粘着不动，因而各处的摩擦也不一样。

3. 在热成形时是高温下的摩擦

在塑性成形过程中，为减小材料的变形抗力，提高其塑性，常进行热压力加工。这时金属的组织、性能都有变化，而且表面要发生氧化，从而对摩擦产生影响。

因此，塑性成形时的摩擦比机械传动中的摩擦要复杂得多。

塑性成形中，接触摩擦在多数情况下是有害的，它使变形抗力增加，因而使所需的塑

性变形力和变形功增大；引起或加剧变形的不均匀性，从而产生附加应力，附加应力严重时会造成工件开裂；增加工具的磨损，缩短模具的使用寿命。

但是，摩擦在某些情况下也会起一些积极的作用，可以利用摩擦阻力来控制金属流动方向。例如，开式模锻时可利用飞边阻力来保证金属充填模腔，辊锻和轧制则是凭借足够的摩擦力使坯料被咬入轧辊等。

3.8.3 描述接触表面上摩擦力的数学表达式

金属塑性成形时工具与坯料接触面上摩擦力的确定常采用以下三种假设。

1. 库伦摩擦条件

该摩擦条件认为：当两接触表面有相对滑动，且接触面上的粘合现象可以不考虑时，认为单位面积上的摩擦力与接触面上的正应力成正比，即

$$\tau = \mu \sigma_N \qquad (3-13)$$

式中，τ 为接触表面上的摩擦切应力；σ_N 为接触表面上的正应力；μ 为摩擦因数。

摩擦因数应根据实验来确定。式(3-13)在使用中应注意，摩擦切应力不能随 σ_N 的增大而无限增大。当 $\tau = \tau_{max} = K$ 时，接触面将要产生塑性流动。该式适用于三向压应力不太显著、变形量小的冷成形工序。

2. 最大摩擦条件

当接触表面没有相对滑动，完全处于粘合状态时，摩擦切应力等于变形金属的最大切应力 K，即

$$\tau = K = \beta S / 2 \qquad (3-14)$$

式中，S 为塑性变形的流动应力，即屈服力。

根据屈服准则，在轴对称情况下，$\tau = 0.5S$，在平面变形条件下，$\tau = 0.577S$。在热变形时，常采用最大摩擦条件。

3. 常摩擦力条件

这时认为接触面上的摩擦力不变，单位摩擦力是个常量，即

$$\tau = \mu S \qquad (3-15)$$

与式(3-13)对比可知，当 $\mu = 0.5$ 或 $\mu = 0.577$ 时，两个条件完全一致。该式适用于摩擦因数低于最大值的三向压力显著的塑性成形过程，如挤压、变形量大的镦粗、模锻等。

3.8.4 影响摩擦的因数

塑性成形中的摩擦因数通常是指接触面上的平均摩擦因数。影响摩擦因数的因素很多，主要因素有以下几点。

1. 金属的种类和化学成分

金属的种类和化学成分对摩擦因数影响很大。由于金属表面的硬度、强度、吸附性、原子扩散能力、导热性、氧化速度、氧化膜的性质及与工具金属分子之间相互结合力等都与化学成分有关，因此不同种类的金属及不同化学成分的同一类金属，摩擦因数都是不同的。粘附性较强的金属通常具有较大的摩擦因数，如铅、铝、锌等。一般情况下，材料的

硬度、强度越高，摩擦因数就越小，因而凡是能提高材料的硬度、强度的化学成分都可使摩擦因数减小，对于黑色金属，随着碳的质量分数的增加，摩擦因数有所降低。

2. 变形温度

变形温度对摩擦因数的影响很复杂。一般认为，变形温度较低时，摩擦因数随变形温度升高而增大，到达某一温度时，摩擦因数达到最大值，此后，随变形温度继续升高而降低。这是因为变形温度较低时，金属坯料的强度、硬度较大，氧化膜较薄，所以摩擦因数较小。随着变形温度的升高，金属坯料的强度、硬度降低，氧化膜增厚，而且接触表面间分子吸附能力也增强，同时，高温使润滑剂性能变坏，因而摩擦因数增大。当变形温度继续升高时，氧化皮会变软或者脱离金属基体表面，在金属坯料与工具之间形成一个隔离层，起到润滑作用，所以摩擦因数反而下降。

3. 接触面上的单位压力

单位压力较小时，表面分子吸附作用不明显，摩擦因数保持不变，和正压力无关。当单位压力增大到一定数值后，接触表面的氧化膜被破坏，润滑剂被挤掉，这不但增加了真实接触面积，而且使坯料和工具接触面间分子吸附作用增强，从而使摩擦因数随单位压力的增大而上升，当上升到一定程度后又趋于稳定。

4. 变形速率

许多实验结果表明，摩擦因数随变形速率增加而有所下降。例如，锤上镦粗时的摩擦因数要比同样条件下压力机上镦粗时小 20%～25%。摩擦因数降低的原因与摩擦状态有关。在干摩擦时，由于变形速率的增大，接触表面凸凹不平的部分来不及相互咬合，同时由于摩擦面上产生的热效应，使真实接触面上形成"热点"，该处金属变软，这两个原因均使摩擦因数降低。在边界润滑条件下，由于变形速率增加，可使润滑油膜的厚度增加，并较好地保持在接触面上，从而减少了金属坯料与工具的实际接触面积，使摩擦因数下降。但要注意的是，变形速率的影响很复杂，有时会得到相反的结果。

5. 工具的表面状态

一般来说，工具表面粗糙度越小，表面凸凹不平程度也越轻，因而摩擦因数越小。但是，若工具和坯料的接触面都非常光滑时，由于分子吸附作用增强。反而会引起摩擦因数增加，不过这种现象在塑性成形中并不常见。其次，工具表面粗糙度在各个方向不同时，则各个方向的摩擦因数亦不相同。实验证明，沿着加工方向的摩擦因数比垂直加工方向的摩擦因数约小 20%。

3.8.5 金属塑性成形中的润滑

1. 金属塑性成形对润滑剂的要求

为了减少摩擦对塑性成形过程的不良影响，必须选用合适的润滑剂。塑性成形中使用的润滑剂一般应符合以下要求。

(1) 有良好的耐压性能，在高压作用下，润滑膜仍能吸附在接触表面上，保持良好的润滑效果。

(2) 有良好的耐高温性能，在热加工时润滑剂应不分解，不变质。

（3）起冷却模具的作用。

（4）不应对金属和模具有腐蚀作用。

（5）对人体无毒、无害，不污染环境。

（6）使用、清理方便，来源丰富，价格便宜。

2. 塑性成形时常用的润滑剂

塑性成形时常用的润滑剂有液体润滑剂和固体润滑剂两大类。

1）液体润滑剂

该类润滑剂主要包括各种矿物油、动物油、植物油及乳液等。矿物油主要是全损耗系统用油（机油），其化学成分稳定，与金属不发生化学反应，但摩擦因数较动植物油大。动植物油主要有猪油、牛油、鲸油、蓖麻油、棕榈油等。动植物油含有脂肪酸，和金属起反应后在金属表面生成脂肪酸和润滑膜，因而润滑性能良好，但化学成分不如矿物油稳定。塑性成形时，应根据具体加工条件来选择不同黏度的润滑剂。一般来说，坯料厚、变形程度大而速度低的工艺，应选择黏度较大的润滑剂；反之，则宜选用黏度较小的稀油。乳液是由矿物油、乳化剂、石蜡、肥皂和水组成的水包油或者油包水的乳状稳定混合物。乳液除了具有润滑作用外，还对模具有较强的冷却作用。

2）固体润滑剂

该类润滑剂主要包括石墨、二硫化钼、玻璃、皂类等。

（1）石墨。石墨属于六方晶系，具有多层鳞状结构，有油脂感。同一层石墨的原子间距比层与层的间距要小得多，所以同层原子间的结合力比层与层间的结合力要大。当晶体受到切应力的作用时，就易在层与层之间产生滑移，所以用石墨作为润滑剂。金属与工具接触面间所表现的摩擦实质上是石墨层与层之间的摩擦，这样就起到了润滑作用。石墨具有良好的导热性和热稳定性，其摩擦因数随正应力的增加而有所增大，但与相对滑动速度几乎没有关系。此外，石墨吸附气体以后，其摩擦因数会减小。石墨的摩擦因数 μ 值在 $0.05\sim0.19$ 的范围内。

（2）二硫化钼。二硫化钼也属于六方晶系结构，其润滑原理与石墨相似。但它在真空中的摩擦因数比大气中小，所以更适合作为真空中的润滑剂。二硫化钼的摩擦因数一般为～石墨和二硫化钼是目前塑性成形中常用的固体润滑剂，使用时可制成水剂或油剂。

（3）玻璃。玻璃是出现稍晚的一种固体润滑剂。当玻璃和高温坯料接触时，它可以在工具和坯料接触面间熔成液体薄膜，达到隔开两接触表面的目的，所以玻璃又称为熔体润滑剂。热挤压钢材和合金时，常采用玻璃作润滑剂。玻璃的使用温度范围广，$450\sim2200℃$ 都可使用。此外，玻璃的化学稳定性好，使用时可以制成粉状、薄片或网状，既可单独使用，也可与其他润滑剂混合作用，都能获得良好的润滑效果。但工件变形后，玻璃会牢牢地粘附在工件表面，不易清理。

（4）皂类。皂类润滑剂有硬脂酸钠、硬脂酸，以及一般肥皂等。冷挤压钢时一般坯料事先经过磷化-皂化处理。皂化处理使用硬脂酸钠或肥皂。挤压时使用皂类润滑剂可以显著减小压力，提高工件表面质量。

除此以外，硼砂、氯化钠、碳酸钾和磷酸盐等也是良好的固体润滑剂。固体润滑剂的使用状态可以是粉末，但多数是制成糊剂或悬浮液。

3. 润滑剂中的添加剂

为了提高润滑剂的润滑、耐磨、防腐等性能，常在润滑剂中加入少量的活性物质，这种活性物质称为添加剂。添加剂的种类很多，塑性成形中常用的添加剂有油性剂、极压剂、抗磨剂和防锈剂等。

油性剂是指天然酯、醇、脂肪酸等物质。这些物质的分子中都有羧（COOH）类活性基，活性基通过与金属表面的吸附作用在金属表面形成润滑膜。润滑剂中加入油性剂以后，可使摩擦因数减小。

极压剂是一些含硫、磷、氯的有机化合物。这些有机化合物在高温、高压下发生分解，分解后的产物与金属表面起化学反应而生成溶点低、吸附性强、具有片状结构的氯化铁和硫化铁等薄膜。因此加入极压剂后润滑剂在较高压力下仍然能起润滑作用。

抗磨剂常用的有硫化棉籽油、硫化鲸鱼油等。这些物质可以分解出自由基，自由基与金属表面发生化学反应生成润滑膜，起耐腐、减摩作用。

防锈剂常用的有石油磺酸钡，把它加入润滑剂后，在金属表面形成吸附膜，起隔水防锈的作用。

塑性成形中常用的添加剂及添加量见表 3-3。润滑剂中加入适当的添加剂后，其摩擦因数降低，金属粘模现象减少，变形程度提高，并可使产品表面质量得到改善，因此目前广泛采用添加剂的润滑剂。

表 3-3 塑性成形中常用的添加剂及添加量

种类	作用	化合物名称	添加量
油性剂	形成油膜、减少摩擦	长链脂肪酸、油酸	0.1%～1%
极压剂	防止接触表面粘合	有机硫化物、氯化物	5%～10%
抗磨剂	形成保护膜，阻止磨损	磷酸脂	5%～10%
防锈剂	防止润滑油生锈	羧酸、酒精	0.1%～1%
乳化剂	使油乳化，稳定乳液	硫酸、磷酸酯	3%
流动点下降剂	防止低温时石油中蜡固化	氯化蜡	0.1%～1%
黏度剂	提高润滑油黏度	聚甲基丙酸等聚合物	2%～10%

4. 表面磷化-皂化处理

冷挤压钢制零件时，接触面上的压力往往高达 2000～2500MPa，在这样高的压力下，即使润滑剂中加入添加剂，油膜还是会遭到破坏或被挤掉而失去润滑作用。为此要进行磷化处理，即在坯料表面上用化学方法制成一种磷酸盐或草酸盐薄膜，这种磷化膜是由细小片状的无机盐结晶组成的，呈现多孔状态，对润滑剂有吸附作用。磷化膜的厚度为 10～20μm，它与金属表面结合很牢，而且有一定的塑性，在挤压时能与钢一起变形。磷化处理后须进行润滑处理，常用的有硬脂酸钠、肥皂，故称为皂化。磷化-皂化后，润滑剂被储存在磷化膜中，挤压时逐渐释放出来，起到润滑的作用。

磷化-皂化处理方法出现之后，大大推动了钢的冷挤压工艺的应用发展。磷化-皂化工序繁杂，因此人们还在研究新润滑方法。

3.8.6 不同塑性加工条件下的摩擦因数

准确测定塑性成形中的摩擦因数(或摩擦因子)，对于成形条件和成形质量的控制及成形过程数值模拟的准确性等都是十分重要的。不同成形工艺中的摩擦因数应在尽可能接近实际成形过程的条件下由实验测定。以下是一些常用的摩擦因数。

1. 热锻时的摩擦因数

表3-4所示为热锻时的摩擦因数。

表3-4 热锻时的摩擦因数

材料	坯料温度/℃	不同润滑剂的 μ 值			
		无润滑	炭末	机油+石墨	
45钢	1000	0.37	0.18	0.29	
	1200	0.43	0.25	0.31	
锻铝	400	无润滑	气缸油+10%石墨	胶体石墨	精制石蜡+10%石墨	精制石蜡
		0.48	0.09	0.10	0.09	0.16

2. 磷化处理后冷锻时的摩擦因数

表3-5所示为磷化处理后冷锻时的摩擦因数。

表3-5 磷化处理后冷锻时的摩擦因数

压力/MPa	μ 值			
	无磷化膜	磷酸锌	磷酸锰	磷酸镉
7	0.108	0.013	0.085	0.034
35	0.068	0.032	0.070	0.069
70	0.057	0.043	0.057	0.055
140	0.070	0.043	0.066	0.055

3. 拉深时的摩擦因数

表3-6所示为拉深时的摩擦因数。

表3-6 拉深时的摩擦因数

压力/MPa	μ 值		
	无润滑	矿物油	油+石墨
08钢	0.20~0.25	0.15	0.08~0.10
12Cr18Ni9	0.30~0.35	0.25	0.15
铝	0.25	0.15	0.10
杜拉铝	0.22	0.16	0.08~0.10

4. 热挤压时的摩擦因数

钢热挤压时(用玻璃作润滑剂)摩擦因数 $\mu = 0.025 \sim 0.050$。

有色金属热挤压时的摩擦因数见表3-7。

表3-7　有色金属热挤压时的摩擦因数

润滑	μ 值					
	铜	黄铜	青铜	铝	铝合金	镁合金
无润滑	0.25	$0.18 \sim 0.27$	$0.27 \sim 0.29$	0.28	0.35	0.28
石墨＋油	比上面相应数值降低 $0.030 \sim 0.035$					

5. 热轧时的摩擦因数

热轧咬入时 $\mu = 0.3 \sim 0.6$；轧制过程中 $\mu = 0.2 \sim 0.4$。

6. 拉拔时的摩擦因数

低碳钢 $\mu = 0.05 \sim 0.07$；铜及铜合金 $\mu = 0.05 \sim 0.08$；铝及铝合金 $\mu = 0.07 \sim 0.11$。

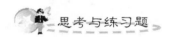 思考与练习题

3-1　解释下列名词

塑性性；加工硬化；干摩擦；附加应力。

3-2　什么是最小阻力定律？最小阻力定律对分析金属塑性成形时金属的流动有何意义？

3-3　变形速率对金属塑性成形有什么影响？

3-4　加工硬化金属塑性成形有什么影响？

3-5　挤压时产生的裂纹的机理是什么？

3-6　影响摩擦因数的主要因素有哪些？

第 **4** 章
金属塑性成形的工程法解析

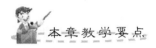 本章教学要点

知识要点	掌握程度	相关知识
主应力法的基本原理	了解主应力法的基本概念； 熟悉主应力法应用场合	主应力法求解变形力与实际受力的比较
长矩形板镦粗	了解长矩形板镦粗受力状况； 熟悉长矩形板镦粗时金属塑性变形和流动，以及长矩形板镦粗应力分析及受力平衡方程	无限长矩形板镦粗； 长和宽方向的应力对比，对称轴在计算受力计算中的作用
圆柱体镦粗	了解圆柱体镦粗受力状况； 熟悉圆柱体镦粗时金属塑性变形和流动圆柱体镦粗应力分析及受力平衡方程	高径比对圆柱体镦粗受力状况影响，切向与周向力的关系
拉深时的应力和应变状态	了解拉深时的应力和应变状态； 熟悉拉深时各种缺陷； 掌握拉深时法兰上受力平衡方程的解法	起皱和破裂的发生机理，减小压边力或增大压边力对拉深的影响

 导入案例

一字型旋杆自动化的塑性加工过程

一字型旋杆工作(刀头)一般采用45钢棒材经拉拔后切断,利用了板材轧制的原理,手工送入上下轧辊间压制成形。由于高速旋转的轧辊与带有杂质的棒材剧烈摩擦,不但会产生氧化皮,而且产生了不均匀的热处理效果,而刀头部分有口宽和口厚的公差要求,手工送入造成形状和尺寸不精确,因此,刀头需要再通过冲切前口,冲切前端面,最后还要修磨,费工费时,质量不稳定。按照这种生产方式产品的质量是难以提高的。因此,有必要寻求一种自动化的生产方法来代替之。这种工艺方法就是压制成形的方法,即上下压模通过液压装置成形。棒材直接压制成形后,接着就切前口和剪切前端面,这种方法避免了氧化皮的产生并且不会产生不均匀的热处理效果,通过压制时充分润滑,表面更光洁。但是要把这种设计思路转化成实际的加工设备,首先就要确定压制刀头的受力状况和所需的变形力大小。因此就要通过一定计算条件来计算,运用主应力法就能解决计算受力问题。根据主应力法取单元体并确定应力个数,列出受力平衡方程,加入常摩擦条件和边界条件,最后计算得到45钢棒材压制成形的变形力为102.4t,实际试验确定是93.6t,说明运用主力法计算结果略大于实际压制力,这在工程上是允许的。

一字型旋杆自动化的塑性加工设备(图4.0)是采用电动机经减速机械,通过槽轮机构驱动转盘,转盘放置夹具,用于固定棒料,转盘设置了5个工位,分别是上料、压制、冲前口、冲前端面及下料。

图4.0 一字型旋杆自动化塑性加工设备

塑性加工生产中,对变形体进行受力分析并计算变形力是学习本课程的主要目的之一,只有得到了变形力,才能为设计成形设备提供依据。

对变形体进行受力分析并计算变形力，可以用多种方法，而主应力法由于比较简便，所以得到广泛的运用。主应力法计算结果略比实际受力要大一些，计算结果是可靠的。由主应力法得到的计算结果，可为设计成形设备和模具提供依据。本章通过介绍主应力法的基本原理、受力分析、摩擦及边界条件等，通过受力平衡方程计算变形力的大小，为解决实际工程问题奠定基础。

在金属塑性成形过程中，工具对金属坯料加载的力达到一定的数值时，金属坯料就会发生塑性变形从而得到所需要的形状、尺寸等零件或产品。工具加载到金属坯料上的作用力称为变形力。变形力是设计工艺装备（工模具）及选择成形设备的重要参数，因此，对各种金属塑性成形工序进行变形过程的力学分析，并计算所需要的变形力的大小是金属塑性成形理论的主要任务之一。主应力法作为求塑性加工问题近似解的一种方法，在工程上得到了广泛的应用。

4.1 主应力法的基本原理

主应力法又称切块法、工程法、初等解析法、力平衡法等，是以均匀变形假设为前提，将偏微分应力平衡方程简化为常微分应力平衡方程，将米塞斯屈服准则的二次方程简化为线性方程，最后归结为求解一阶常微分应力平衡方程问题，从而获得工程上所需要的解。主应力法的数学运算是比较简单的，由此可以确定材料特性、变形体几何尺寸、摩擦因数等工艺参数对变形力、变形功的影响；可确定可能的最大变形量、最小可轧厚度、镦粗或轧制时的中性面位置等。但是，由于上述基本假设的限制，采用主应力法无法分析变形体内的应力分布。

采用主应力法求解塑性加工问题，需要做如下基本假设。

（1）将问题简化成平面问题或轴对称问题，假设变形是均匀的。在平面应变条件下，变形前的平截面在变形后仍为平截面，且与原截面平行；在轴对称变形条件下，变形前的圆柱面在变形后仍为圆柱面，且与原圆柱面同轴。对于形状复杂的变形体，可以根据变形体流动规律，将其分成若干部分，对每一部分分别按平面问题或轴对称问题进行处理，最后"拼合"在一起，即可得到整个问题的解。

（2）根据变形体的塑性流动规律切取单元体，单元体包含接触表面在内，因此，通常所切取的单元体高度等于变形区的高度，将剖切面上的正应力假设为均匀分布的主应力，因此，正应力的分布只随单一坐标变化，由此将偏微分应力平衡方程简化为常微分应力平衡方程。

（3）在应用米塞斯屈服准则时，忽略切应力和摩擦切应力的影响，将米塞斯屈服准则二次方程简化为线性方程，即在主应力法中所采用的屈服准则如下。

① 对于平面应变问题，习惯用剪切屈服强度 k 表示，即

$$\sigma_x - \sigma_y = 2k \tag{4-1}$$

或写成

$$\sigma_{max} - \sigma_{min} = 2k = \frac{2}{\sqrt{3}}S \tag{4-2}$$

式中，S 为塑性变形的流动应力，即屈服力。

② 对于轴对称问题，习惯用屈服应力 σ_s 表示，即

$$\sigma_r - \sigma_z = \pm\beta\sigma_s \tag{4-3}$$

4.2 镦粗变形

4.2.1 长矩形板镦粗

假设矩形板长度 l 远大于高度 h 和宽度 a，则可近似地认为矩形板沿长度方向的变形为零，由此可将长矩形板镦粗视为平面应变问题。

1. 切取单元体

长矩形板镦粗问题及作用在单元体上的应力如图 4.1 所示。在直角坐标系下，假设矩形板沿 z 轴方向的变形为零，在 x 轴上距原点为 x 处取宽度为 dx、长度为 l 的单元体，单元体高度等于变形区高度 h，两个平截面上的正应力分别为 σ_x 和 $\sigma_x + d\sigma_x$，设切应力为零，正应力沿轴方向是均匀分布的。单元体与刚性压板接触表面上的摩擦切应力为 τ，摩擦切应力的方向与矩形板塑性流动方向相反。

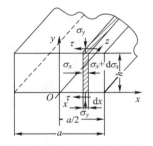 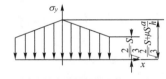

(a) 长矩形板镦粗作用于单元体上的应力　　(b) 常摩擦条件接触面上的正应力分布

图 4.1　长矩形板镦粗及作用在单元体上的应力及正应力分布

2. 列出单元体的静力微分平衡方程

沿 x 方向列出单元体的静力微分平衡方程，即

$$\sum P_x = \sigma_x hl - (\sigma_x + d\sigma_x)hl - 2\tau l\,dx = 0$$

整理后可得

$$d\sigma_x = -\frac{2\tau}{h}dx \tag{4-4}$$

3. 引用屈服准则

由于 y 方向上是加载方向，σ_x 和 σ_y 均为压力，$|\sigma_y| > |\sigma_x|$，即

$$(-\sigma_x) - (-\sigma_y) = \frac{2}{\sqrt{3}}S$$

对两边微分，得

$$d\sigma_y = d\sigma_x$$

所以有

$$\mathrm{d}\sigma_y = -\frac{2\tau}{h}\mathrm{d}x \tag{4-5}$$

4. 代入摩擦条件

假设接触表面上的摩擦切应力服从常摩擦条件，即 $\tau = \mu S$，将常摩擦条件代入式 (4-5) 并对 $\mathrm{d}x$ 积分，得

$$\sigma_y = -\frac{2\mu S}{h}x + C \tag{4-6}$$

5. 确定积分常数 C

根据应力边界条件定积分常数。当 $x = a/2$ 时，$\sigma_x = 0$，由屈服准则可知

$$\sigma_y = \frac{2}{\sqrt{3}}S$$

代入式 (4-6) 可得

$$C = \frac{2}{\sqrt{3}}S + \mu S\,\frac{a}{h}$$

再将 C 代入式 (4-6)，可得接触面上的正应力

$$\sigma_y = \frac{2}{\sqrt{3}}S + \frac{2\mu S}{h}\left(\frac{a}{2} - x\right) \tag{4-7}$$

正应力分布如图 4.1(b) 所示。

6. 求变形力 P 和单位流动压力 p

变形力可由式 (4-8) 求出，即

$$P = 2l\int_0^{\frac{a}{2}}\left[\frac{2}{\sqrt{3}}S + \frac{2\mu S}{h}\left(\frac{a}{2} - x\right)\right]\mathrm{d}x = la\left(\frac{2}{\sqrt{3}}S + \mu S\,\frac{a}{2h}\right) \tag{4-8}$$

接触面上单位面积上的作用力称为流动压力 p，即

$$p = \frac{P}{al} = \frac{2}{\sqrt{3}}S + \mu S\,\frac{a}{2h} \tag{4-9}$$

7. 变形功 W

设矩形板变形前的高度为 h_0，变形后的高度为 h_1，在变形的某一瞬时，矩形板高度 h 在变形力 P 作用下，高度发生变化 $\mathrm{d}h$，则变形功为

$$W = \int_{h_0}^{h_1}P\,\mathrm{d}h = \int_{h_0}^{h_1}p\,\frac{V}{h}\mathrm{d}h \tag{4-10}$$

式中，V 为变形体体积。

将式 (4-9) 代入式 (4-10)，可得

$$W = \int_{h_0}^{h_1}\left(\frac{2}{\sqrt{3}}S + \mu S\,\frac{a}{2h}\right)\frac{V}{h}\mathrm{d}h \tag{4-11}$$

根据体积不变条件，可得 $a = \dfrac{V}{lh}$，代入式 (4-11)，可得

$$W = \int_{h_0}^{h_1}\left(\frac{2}{\sqrt{3}}S + \mu S\,\frac{V}{2lh^2}\right)\frac{V}{h}\mathrm{d}h \tag{4-12}$$

4.2.2 圆柱体镦粗

由于摩擦的存在，圆柱体在镦粗过程中，会出现鼓形，如图 4.2 所示。

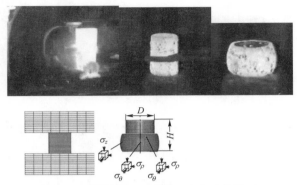

图 4.2 圆柱体在压缩过程中出现的鼓形

圆柱的高径比 $H/D>2$ 时，镦粗后会出现上部和下部变形大，中间小，出现双鼓形，如图 4.3(a)所示。$H/D>3$ 时，镦粗后容易失稳弯曲，并出现折叠现象，如图 4.3(b)所示。H/D 接近 1 时，出现单鼓形，如图 4.3(c)所示。而 $H/D<0.5$ 时，镦粗的不均匀性有所改善，由于高度较小，上下难变形出现重叠，坯料不存在大的变形区，因此鼓形相对较不明显，如图 4.3(d)所示。

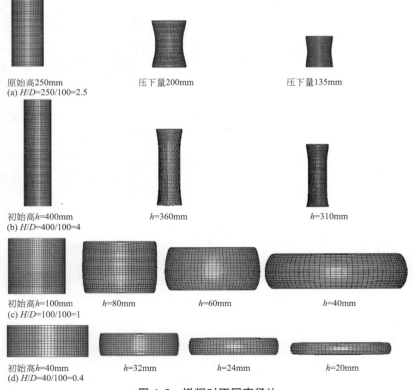

原始高250mm
(a) $H/D=250/100=2.5$ 压下量200mm 压下量135mm

初始高$h=400$mm
(b) $H/D=400/100=4$ $h=360$mm $h=310$mm

初始高$h=100$mm
(c) $H/D=100/100=1$ $h=80$mm $h=60$mm $h=40$mm

初始高$h=40$mm
(d) $H/D=40/100=0.4$ $h=32$mm $h=24$mm $h=20$mm

图 4.3 镦粗时不同高径比

假设在均匀变形条件下，圆柱体在压缩过程中不会出现鼓形。因此，圆柱体镦粗属于轴对称问题，宜采用圆柱坐标 (r, θ, z)。设 h 为圆柱体的高度，r 为半径，σ_ρ 为径向正应力，σ_θ 为周向应力，σ_z 为 z 向压应力，τ 为接触表面上的摩擦切应力。

1. 切取单元体

从变形体中切取一高度为 h，厚度为 $\mathrm{d}\rho$，中心角为 $\mathrm{d}\theta$ 的单元体。单元体上的应力分量如图 4.4 所示。

2. 列出单元体的静力微分平衡方程

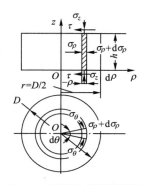

图 4.4　圆柱体镦粗问题及作用在单元体上的应力分量

$$\sum P_r = (\sigma_\rho + \mathrm{d}\sigma_\rho)(\rho + \mathrm{d}\rho)h\,\mathrm{d}\theta - \sigma_\rho h\rho\,\mathrm{d}\theta - 2\sigma_\theta \sin\frac{\mathrm{d}\theta}{2}h\,\mathrm{d}\rho$$
$$+ 2\tau\rho\,\mathrm{d}\theta\,\mathrm{d}\rho = 0$$

忽略高次微量，并且有

$$\sin\frac{\mathrm{d}\theta}{2} \approx \frac{\mathrm{d}\theta}{2}$$

整理后可得

$$\rho h\,\mathrm{d}\sigma_\rho + \sigma_\rho h\,\mathrm{d}\rho + 2\tau\,\mathrm{d}\rho - \sigma_\theta h\,\mathrm{d}\rho = 0 \qquad (4-13)$$

圆柱体镦粗时，$\sigma_\rho = \sigma_\theta$，代入式(4-13)得

$$\mathrm{d}\sigma_\rho = -\frac{2\tau}{h}\mathrm{d}\rho \qquad (4-14)$$

3. 引用屈服准则

由于 z 方向上是加载方向，σ_z 和 σ_ρ 均为压力，$|\sigma_z| > |\sigma_\rho|$，即

$$(-\sigma_\rho) - (-\sigma_z) = \frac{2}{\sqrt{3}}S$$

对两边微分，得

$$\mathrm{d}\sigma_z = \mathrm{d}\sigma_\rho$$

所以有

$$\mathrm{d}\sigma_z = -\frac{2\tau}{h}\mathrm{d}x \qquad (4-15)$$

4. 代入摩擦条件

假设接触表面上的摩擦切应力服从常摩擦条件，即 $\tau = \mu S$，将常摩擦条件代入式(4-15)并对 $\mathrm{d}\rho$ 积分，得

$$\sigma_z = -\frac{2\mu S}{h}\rho + C \qquad (4-16)$$

5. 确定积分常数 C

根据应力边界条件定积分常数。当 $\rho = \dfrac{D}{2}$ 时，$\sigma_\rho = 0$，由屈服准则可知

$$\sigma_z = \frac{2}{\sqrt{3}}S$$

代入式(4-16)可得

$$C = \frac{2}{\sqrt{3}}S + \mu S \frac{D}{h}$$

再将 C 代入式(4-16)，可得接触面上的正应力

$$\sigma_z = \frac{2}{\sqrt{3}}S + \frac{2\mu S}{h}\left(\frac{D}{2} - \rho\right) \tag{4-17}$$

6. 求变形力 P 和单位流动压力 p

变形力可由式(4-18)求出，即

$$P = \int_0^{\frac{D}{2}} 2\pi\rho\sigma_z \mathrm{d}\rho = \int_0^{\frac{D}{2}} 2\pi\rho\left[\frac{2}{\sqrt{3}}S + \frac{2\mu S}{h}\left(\frac{D}{2} - \rho\right)\right]\mathrm{d}\rho = \frac{\sqrt{3}}{6}\pi S D^2 + \frac{\pi\mu S D^3}{12h} \tag{4-18}$$

接触面上单位面积上的作用力称为流动压力 p，即

$$p = \frac{P}{\pi\left(\frac{D}{2}\right)^2} = \frac{2\sqrt{3}}{3}S + \mu S \frac{D}{3h} \tag{4-19}$$

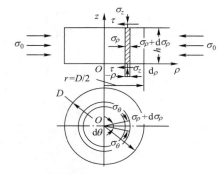

图 4.5　侧面有均布压力 σ_0 作用的圆柱体镦粗及作用在单元体上的应力分量

如果在侧面作用有均布压力 σ_0，如图 4.5 所示。由式(4-16)可知，当 $\rho = \frac{D}{2}$ 时，$\sigma_\rho = \sigma_0$，由屈服准则可知

$$(-\sigma_\rho) - (-\sigma_z) = \frac{2}{\sqrt{3}}S$$

将 $\sigma_z = \frac{2}{\sqrt{3}}S + \sigma_0$ 再代入式(4-16)，得

$$C = \frac{2}{\sqrt{3}}S + \sigma_0 + \mu S \frac{D}{h}$$

所以

$$\sigma_z = \frac{2}{\sqrt{3}}S + \sigma_0 + \frac{2\mu S}{h}\left(\frac{D}{2} - \rho\right) \tag{4-20}$$

变形力可由下式求出，即

$$P = \int_0^{\frac{D}{2}} 2\pi\rho\sigma_z \mathrm{d}\rho = \int_0^{\frac{D}{2}} 2\pi\rho\left[\frac{2}{\sqrt{3}}S + \sigma_0 + \frac{2\mu S}{h}\left(\frac{D}{2} - \rho\right)\right]\mathrm{d}\rho = \left(\frac{\sqrt{3}}{6}\pi S + \frac{1}{4}\pi\sigma_0\right)D^2 + \frac{\pi\mu S D^3}{12h}$$

$$\tag{4-21}$$

接触面上单位面积上的作用力称为流动压力 p，即

$$p = \frac{P}{\pi\left(\frac{D}{2}\right)^2} = \frac{2\sqrt{3}}{3}S + \sigma_0 + \mu S \frac{D}{3h} \tag{4-22}$$

4.3　圆筒形件拉深

拉深是把剪裁或冲裁成一定形状的平板毛坯利用模具变成开口空心工件的冲压方法。用拉深工艺可以制得筒形、阶梯形、锥形、盒形及其他形状复杂的零件，图4.6所示为部分拉深件。拉深工艺如与其他成形工艺配合，还可以生产形状极为复杂的薄壁零件，而且强度高、刚度好、质量轻。因此，拉深工艺在汽车、飞机、拖拉机、电器、仪表、电子等工业以及日常生活用品的生产中占有重要地位。拉深工序可在普通的单动压力机上进行（拉深浅拉深件），也可在专用的双动或三动拉深压力机及液压机上进行。

(a) 回转体拉深件　　　　　(b) 非回转体对称拉深件　　　　(c) 不规则拉深件

图 4.6　部分拉深件

带法兰圆筒形拉深件如图4.7所示，模具结构如图4.8所示，实物外形如图4.9所示。模具由上模板1，导套2，导柱3，凸模固定板4，凸模5，压料圈6，退料螺钉7，弹簧8，下模板9，凹模10，12推板，顶杆13组成。拉深件，圆板毛坯放在凹模端面上，压料圈压住圆板毛坯的同时，凸模下行，圆毛坯被拉进凸模和凹模间的间隙中形成筒壁，而在凹模端面上的毛坯外径逐渐缩小，当板料部分进入凸、凹模间的间隙里时拉深过程结束，圆板毛坯就变成具有一定形状的开口空心件11(或图4.7)。

图 4.7　带法兰圆筒形拉深件

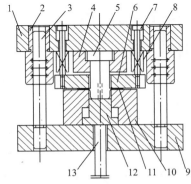

图 4.8　带法兰圆筒形拉深模结构
1—上模板；2—导套；3—导柱；4—凸模固定板；
5—凸模；6—压料圈；7—退料螺钉；8—弹簧；
9—下模板；10—凹模；11—工件；12—推板；13—顶杆

图 4.9　带法兰圆筒形拉深模实物图

4.3.1 拉深时的应力和应变状态

为了更深刻地认识拉深过程，了解拉深中所发生的各种现象，以满足工艺设计和零件质量分析的要求，有必要了解拉深过程中材料各部分的应力与应变状态。

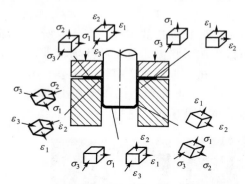

图 4.10 拉深时毛坯的应力应变状态图

拉深时，凹模平面上的材料其外径要逐步缩小，向凹模口部流动，然后转变成工件侧壁的一部分。由于在凸缘外边，多余材料比里边的多，因而在拉深过程中不同位置的材料其应力与变形是不同的。随着拉深的进展，变形区同一位置处材料的应力应变状态也在变化。

设在压边首次拉深时的某一时刻，材料处于图 4.10 所示情况，现研究其各部分的应力及应变状态。图 4.10 中，σ_1、ε_1 为毛坯的径向应力与应变；σ_2、ε_2 为毛坯厚度方向的应力与应变；σ_3、ε_3 为毛坯切向（周向）的应力与应变。

1. 平面凸缘（变形区）部分

这部分是扇形格子变成矩形的区域（图 4.11 所示），拉深变形主要在这区域内完成，从中取出单元体研究。根据前面分析，在径向受拉应力 σ_1 作用，切向受压应力 σ_3 作用，厚度方向因有压边力而受压应力 σ_2 作用，是立体的应力状态。在 3 个主应力中，σ_1 和 σ_3 的绝对值比 σ_2 大得多。σ_1 和 σ_3 的值，由于剩余材料在凸缘区外边多，内边少，因而从凸缘外边向内是变化的，σ_1 由零增加到最大，而 σ_3 由最大减小到最小。由压应力 σ_2 产生的径向摩擦切应力 τ 对单元体变形可忽略不计。

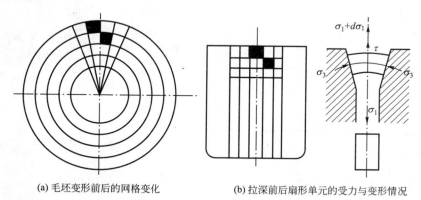

(a) 毛坯变形前后的网格变化   (b) 拉深前后扇形单元的受力与变形情况

图 4.11 平面凸缘上扇形拉深后变成筒形竖直壁上矩形

单元体的应变状态也是立体的，可根据塑性变形体积不变定律或全量塑性应力与塑性应变关系式来确定。

在凸缘外边 σ_3 是绝对值最大的主应力，则 ε_3 是绝对值最大的压缩变形。根据塑性变形体积不变定律，则 ε_1 和 ε_2 必为拉伸变形。

在凸缘内区，靠近凹模圆角处，σ_1 是绝对值最大的主应力，因而 ε_1 是绝对值最大的拉伸变形，ε_2 和 ε_3 则为压缩变形。

这样，ε_2 是拉伸变形还是压缩变形，要视单元体所受 σ_1 和 σ_3 之间的比值而定，通常在凸缘外边 ε_2 为拉伸变形，内边为压缩变形。板料毛坯拉深后凸缘变形后的厚度变化如图 4.12 所示。

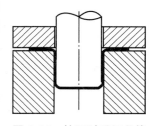

图 4.12　拉深时毛坯凸缘板厚的变化

2. 凹模圆角部分

这是凸缘和筒壁部分的过渡区，材料的变形比较复杂，除有与凸缘部分相同的特点，即径向受拉应力 σ_1 和切向受压应力 σ_3 作用外，还要受凹模圆角的压力和弯曲作用而受压应力 σ_2 作用。变形状态是三向的，ε_1 是绝对值最大的主变形，ε_2 和 ε_3 是压缩变形。

3. 筒壁部分(传力区)

这部分材料已经变成筒形，不再产生大的塑性变形，起着将凸模的压力传递到凸缘变形区上去的作用，是传力区。σ_1 是凸模产生的拉应力，由于凸模阻碍材料在切向自由收缩，σ_3 也是拉应力，σ_2 为零。变形为平面应变状态。其中 ε_1 为拉深，ε_2 为压缩，$\varepsilon_3=0$。

4. 凸模圆角部分

这部分是筒壁和圆筒底部的过渡区，它承受径向 σ_1 和切向 σ_3 拉应力的作用，厚度方向受到凸模压力和弯曲作用而产生压应力 σ_2。变形为平面状态，ε_1 为拉伸，ε_2 为压缩，$\varepsilon_3=0$。

5. 圆筒底部(小变形区)

这部分材料拉深一开始就被拉入凹模内，始终保持平面形状，由它把接受到的凸模作用力传给圆壁部，形成轴向拉应力。它受两向拉应力 σ_1 和 σ_3 作用，相当于周边受均匀拉力的圆板。变形是三向的，ε_1 和 ε_3 为拉伸，ε_2 为压缩。由于凸模圆角处的摩擦制约底部的拉深，故圆筒底部变形不大，只有 1%～3%，可忽略不计。

4.3.2　拉深过程的力学分析

拉深时，毛坯的不同区域具有不同的应力应变状态，而且应力应变状态的绝对值是随着拉深过程而不断变化的。本节从力学上对拉深过程进行分析，先找到凸缘变形区的应力分布，再讨论拉深过程中历程的变化规律，最后从理论上求出拉深时凸模所加拉深力 P。

1. 凸缘变形区的应力分析

拉深过程中，拉深中某时刻凸缘变形区的应力分布由凸缘变形区材料径向受拉应力 σ_1 作用；和切向受压应力 σ_3 作用及厚度方向受压边圈所加不大的压应力 σ_2 作用组成，如 σ_2 忽略不计，则只需要求 σ_1 和 σ_3 的值，就可知变形区的应力分布。当毛坯半径为 R_0 的板料拉深半径到 R_t 时，采用压边圈拉深如图 4.13(a) 所示。

1) 切取单元体

从变形体中切取一厚度为 t，径向厚度为 dr，中心角为 $d\varphi$ 的单元体。单元体上的应力分量如图 4.13(b) 所示。

2) 列出单元体的静力微分平衡方程

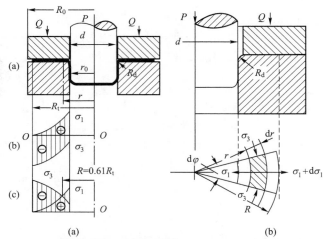

图 4.13　圆筒形件拉深时凸缘变形区应力分布

$$\sum P_r = (\sigma_1 + \mathrm{d}\sigma_1)(r + \mathrm{d}r)t\mathrm{d}\varphi - \sigma_1 rt\mathrm{d}\varphi + 2\sigma_3 \mathrm{d}rt\sin\frac{\mathrm{d}\varphi}{2} = 0$$

忽略高次微量，并且有

$$\sin\frac{\mathrm{d}\theta}{2} \approx \frac{\mathrm{d}\theta}{2}$$

整理后可得

$$\mathrm{d}\sigma_1 = -(\sigma_1 + \sigma_3)\frac{\mathrm{d}r}{r} \tag{4-23}$$

3）引用屈服准则

$$\sigma_1 - (-\sigma_3) = \beta\bar{\sigma}_m$$

式中，$\bar{\sigma}_m$ 为变形区材料的平均抗力，β 取 1.1，则

$$\sigma_1 - (-\sigma_3) = 1.1\bar{\sigma}_m$$

对式（4-23）中的 $\mathrm{d}r$ 积分，得

$$\sigma_1 = -1.1\bar{\sigma}_m\ln r + C \tag{4-24}$$

4）确定积分常数 C

根据应力边界条件定积分常数。当 $r = R_t$ 时，$\sigma_1 = 0$，代入式（4-24）得

$$C = 1.1\bar{\sigma}_m\ln R$$

最后，经整理得径向拉应力 σ_1 和切向压应力 σ_3 的大小为

$$\sigma_1 = 1.1\bar{\sigma}_m\ln\frac{R_t}{r} \tag{4-25}$$

$$\sigma_3 = 1.1\bar{\sigma}_m\left(1 - \ln\frac{R_t}{r}\right) \tag{4-26}$$

式中，R_t 为拉深中某时刻凸缘半径；r 为凸缘区内任意点的半径。

由式（4-25）和式（4-26）可知，凸缘变形区内，σ_1 和 σ_3 的值是按对数曲线规律分布的，如图 4.13(b)所示，在凸缘变形区内边缘（凹模入口处），即 $r = r_0$ 处径向拉应力 σ_1 最大，其值为

$$\sigma_{1\max} = 1.1\bar{\sigma}_m\ln\frac{R_t}{r_0} \tag{4-27}$$

而 σ_3 最小，为
$$\sigma_{3\min}=1.1\bar{\sigma}_m\left(1-\ln\frac{R_t}{r_0}\right)$$

在凸缘变形区外边缘 $r_0=R_t$ 处，压应力 σ_3 最大，其值为
$$\sigma_{3\max}=1.1\bar{\sigma}_m \tag{4-28}$$
而拉应力 σ_1 为零。

凸缘从外边向内边，σ_1 由低到高变化，σ_3 则由高到低变化，因此凸缘中间必有一交点存在，如图4.13(a)所示，在交点处 σ_1 和 σ_3 的绝对值相等。令 $|\sigma_1|=|\sigma_3|$，则有
$$R=0.61R_t$$

在交点 $R=0.61R_t$ 处做一圆，将凸缘分成两部分，由此圆向外边缘($R>0.61R_t$)，$|\sigma_3|>|\sigma_1|$，压应变 ε_3 为绝对值最大的主应变，厚度方向上的变形 ε_2 是拉应变。此处板料略有增厚。由此圆向内到凹模口($R<0.61R_t$)，$|\sigma_1|>|\sigma_3|$，拉应变 ε_1 为最大主应变，ε_2 为压应变，此处板料略有减薄。因此，交点处就是凸缘变形区厚度方向变形是增厚还是减薄的分界点。但就整个凸缘变形区来说，以压缩变形为主的区域比拉伸变形为主的区域大的多，所以，拉深变形属于压缩类变形。

2. 拉深过程中 $\sigma_{1\max}$ 和 $\sigma_{3\max}$ 的变化规律

$\sigma_{1\max}$ 和 $\sigma_{3\max}$ 是在毛坯凸缘半径由 R_0 变化到 R_t 时，在凹模洞口的最大拉应力和凸缘最外边的最大压应力。在不同的拉深时刻，R_t 是随 $R_0\to r_0$ 变化而变化的，所以拉深过程中 $\sigma_{1\max}$ 和 $\sigma_{3\max}$ 也是不同的，何时出现最大值 $\sigma_{1\max}^{\max}$ 和 $\sigma_{3\max}^{\max}$，这对防止拉深时起皱和破裂是很必要的。

1) $\sigma_{1\max}$ 的变化规律
$$\sigma_{1\max}=1.1\bar{\sigma}_m\ln\frac{R_t}{r_0}$$

式中，$\bar{\sigma}_m$ 是变形区材料的平均抗力，只要给出拉深材料的牌号、毛坯半径 R_0 和工件半径 r_0 及某瞬时的凸缘半径 R_t，就可求得 R_t 时的平均抗力 $\bar{\sigma}_m$，进而算出此时的 $\sigma_{1\max}$ 来。把不同的 R_t 所对应的 $\sigma_{1\max}$ 值连成如图4.14所示的曲线，即为整个拉深过程中凹模入口处径向拉应力 $\sigma_{1\max}$ 的变化情况。式(4-27)还可写成

$$\sigma_{1\max}=1.1\bar{\sigma}_m\ln\frac{R_t}{r_0}=1.1\bar{\sigma}_m\ln\frac{R_0R_t}{r_0R_0}=1.1\bar{\sigma}_m\left(\ln\frac{R_t}{R_0}+\ln\frac{1}{m}\right) \tag{4-29}$$

拉深开始时
$$R_t=R_0,\qquad \sigma_{1\max}=1.1\bar{\sigma}_m\ln(R_0/r_0)$$

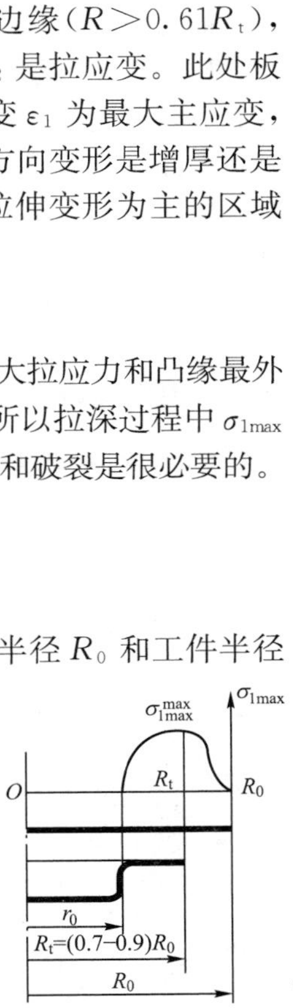

图4.14 拉深过程中 $\sigma_{1\max}$ 的变化

随着拉深的进行，$\sigma_{1\max}$ 逐渐增大，大约拉深进行到 $R_t=(0.7\sim0.9)R_0$ 时，便出现最大值 $\sigma_{1\max}^{\max}$，以后随着拉深的进行，$\sigma_{1\max}$ 又逐渐减少，直到拉深结束 $R_t=r_0$ 时，$\sigma_{1\max}$ 减少为零。

$\sigma_{1\max}$ 的变化与 $\bar{\sigma}_m$ 和 $\ln\frac{R_t}{r_0}$ 这两个因素有关见式(4-27)，这是两个相反的因素。随着拉深过程的进行，变形抗力逐渐增大，硬化程度逐渐加大，$\bar{\sigma}_m$ 增长很快，起主导作用，达到最大值 $\sigma_{1\max}^{\max}$ 后硬化稳定。而 $\ln\frac{R_t}{r_0}$ 表示材料变形区的大小，随着拉深过程进行而逐渐减少，

直至变形区减少至 $R_t=r_0$，$\sigma_{1max}=0$，拉深结束为止。由式（4-29）可知，σ_{1max}^{max} 的具体数值取决于板料的力学性能和拉深系数 m，即给出一种材料力学参数和拉深系数就可算出相应的 σ_{1max}^{max}。

2）σ_{3max} 的变化规律

由 $\sigma_{3max}=1.1\bar\sigma_m$ 可知，σ_{3max} 只与材料有关，随着拉深进行，变形程度增加，硬化加大，变形抗力 $\bar\sigma_m$ 随之增加，σ_{3max} 始终上升，直到拉深结束时 σ_{3max} 达到最大值 σ_{3max}^{max}，其变化规律与材料真实应力曲线相似。拉深开始 σ_{3max} 增加比较快，以后趋于平缓，σ_{3max} 增加会使毛坯发生起皱的趋势。

3）拉深中起皱的规律

前面分析，凸缘部分是拉深过程中主要变形区，而凸缘变形区的主要变形是切向压缩。拉深中是否起皱与切向压缩（压应力 σ_3）大小和凸缘的相对厚度 t/R_t-r（或 t/D_t-d）有关。材料受到的切向压缩越大，起皱越严重，而材料的相对厚度越大，就越不容易起皱。拉深时凸缘外边缘 σ_3 最大，因此凸缘外边缘是首先发生起皱的地方。由于凸缘外边缘的切向压应力 σ_{3max} 在拉深中是逐级增加的，更增加了起皱失稳的可能性；但随着拉深的进行，凸缘变形区不断缩小而相对厚度逐渐增大，抑制了材料失稳起皱的可能性，这两个作用相反的因素在拉深中相互消长，使得起皱必在拉深过程中的某一阶段发生。实验证明，失稳起皱的规律与 σ_{1max} 的变化规律类似，凸缘最容易失稳起皱的时刻基本上也就是 σ_{1max}^{max} 出现的时刻，即 $R_t=(0.7\sim0.9)R_0$ 时。

4.3.3 筒壁传力区的受力分析

1. 筒壁应力分析

拉深进行时，凸模产生的拉深力 F 通过筒壁传至凸缘内边缘（凹模入口处）将变形区材料拉入凹模，如图 4.15 所示。筒壁所受的拉应力由以下几部分组成。

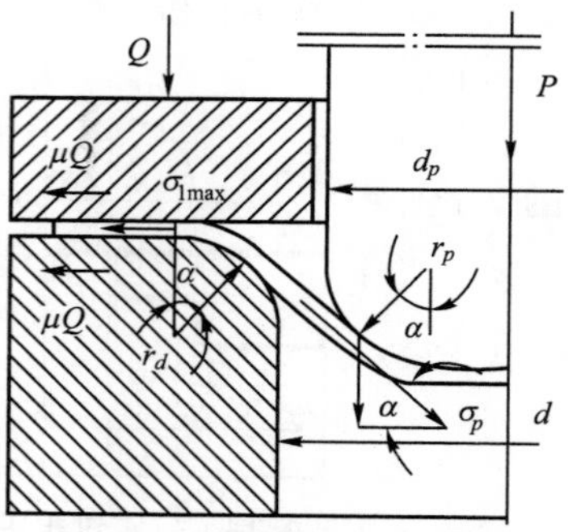

（1）克服毛坯与压边圈、毛坯与凹模之间摩擦引起的拉应力 σ_m。

$$\sigma_m=\frac{2\mu Q}{\pi dt} \qquad (4-30)$$

式中，μ 为材料与模具间的摩擦因数；Q 为压边力（N）；d 为凹模内径（mm）；t 为材料厚度（mm）。

（2）克服材料流过凹模圆角时产生弯曲变形所引起的拉应力 σ_w。

图 4.15 筒壁传力区的受力分析

可根据弯曲时内力和外力所做功相等的条件按式（4-31）计算：

$$\sigma_w=\frac{t\sigma_b}{2r_d+t} \qquad (4-31)$$

式中，r_d 为凹模圆角半径；σ_b 为材料的强度极限。

（3）克服凸缘变形区的变形抗力 σ_{1max}。

（4）克服材料流过凹模圆角的摩擦阻力。

由摩擦引起的阻力为

$$(\sigma_{1max}+\sigma_m)e^{\mu\alpha} \tag{4-32}$$

式中，α 为凸缘材料绕过凹模圆角时包角；μ 为摩擦因数。

因此，筒壁所受的拉应力总和为

$$\sigma_p=(\sigma_{1max}+\sigma_m)e^{\mu\alpha}+\sigma_w \tag{4-33}$$

在拉深的某一阶段，凸缘的径向拉应力达到了最大值 σ_{1max}^{max}，而包角 α 也趋于 $90°$，这时 σ_p 变为 σ_{pmax}，由于

$$e^{\mu\alpha}=1+\mu\frac{\pi}{2}=1+1.6\mu$$

所以

$$\sigma_{pmax}=(\sigma_{1max}^{max}+\sigma_m)(1+1.6\mu)+\sigma_w \tag{4-34}$$

由式(4-33)和式(4-34)所表示的 σ_{1max}^{max}、σ_w、σ_m 的值，可得

$$\sigma_{pmax}=\left[\left(\frac{a}{m}-b\right)\sigma_b+\frac{2\mu Q}{\pi dt}\right](1+1.6\mu)+\frac{t\sigma_b}{2r_d+t} \tag{4-35}$$

式中，$\sigma_{1max}^{max}\approx\left(\frac{a}{m}-b\right)\sigma_b$，$a$、$b$ 与材料的力学性能参数 ψ 和 σ_b 有关，可查有关手册。式(4-35)把影响拉深力的因素，如拉深变形程度、材料性能、零件尺寸、凹模圆角半径、压边力、润滑条件等都反映出来了，有利于改善拉深工艺。

拉深力可由式(4-36)求出：

$$P=\pi dt\sigma_p\sin\alpha \tag{4-36}$$

式中，α 为 σ_p 与水平线的交角，如图 4.14 所示。

由式(4-33)可知，σ_p 在拉深中是随 σ_{1max} 和 α 包角的变化而变化的。根据前面分析，拉深中材料凸缘的外缘半径 $R_t=(0.7\sim0.9)R_0$ 时，σ_{1max} 达最大值 σ_{1max}^{max}，此时包角 α 接近 $90°$，拉深过程中的最大拉深力为

$$P_{max}=\pi dt\sigma_{pmax} \tag{4-37}$$

拉深中，如果 σ_{pmax} 值超过了危险断面的强度 σ_b，则产生断裂。

2. 拉深变形中的起皱和拉裂

由于拉深过程中毛坯各部分的应力应变状态不同，而且随着拉深过程的进行还在变化，使得拉深变形产生如下一些特有的现象或缺陷。

1) 起皱

拉深时凸缘变形区内的材料要受压应力 σ_3 的作用。在 σ_3 作用下的凸缘部分，尤其是凸缘外边部分的材料可能会失稳而沿切向形成高低不平的皱折(拱起)，这种现象称为起皱。在拉深薄的材料时更容易发生。起皱现象对拉深的进行是很不利的。毛坯起皱后很难通过凸、凹模间隙拉入凹模，容易使毛坯受到过大的拉力而断裂报废，为了不致拉破，必须降低拉深变形程度，这样就要增加工序道数。当模具间隙大，或者起皱不严重时，材料能勉强被拉进凹模内形成筒壁，但皱纹会在工件的侧壁上保留下来，影响零件的表面质量。同时，起皱后材料和模具间的摩擦加剧，磨损增加，模具的寿命大为降低。

2) 拉裂

板料拉深成圆筒形件后，其厚度沿底部向口部是不同的，如图 4.16 所示，在圆筒件侧壁的上部厚度增加最多，约为 30%，而在筒壁与底部转角稍上的地方板料厚度最小，厚度减少了将近 10%，所以这里是拉深时最容易被拉断的地方，通常称此断面为"危险断

面"。拉深零件直壁上变化为什么会不均匀呢？这是由于 σ_1 从凸缘最外边向凹模口的变化是由小变大，而 σ_3 从凸缘最外边向凹模口的变化是由大变小的，凸缘上的厚度从最外边到凹模口的变化是由大变小的，从 $R=0.61R_t$ 至凸缘外边，板厚将增大，有 $\varepsilon_2>0$，$t'>t_0$（t_0、t' 分别为拉深前和拉深后板料的厚度），从 $R=0.61R_t$ 至凹模口，板厚将减小，有 $\varepsilon_2<0$，$t'<t_0$，而 $R=0.61R_t$ 处，板厚不变，有 $\varepsilon_2=0$，$t'=t_0$。凸缘变形区需要转移的剩余三角形材料从凸缘从最外边到凹模口的变化也是从多变少的，虽然多余材料除一部分流到工件高度上增加高度外，有一部分转移到材料厚度方向，但拉深时凸模先接触的是较薄的材料，并将这部分拉进凹模内，后续较厚的材料被拉进凹模内变成直壁就要比原先拉进凹模内的材料要厚，而且筒壁厚度越往口部越厚，所以危险断面就发生在最早拉进凹模内变成直壁与底部转角稍上的地方。在拉深过程中，如果 σ_{pmax} 值超过了危险断面的强度 σ_b，则产生破裂，如图 4.17 所示。即使未拉破，由于该处变薄过于严重，也可能使产品报废。

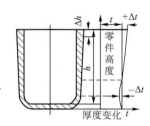

图 4.16　拉深沿高度方向的厚度

图 4.17　拉深件破裂

思考与练习题

4-1　工程法求解变形力的原理是什么？有何特点？

4-2　分析拉深变形时应力应变变化。为什么凸缘上取单元体进行微分平衡方程求解应力时，不考虑板料上下面与工具接触处的摩擦切应力？

4-3　板料拉深成形过程中的起皱和破裂是如何发生的？如何抑制？

4-4　如图 4.18 所示的半圆砧将直径 D 的棒材拔长成直径为 d 的圆棒，设摩擦切应力满足常摩擦条件，试用工程法求变形力。

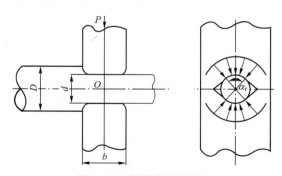

图 4.18　半圆砧拔长棒材

第 5 章
塑性成形的滑移线场理论

 本章教学要点

知识要点	掌握程度	相关知识
理想刚塑性平面应变问题	了解滑移线与滑移线场的基本概念； 掌握 α 滑移线和 β 滑移线及 ω 夹角的判别	滑移线的形成； 滑移线与切应力及正应力的关系
汉基应力方程	了解滑移线的沿线特性及跨线性质； 熟悉常见的滑移线场； 掌握塑性区的应力边界条件的应用	α 滑移线和 β 滑移线相互正交，并且分别是一族 α 滑移线和 β 滑移线
滑移线法理论在塑性成形中的应用	了解滑移线法理论求解变形体受力过程；掌握滑移线法理论用于板料拉深件的展开计算	滑移线法理论求解变形体受力与主力法求解变形体受力的差异及大小

导入案例

盒形件合理坯料形状和尺寸的确定

生产冲压拉深件或成形件（图 5.0 所示），一般先制造落料模，后制造拉深模或成形模。这是因为有许多冲压件的合理坯料形状和尺寸无法事先确定下来，因此必须落料模落下坯料后去多次试压。如果合理坯料形状和尺寸能够确定下来，则根据落料形状和尺寸设计制造拉深模或成形模。然而这又会带来一个问题：如果落料模落下坯料是不正确的，那么落料模只能重新设计制造，但这一般是不允许的。所以冲压件初始合理坯料形状和尺寸的确定就显得非常关键。

根据拉深前后质量相等、体积相等或者表面积基本相等的原则，可以确定合理坯料形状和尺寸，但也只能对圆形板料冲压件有效。就如椭圆形拉深件难以用拉深前后质量相等、体积相等或者表面积基本相等的原则来求解。对于盒形件 ［图 5.0(b)］，一般是按作图法得到大致的坯料形状和尺寸 ［图 5.0(a)］，然后通过试压确定。因此，目前复杂冲压件的合理坯料形状和尺寸还是通过试压确定。这样在设计制造中就提高了成本并延长了周期。运用滑移线可以确定等高的比较规则的盒形件的合理的坯料形状和尺寸，为确定坯料提供了一个比较有效的方法。

由于合理坯料形状和尺寸的确定是根据产品尺寸要求得来的，实际生产中还要考虑到工艺废料、损耗或其他加工因素，否则还是难以得到正确或合格的成形工件。因此，迄今为止，复杂冲压件 ［图 5.0(c)］ 合理坯料形状和尺寸的确定还是一个亟待解决和研究的问题。

　　　　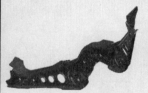

(a) 盒形件坯料　　　　　　　(b) 盒形件　　　　　　　(c) 复杂冲压件

图 5.0　盒形件和复杂冲压件及坯料

求解塑性成形中变形体受力，除了主应力法以外，还可运用滑移线法。滑移线与计算机技术的结合，可以大大提高运算效率。本章介绍滑移线的基本理论和基本性质，与塑性加工力学的其他方法相比，滑移线法在数学上比较严谨，理论上比较完整，计算精度较高。

工程法一般只能求解接触面上的总变形力和压力分布，不能研究变形体内的应力分布情况。滑移线是学者研究金属塑性变形过程中，对光滑试样表面出现"滑移带"现象经过力学分析，而逐步形成的一种图形绘制与数值计算相结合的求解平面塑性流动问题和变形力学问题的理论方法。滑移线是处于塑性平面应变状态时变形体内各质点最大切应力的迹线。由于最大切应力都是成对出现且相互正交的；因此，整个塑性变形区是由两簇互相正交的滑移线组成的网络，即滑移线场。滑移线法就是针对具体的工艺和变形过程，建立对应的滑移线场，然后利用滑移线的某些特性来求解塑性成形问题。例如，计算变形力和变形体内的应力分布及速度分布，分析变形、接触面上的应力分布，合理毛坯外形与尺寸计算，甚至扩展到模具型腔的最佳工作轮廓曲线的设计，金属流动规律的预测和塑性加工质

量分析等。

滑移线场理论包括应力场理论和速度场理论。滑移线场理论是针对理想刚塑性材料在平面变形的条件下所建立的，但在一定条件下，也可应用于非平面应变问题及硬化材料的情况。

5.1 理想刚塑性平面应变问题

5.1.1 平面变形应力状态

理想刚塑性材料是为了简化的目的而从实际材料性能中抽象出来的一种假想的固体模型。这种材料是在屈服前处于无变形的刚性状态(不考虑弹性变形)，一旦屈服，则进入无强化的塑性流动状态，即假设材料是在恒定的屈服压力下的变形。因为一般在塑性成形时，塑性变形远远大于弹性变形，因此，不考虑弹性变形是允许的。

处于平面塑性应变状态下的变形体，塑性区内各点的流动都分别在各相互平行的平面内进行，且各平面内的变形情况完全相同。设 z 轴方向应变为零($\varepsilon_z = \gamma_{zx} = \gamma_{yz} = 0$)，则如图 5.1(a)所示，塑性变形体内任一点 P 的应力状态可用塑性流动平面 xOy 内平面应力单元体来表示，如图 5.1(b)所示。而其应力莫尔圆如图 5.1(c)所示，图 5.1(d)是过 P 点并标注其应力分量的微分面，称为物理平面。由应力莫尔圆得其最大切应力为

$$\tau = \sqrt{\left(\frac{\sigma_x - \sigma_y}{2}\right)^2 + \tau_{xy}^2} = \frac{1}{2}(\sigma_1 - \sigma_3) = K$$

式中，K 为屈服剪应力。

按 H. Tresca 屈服准则，有

$$K = \frac{1}{2}\sigma_s$$

按 Von. Mises 屈服准则，有

$$K = \frac{\sigma_s}{\sqrt{3}} = 0.577\sigma_s$$

K 的方向与主应力 σ_1 成 $\pm\frac{\pi}{4}$ 夹角，与 Ox 轴成 ω 夹角；而作用在最大切应力平面上的正应力大小等于中间主应力 σ_2 或平均应力 σ_m，即

$$\sigma_m = \sigma_2 = \frac{1}{2}(\sigma_1 + \sigma_3) = \frac{1}{2}(\sigma_x + \sigma_y)$$

由应力状态和应力莫尔圆可知，各应力分量可以用 σ_m、K 及 ω 表示为

$$\left.\begin{array}{ll} \sigma_1 = \sigma_m + K & \sigma_x = \sigma_m - K\sin2\omega \\ \sigma_2 = \sigma_m & \sigma_y = \sigma_m + K\sin2\omega \\ \sigma_3 = \sigma_m - K & \tau_{xy} = K\cos2\omega \end{array}\right\} \tag{5-1}$$

得

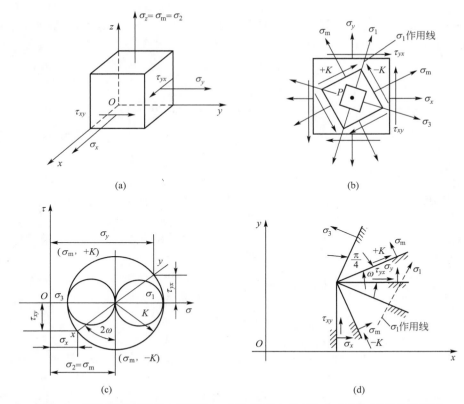

图 5.1　塑性平面应变状态下任意一点 P 的应力状态和应力莫尔圆及物理平面

$$\tan2\omega = -\frac{\sigma_x - \sigma_y}{2\tau_{xy}} \qquad (5-2)$$

对于理想刚塑性材料，由于 K 为常值，塑性变形体内各点的应力莫尔圆大小相等。应力状态的差别只在于平均应力 σ_m 值的不同，即各点应力莫尔圆的圆心在 σ 轴上的位置不同。

5.1.2　滑移线与滑移线场的基本概念

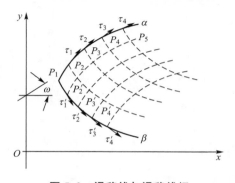

图 5.2　滑移线与滑移线场

滑移线是最大切应力的轨迹线。变形体处于平面塑性变形时，最大切应力发生在塑性流动平面内，平面上各质点的应力状态都满足屈服准则，且过任意一质点都存在着互相正交的两个方向，在该方向上切应力达到最大值 K。一般来说，这两个方向将随点的位置变化而不同。如图 5.2 所示，在塑性流动平面 xOy 上任取一点 P_1，以 τ_1 表示该点的最在切应力，然后沿 τ_1 方向取相邻点 P_2，以 τ_2 表示 P_2 点的最大切应力，连接如此变化的一系列点，可得到一条折线 $P_1P_2P_3\cdots P_n$；同时，由于最大切应力成对出现并互相正交，故在另一垂直的方向上，还可以得到另一条折线

$P_1P_2'P_3'\cdots P_n'$；当相邻点无限接近时，这两条折线就成了相互正交的光滑曲线，这两条折线就成了相互正交的光滑曲线，这就是滑移线。这两条滑移线连续，并一直延伸到塑性变形区边界。通过塑性变形区内的每一点都可以得到这样两条正交滑移线，在整个变形区域则可得到由两簇互相正交的滑移线组成的网络，即滑移线场。两条滑移线的交点称为节点。

5.1.3 α 滑移线和 β 滑移线及 ω 夹角

两簇互相正交的滑移线中的一簇称为 α 滑移线，另一称为 β 滑移线。

为了区别 α 滑移线和 β 滑移线，一般采取如下规则。

（1）若 α 滑移线和 β 滑移线构成右手坐标系，设代数值最大的主应力 σ_1 的作用线位于第一与第三象限，如图 5.3 所示。显然，此时 α 滑移线两侧的最大切应力将组成顺时针方向，而 β 滑移线两侧的最大切应力组成逆时针方向。也可按图 5.4 所示，根据质点所处单元体的变形趋势，确定最大切应力 K 的方向，再根据滑移线两侧的最大切应力 K 所组成的时针方向来确定 α 滑移线和 β 滑移线；也可由 σ_1 的方向顺时针旋转 $\dfrac{\pi}{4}$ 后得到的滑移线即确定为 α 滑移线。

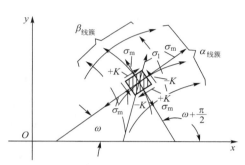

图 5.3 α 滑移线和 β 滑移线判别

（2）ω 角是 α 滑移线在任意一点 P 的切线正方向与 Ox 轴的夹角，如图 5.4 所示，并规定 Ox 轴的正向为 ω 角的量度起始线，逆时针旋转形成正的 ω 角，顺时针旋转则形成负的 ω 角。显然，过 P 点 β 滑移线的切线与 Ox 轴的夹角为 $\omega+\dfrac{\pi}{2}$。

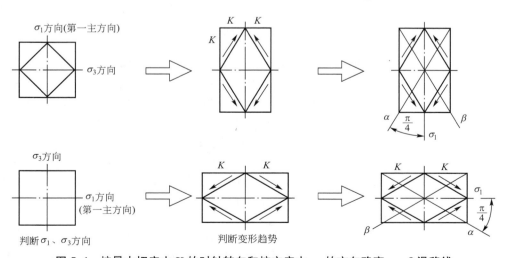

图 5.4 按最大切应力 K 的时针转向和按主应力 σ_1 的方向确定 α、β 滑移线

5.1.4 滑移线的微分方程

由图 5.3 可知，滑移线的微分方程为

$$\left.\begin{aligned}\frac{\mathrm{d}y}{\mathrm{d}x}=\tan\omega \quad （对于\ \alpha\ 线）\\[2mm]\frac{\mathrm{d}y}{\mathrm{d}x}=-\cot\omega \quad （对于\ \beta\ 线）\end{aligned}\right\} \tag{5-3}$$

式中，ω 为 α 滑移线上任意一点的切线与 Ox 轴正向之间的夹角。

5.2 汉基应力方程

由式(5-1)可知，对于 K（K 为材料常数）为一定的刚塑性体，其应力分量完全可用 σ_m 和 K 来表示。故只要能找到沿滑移线上的 σ_m 的变化规律，并通过 σ_m 的变化规律就可求得整个变形体（或变形区）的应力分布。而这个规律是由汉基（Hencky）于 1923 年推导出来的。汉基应力方程给出了滑移线场内质点平均应力 σ_m 的变化与滑移线转角 ω 的关系式。因此使得应用滑移线法求解平面塑性变形问题成为可能。

汉基方程的推导过程如下。

已知平面应变时的平衡微分方程为

$$\left.\begin{aligned}\frac{\partial\sigma_x}{\partial x}+\frac{\partial\tau_{yx}}{\partial y}=0\\[2mm]\frac{\partial\sigma_y}{\partial y}+\frac{\partial\tau_{xy}}{\partial x}=0\end{aligned}\right\} \tag{5-4}$$

将式(5-1)中的 σ_x、σ_y、τ_{xy} 代入平衡微分方程式(5-4)，整理得

$$\left.\begin{aligned}\frac{\partial\sigma_\mathrm{m}}{\partial x}-2K\cos2\omega\ \frac{\partial\omega}{\partial x}-2K\sin2\omega\ \frac{\partial\omega}{\partial y}=0\\[2mm]\frac{\partial\sigma_\mathrm{m}}{\partial y}-2K\sin2\omega\ \frac{\partial\omega}{\partial x}+2K\cos2\omega\ \frac{\partial\omega}{\partial y}=0\end{aligned}\right\} \tag{5-5}$$

因为坐标是可以任意选取的，为了便于求解含有 σ_m 和 ω 两个未知量的偏微分方程组，现取滑移线本身作为曲线坐标轴，设为 α 轴和 β 轴。于是，滑移线场中任意一点的位置，可用坐标值 α 和 β 表示。当沿坐标轴 α 从一点移动到另一点时，坐标值 β 不变；而沿着 β 轴移动时，则坐标值 α 也不变。

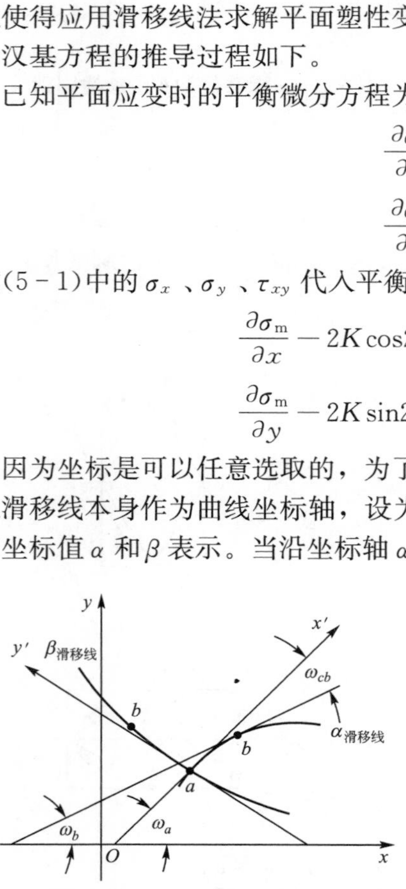

现将坐标原点置于任意两条滑移线的交点 a 上，并使坐标轴 x、y 分别与滑移线的切线 x'、y' 重合，如图 5.5 所示。由于式(5-1)中坐标轴是任意选取的，所以经坐标变换后式(5-1)、式(5-5)仍然有效。

在无限靠近 a 点处，坐标轴 α、β 的微分弧可认为是与曲线的切线 x'、y' 重合的，于是可得

图 5.5 沿滑移线的方向角的变化及坐标变换

$$\omega = 0;\quad \mathrm{d}x = \mathrm{d}S_\alpha;\quad \mathrm{d}y = \mathrm{d}S_\beta \left.\right\}$$

$$\frac{\partial}{\partial x} = \frac{\partial}{\partial S_\alpha};\quad \frac{\partial}{\partial y} = \frac{\partial}{\partial S_\beta}$$

但沿着曲线坐标轴 ω 角是变化的，故 ω 对滑移线的变化率并不为零，有

$$\frac{\partial \omega}{\partial S_\alpha} \neq 0,\quad \frac{\partial \omega}{\partial S_\beta} \neq 0$$

因此可将式(5-5)变换为如下形式，即

$$\left. \begin{array}{l} \dfrac{\partial \sigma_{\mathrm{m}}}{\partial S_\alpha} - 2K\,\dfrac{\partial \omega}{\partial S_\alpha} = \dfrac{\partial}{\partial S_\alpha}(\sigma_{\mathrm{m}} - 2K\omega) \\[3mm] \dfrac{\partial \sigma_{\mathrm{m}}}{\partial S_\beta} + 2K\,\dfrac{\partial \omega}{\partial S_\beta} = \dfrac{\partial}{\partial S_\beta}(\sigma_{\mathrm{m}} + 2K\omega) = 0 \end{array} \right\} \tag{5-6}$$

将式(5-6)积分后，可得

$$\left. \begin{array}{l} \sigma_{\mathrm{m}} - 2K\omega = \xi \\[2mm] \sigma_{\mathrm{m}} + 2K\omega = \eta \end{array} \right\} \tag{5-7}$$

式中，ξ、η 为积分常数。由式(5-7)可知，当沿 α 簇(或 β 簇中)同一条滑移线移动时，任意函数 ξ(或 η)为常数，只有从一条滑移线转到另一条时，ξ(或 η)值才改变。

式(5-7)为滑移线的积分式，该方程给出了同一条滑移线上的平均应力 σ_{m} 与转角 ω 之间的关系。式(5-7)还说明若滑移线场确定，则转角 ω 也就确定了，此时如果已知某一条线上的平均应力 σ_{m}，则该条滑移线上的任意一点的平均应力均可由式(5-7)得到，由于两簇滑移线是相互正交的，因此，整个塑性区内各点的平均应力均可由式(5-7)求出，并由式(5-5)可确定出整个塑性区内各点的应力状态。这揭示了滑移线场的重要力学特性，用汉基应力方程求解塑性成形问题具有重要的意义。

5.3　滑移线的基本性质

为了做出滑移线，需要了解一些滑移线的基本性质，而根据汉基应力方程和滑移线的正交特性，就可以得出滑移线场的一些基本性质。

5.3.1　滑移线的沿线特性

如图 5.5 所示，沿 α 滑移线，取任意两点 a、b；或沿 β 滑移线，也取任意两点 a、b，利用式(5-7)，可得

$$\left. \begin{array}{l} \sigma_{\mathrm{m}a} - \sigma_{\mathrm{m}b} = 2K(\omega_a - \omega_b) \\[2mm] \sigma_{\mathrm{m}a} - \sigma_{\mathrm{m}b} = -2K(\omega_a - \omega_b) \end{array} \right\} \tag{5-8}$$

如图 5.6 所示，如果已知滑移线场和 A 点的平均应力 $\sigma_{\mathrm{m}A}$，即可求出 B 点和 C 点的平均应力 $\sigma_{\mathrm{m}B}$ 和 $\sigma_{\mathrm{m}C}$，因为 ω_A、ω_B 和 ω_C 已知，AB 线为 β 线，由式(5-8)得
沿 AB 线

$$\sigma_{\mathrm{m}B} = \sigma_{\mathrm{m}A} + 2K(\omega_A - \omega_B)$$

沿 BC 线

$$\sigma_{\mathrm{m}C} = \sigma_{\mathrm{m}B} - 2K(\omega_B - \omega_C)$$

式(5-8)可写成

$$\left.\begin{array}{l}\Delta\sigma_m=2K\Delta\omega\\\Delta\sigma_m=-2K\Delta\omega\end{array}\right\}\qquad(5-8a)$$

从式(5-8a)可以看出，$\Delta\sigma_m$ 与 $\Delta\omega$ 成正比关系，$\Delta\omega$ 越大，滑移线日弯曲程度越大，平均应力的变化 $\Delta\sigma_m$ 也越大。

5.3.2 滑移线的跨线性质

设 α 簇的两条滑移线与 β 簇的两条线相交于 A、B、C、D 四点，如图 5.7 所示，根据式(5-8)和式(5-8a)有

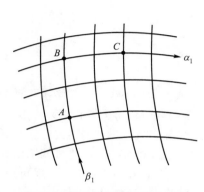

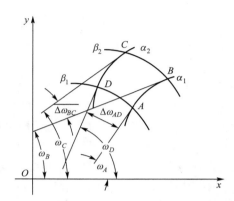

图 5.6 滑移线场内任意点应力　　　图 5.7 两簇滑移线交点切线之间的夹角

沿 α_1 线 AB

$$\sigma_{mA}-2K\omega_A=\sigma_{mB}-2K\omega_B$$

沿 β_1 线 BC

$$\sigma_{mB}+2K\omega_B=\sigma_{mC}+2K\omega_C$$

得

$$\sigma_{mA}-\sigma_{mC}=2K(\omega_A-2\omega_B+\omega_C)$$

沿 β_1 线 AD

$$\sigma_{mA}+2K\omega_A=\sigma_{mD}+2K\omega_D$$

沿 α_2 线 DC

$$\sigma_{mD}-2K\omega_D=\sigma_{mC}-2K\omega_C$$

得

$$\sigma_{mC}-\sigma_{mA}=2K(\omega_A+\omega_C-2\omega_D)$$

因为沿这两个不同路径计算出的 $\sigma_{mC}-\sigma_{mA}$ 必然相等，所以有

$$\omega_D-\omega_A=\omega_C-\omega_B$$

同理可得

$$\sigma_{mD}-\sigma_{mA}=\sigma_{mC}-\sigma_{mB}$$

因此可得

$$\left.\begin{array}{l}\Delta\omega_{AD}=\Delta\omega_{BC}=\cdots=常量\\\Delta\sigma_{m(A,D)}=\Delta\sigma_{m(B,C)}=\cdots=常量\end{array}\right\}\qquad(5-9)$$

式(5-9)说明：在滑移线场的任一网格中，若已知 3 个节点上的 σ_m 和 ω 值，则可以计算出第 4 个节点上的 σ_m 和 ω 值。因此，根据已知边界条件，就可以用数值方法和图解法建立滑移线场并求解塑性变形区的应力状态。

根据滑移线的跨线性质可得出以下推论。

推论 1 同一簇滑移线必需具有相同方向的曲率。

推论 2 如果一簇滑移线（如 α 或 β 簇）中有一条线段是直线，则该簇其余滑移线中的相应线段也都是直线；而与其正交的另一簇滑移线（如 α 或 β 簇）或是直线，或是直滑移线包络的渐开线，或是同心圆。

如图 5.8(a)所示，设 A_1B_1 为直线段，则由滑移线的跨线性质可得

$$\omega_{A_1} - \omega_{B_1} = \omega_{A_2} - \omega_{B_2} = 0$$

即

$$\omega_{A_2} = \omega_{B_2} = 0$$

A_2B_2 为直线段，依此类推，$A_3B_3\cdots$ 亦必为直线。在这种区域内，沿同一条 β 线上 ω 值不变，故 σ_x、σ_y、τ_{xy} 也不变。但沿同一条 α 线上 ω 值将改变，故各应力分量亦随之改变，这种应力场称为简单应力场，如图 5.8(b)所示。

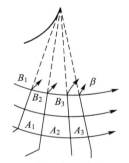 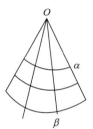

(a) 滑移线相互切截的线段 A_1B_1　　　　　　(b) 简单应力场
　　为直线段，A_2B_2 等也为直线段

图 5.8　滑移线的跨线性质的推论

5.4　塑性区的应力边界条件

滑移线场分布于整个塑性变形区，并且一直延伸至塑性变形区的边界或对称面，转角 ω 与边界上的切应力有关，滑移线应满足应力边界条件。应力边界条件通常有如下几种类型：通常应力边界条件是由边界上的正应力 σ_n 和切应力 τ 表示的。为适应滑移线场求解的要求。在塑性加工中，变形区的边界或是与刚性区接触面，或是与模具的接触表面、或是自由表面。常见的边界条件有以下五种。

1. 自由表面

如图 5.9 所示，自由表面上没有切应力和法向应力。由式(5-1)可得

$$\tau_{xy} = K\cos 2\omega = 0, \quad \omega = \pm\frac{\pi}{4}$$

这说明两簇滑移线与自由表面相交，夹角为 $\pm\dfrac{\pi}{4}$ 。

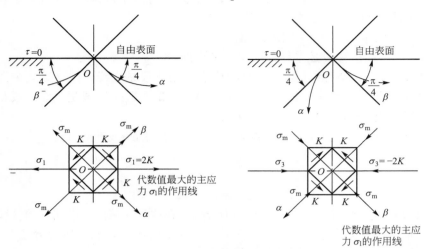

图 5.9　自由表面处的滑移线

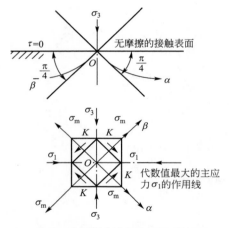

图 5.10　无摩擦时接触表面上的滑移线

2. 无摩擦的接触表面（$\tau = 0$）

如图 5.10 所示，由于接触表面无摩擦切应力（$\tau = 0$），则与自由表面情况一样，$\omega = \pm\dfrac{\pi}{4}$，两滑移线与无摩擦的接触表面相交，夹角为 $\pm\dfrac{\pi}{4}$。但此时接触面上的正应力一般不为零，在塑性加工中，通常是施加压力，且绝对值最大，即有 $\sigma_n = \sigma_3$。

3. 摩擦切应力达到最大值 K 的接触表面

如图 5.11 所示，当与工具接触表面的摩擦切应力达到最大值 $\tau = K$ 时，由式（5-1）可得

$$\tau_{xy} = K\cos 2\omega = \pm K，\quad \omega = 0 \text{ 或 } \dfrac{\pi}{2}$$

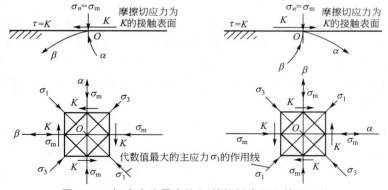

图 5.11　切应力为最大值 K 的接触表面上的滑移线

表明一簇滑移线与接触表面相切，另一簇滑移线的切线与接触面垂直。

4. 摩擦切应力为某一中间值的接触面

摩擦切应力为某一中间值的接触面，即当 $0 < \tau < K$ 时，由式(5-1)可得

$$\omega = \pm \frac{1}{2} \arccos \frac{\tau_{xy}}{K} = \pm \frac{1}{2} \arccos \frac{\tau}{K}$$

上式中的摩擦切应力 τ 一般采取库伦摩擦和常摩擦力条件模型。将摩擦切应力 τ 代入上式，可求得 ω 的两个解，求得 ω 后，而 α 线和 β 线还要根据 σ_x、σ_y 的代数值利用莫尔圆来确定，如图 5.12 所示。

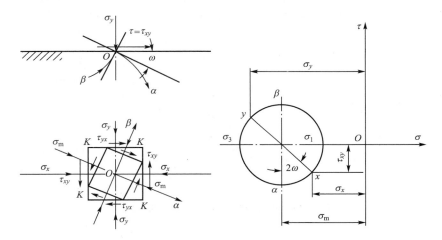

图 5.12　摩擦切应力为某一中间值的接触表面上的滑移线

5. 变形体的对称轴

由于在对称轴上有 $\tau = 0$，则 $\omega = \pm \frac{\pi}{4}$，故滑移线与对称轴相交且夹角为 $\frac{\pi}{4}$。根据对称轴上主应力的代数值大小，按前述 α 簇和 β 簇的判断规则，确定 α 线和 β 线，如图 5.10 所示。

5.5　滑移线场的建立方法

5.5.1　常见的滑移线场

1. 直线滑移线场

如图 5.13(a)所示，对于两簇正交直线所构成的滑移线场，根据滑移线的基本特性可知，场内各点的平均应力 σ_m 和 ω 角都保持常数，这种场称为均匀应力状态滑移线场。

2. 简单滑移线场

一簇滑移线由直线组成，另一簇滑移线则为与直线正交的曲线，这种场称为简单滑移线场。简单滑移线场分为以下两种。

1）有心扇形场

图 5.13(b)所示为一簇由直线及同心圆弧所构成的滑移线场，这一类型的滑移线场称为有心扇形场。有心扇形的中心点 O 称为应力奇点，该点的 ω 角不确定，其应力不具有唯一值。

2）无心扇形场

如图 5.13(c)所示，无心扇形场中直线型滑移线是滑移线簇包络线的切线，这个包络线称为极限曲线；另一簇由该极限曲线的等距离渐开线形成。包络线一般为边界线，当包络线退化为一点时，即变成了有心扇形场。

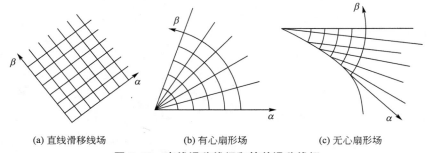

(a) 直线滑移线场   (b) 有心扇形场   (c) 无心扇形场

图 5.13　直线滑移线场和简单滑移线场

3. 直线滑移线场与扇形滑移线场的组合

根据滑移线场的分析可知，与直线滑移线场相邻的区域，滑移线场只能是扇形滑移线场，如图 5.14 所示。

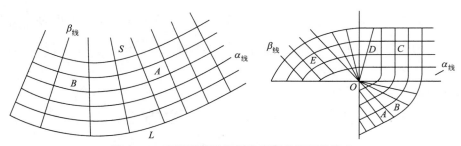

图 5.14　直线滑移线场与扇形滑移线场的组合

4. 由两簇互相正交的光滑曲线构成的滑移线场

属于这一类场的主要以下几种。

(1) 当圆弧边界面为自由表面或其上作用有均布的法向应力时，滑移线场由正交的对数螺旋线网构成，如图 5.15(a)所示。

(2) 粗糙刚性的平行板间压缩时，在接触面上摩擦切应力达到最大值 K 的那一段塑性变形区，滑移线场由正交的圆摆线组成，如图 5.15(b)所示。

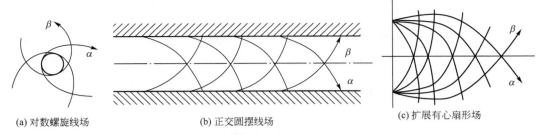

(a) 对数螺旋线场　　　　　　(b) 正交圆摆线场　　　　　　(c) 扩展有心扇形场

图 5.15　两簇正交曲线构成的滑移线场

（3）两个等半径圆弧所构成的滑移线场，也称为扩展的有心扇形场，如图 5.15(c) 所示。

在塑性加工中，通常可根据变形区各部分的应力状态和边界条件，分别建立以上所分析的各相应类型的滑移线场，再根据滑移线的相关性质组合成整个变形区的滑移线场，最终实现对问题的求解。

5.5.2　滑移线场的数值积分法和图解法

1. 数值积分法

滑移线网格各节点的坐标 (x, y) 可由滑移线的差分方程确定。将式(5-3)改写成相应的差分方程如下：

$$\left.\begin{array}{l} \dfrac{\Delta y}{\Delta x} = \tan\omega（沿\ \alpha\ 线） \\[3mm] \dfrac{\Delta y}{\Delta x} = -\cot\omega（沿\ \beta\ 线） \end{array}\right\} \tag{5-10}$$

其实质是以弦代替微小弧，取弦的斜率等于两端点节点斜率的平均值，如图 5.16(b) 所示，则式(5-10)可写成如下表达式

$$\left.\begin{array}{l} y_{m,n} - y_{m,n-1} = (x_{m,n} - x_{m,n-1})\tan\left[\dfrac{(\omega_{m,n} + \omega_{m,n-1})}{2}\right] \\[3mm] y_{m,n} - y_{m,n-1} = -(x_{m,n} - x_{m,n-1})\cot\left[\dfrac{(\omega_{m,n} + \omega_{m,n-1})}{2}\right] \end{array}\right\} \tag{5-11}$$

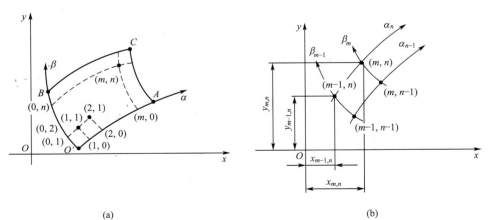

(a)　　　　　　　　　　　　　　　(b)

图 5.16　第一类边值问题

式中，$\omega_{m,n} = \omega_{m-1,n} + \omega_{m,n-1} - \omega_{m-1,n-1}$。

由式(5-11)可看出，如已知(0，0)、(0，1)、(1，0)节点的坐标，就可算出(1，1)节点的坐标。依此类推，可算出图5.16(a)所示塑性区 OACB 内各节点的坐标，从而可确定其滑移线场。

2. 图解法

滑移线场的节点编号是用一个有序数组$(m，n)$表示，其中 m 为 α 线的序号，n 为 β 线的序号。图解法可取代弦线代替弧线。将滑移线等分成微小线段并标出节点号，画出相邻节点的弦线，如图5.16(a)所示，然后通过(0，1)点和(1，0)点分别做弧线的垂线得交点(1，1)，则(0，0)、(1，0)、(1，1)、(0，1)四点的连线所组成的四边形就是一个滑移线网格。再通过(0，2)点做弦线的垂线，与通过(1，1)点做(0，1)点和(1，1)点连线的垂线交于(1，2)点，依此类推，就可做出 OACB 的滑移线网格。

5.6 滑移线法理论在塑性成形中的应用

应用滑移线理论求解塑性成形平冲头压入半无限体。

如图5.17所示，设冲头的宽度为 $2b$，冲头表面光滑，即冲头与坯料的接触面上没有摩擦力作用，坯料在接触面上可以自由滑动，现根据滑移线场理论求解。

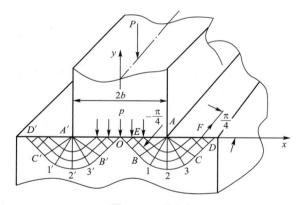

图 5.17 希尔解

1. 建立滑移线场

冲压压入时，不仅冲头下面的金属受压缩要产生塑性变形，而且靠近冲头两侧附近自由表面的金属因受挤压后也会凸起而产生塑性变形。冲头两侧的自由表面上，因为没有外力作用，根据滑移线特性和应力边界条件可知：$\omega = \dfrac{\pi}{4}$，$\sigma_m = -K$，$\triangle ACD$ 是均匀应力状态的正交直线场，CD 为 α 线，AC 为 β 线，与自由表面的夹角均为 $\dfrac{\pi}{4}$。

冲头下面 $\tau = 0$，根据边界条件可知，滑移线与表面的夹角为 $-\dfrac{\pi}{4}$。若接触面的单位

压力 p 均匀分布，则 $\triangle OAB$ 也是均匀场，OB 为 α 线，AB 为 β 线。$\triangle OAB$ 和 $\triangle ACD$ 区域尽管都是均匀场，但应力状态不同，按照滑移线的性质，这两均匀场必然由扇形场相连结，故 ABC 区域是有心扇形场，圆弧为 α 线，半径为 β 线，A 点是应力奇点。

冲头压入时，首先在 A、A' 两点附近产生变形，然后逐步扩展，直到整个 AA' 边界都到达塑性状态后，冲头才能开始压入，此时的滑移线场如图 5.17 所示，$D'C'B'OBCD$ 为塑性变形区，其下面为刚性区。显然，整个滑移线场以冲头的中心线为基准对称。

2. 求平均单位压力

由于对称，取右半部分分析。在滑移线场中任取一条连接自由表面和冲头接触面的 α 线 EF，E、F 点的应力可由式(5-1)或运用莫尔圆求得。F 点在自由表面上，故其微元体上 $\sigma_1 = \sigma_y = 0$ 只有 σ_x 作用，而且是压应力；根据屈服准则和式(5-1)，得 $\sigma_3 = \sigma_x = -2K$，平均应力 $\sigma_{mF} = -K$。E 点在接触面上，其微元体上有 σ_x、σ_y 的作用，均为压应力，且 $\sigma_3 = \sigma_y = -2p$，其绝对值应大于 σ_x，同样可得 $\sigma_1 = \sigma_x = -p + 2K$，平均应力 $\sigma_{mF} = -p + K$。

在自由边界 AD 上，$\omega_F = \dfrac{\pi}{4}$，在接触面 AO 上，$\omega_E = -\dfrac{\pi}{4}$ 或 $\left(\dfrac{3\pi}{4}\right)$；因 EF 为 α 线，由式(5-7)，有

$$\sigma_{mF} - 2K\omega_F = \sigma_{mE} - 2K\omega_E$$

将以上各值代入上式

$$-K - 2K\frac{\pi}{4} = -p + K + 2K\frac{\pi}{4}$$

得

$$p = 2K\left(1 + \frac{\pi}{2}\right) \tag{5-12}$$

或

$$\frac{p}{2K} = 1 + \frac{\pi}{2} \tag{5-12a}$$

于是单位长度上冲头的压力为

$$P = 2bp = 2bK(2 + \pi) \tag{5-13}$$

上述平冲头压入半无限体的滑移线解法是由英国学者希尔(R·Hill)在 1944 年首先提出的，故称为希尔解。另有普朗特解，解题过程与希尔解相似，求解结果也相同。

思考与练习题

5-1　什么是滑移线及滑移线场？如何运用滑移线法研究金属流动问题？

5-2　为什么说滑移线法在理论上只适用于求解刚塑性材料的平面变形问题？在什么情况下平面应力问题可用滑移线法求解？为什么？

5-3　滑移线法有哪些应力边界条件？如何确定 α 滑移线和 β 滑移线？

5-4　如图 5.18 所示，已知 α 线上的 a 点应力 $\sigma_a = 200\text{MPa}$，过 a 的切线与 x 轴的夹角 $\omega_a = 15°$，由 a 点到 b 点时，其夹角的变化是 $\Delta\omega_{ab} = 15°$，设 $K = 50\text{MPa}$，求 b 点的应力 σ_b 并写出 b 点的应力张量。

5-5 已知某变形体是刚塑性体且是平面塑性变形，其滑移线场如图 5.19 所示，α 是直线簇，β 簇是一同心圆，$\sigma_{mc} = -90\text{MPa}$，$K = 60\text{MPa}$，试求：

(1) C 点的应力状态，σ_x，σ_y，τ_{xy}，ξ_1；

(2) D 点的应力状态，σ_x，σ_y，τ_{xy}。

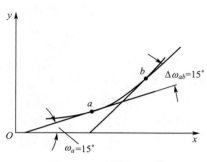

图 5.18　习题 5-4 图

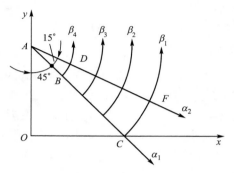

图 5.19　习题 5-5 图

第6章
塑性成形问题的其他方法

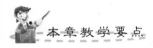本章教学要点

知识要点	掌握程度	相关知识
变形功法及应用	了解变形功法的基本原理； 掌握变形功法的运用	变形功法与主应力法及滑移线法在求解变形力方面的异同
Johnson 上限模式及应用	了解 Johnson 上限模式基本原理； 掌握 Johnson 上限模式运用	Johnson 上限模式与实际生产中变形力大小的关系

导入案例

变形力与成形设备或装置及模具的关系

无论是用主应力法、滑移线法、变形功法、上限法等方法，来计算塑性成形时受力物体所需的变形力，其目之一就是为设计制造成形设备或模具提供依据。然而，目前成形设备或模具中相当多的零部件设计基本还是依据经验法或类比法进行的，例如挤压模具的上或下模板，冲压模具的上或下模板。而且即便是挤压力通过计算得知，可能挤压凸模采用优质模具钢并经必要加工工序制造出来，或凹模按加装预应力圈的方法，用一个或两个预应力圈将凹模紧套起来而制成的多层凹模结构，可大大降低凹模内壁的切向拉应力，提高内层凹模强度，延长模具的使用寿命。但是在使用过程中并不能保证模具的寿命。这里面的因素很多，有操作使用不当的问题；有模具材料的选用问题；有成形过程中润滑的问题等。但关键原因还是根据成形力计算后，成形设备零部件或模具的零部件没有按比较科学合理的方法进行强度或刚度的计算及校对。经验法的缺点是依赖估算，相对来说在初始选材比较偏向于所谓的"结实"，因此，设备或模具就显得非常庞大，不仅浪费材料又费工费时，提高成本。类比法在工程设计中是经常采用的一种方法，但是由于变形体受力状况千差万别，影响因素各不相同，同样会带来一系列的问题。

目前来说，模具中的模板或模架一般按成形件的大小制造或选用，但是在实际生产中，例如汽车支架成形模在成形时发生上模板严重弯曲，弯曲的模板也影响压力机的正常工作状况。事实上，变形力的计算同样影响到成形设备的设计制造，比如变压边压力机的设计制造，由于变压边压力机和一般的压力机在结构上有所不同，对于油压机来说，一般下面的工作台中都设计下顶出机构，要占用一定的空间，但对工作台刚度强度不会产生比较大的影响，而变压边力压力机是根据成形件毛坯要求来设计放置下顶出机构的，即工作台下部空间基本上安置所有的油缸，因此，工作台的在工作状态下相当于简支梁，加载变形力后，会产生转角和挠度，如果产生转角和挠度超出允许的范围，使压力机同样会产生变形并影响产品精度。因此，变形力的计算不妨可以参照不同的计算方法相互比较，得到可靠的结果后并以此为依据，设计和制造模具及成形设备，对于成形设备及模具重要或关键的零部件都有必要按变形力设计计算，以保证实际成形过程中设备或模具的零部件不会发生变形或将变形控制在允许范围内。图6.0所示是旋杆（圆钢）头部压制成形的液压装置上、下压制臂，为了满足生产压制时上、下臂的强度和刚

(a) 上压制臂　　　　　　　　　(b) 下压制臂

图6.0　旋杆(圆钢)头部压制成形的液压装置上、下压制臂

度要求，对不同直径的旋杆(圆钢)头部压制成形计算变形力，并经有限元模拟，试压验证。所设计的上、下臂的结构、尺寸及材料均能达到设计要求。

求解塑性成形中变形体受力的方法很多，但要确定一个合适的计算方法，对于成形设备及模具的设计都有着重要的影响。本章只对变形功法和 Johnosn 上限模式及应用作简单介绍，以期对变形体受力提供多个计算方法。

6.1 变形功法及应用

6.1.1 变形功法的基本原理

变形功法(或称功平衡法)是一种利用功的平衡原理来计算变形力的方法。这种方法的基本原理是：塑性变形时，外力沿其位移方向所做的功 W_p 等于物体塑性变形功 W_v 和接触摩擦切应力所消耗功 W_f 之和：

$$W_p = W_v + W_f \tag{6-1}$$

对于变形过程的某一瞬时，式(6-1)可写成增量表达式

$$dW_p = dW_v + dW_f \tag{6-2}$$

1. 塑性变形功增量 dW_v

dW_v 就是变形体内力所做的功的增量，如变形体中某一单元体的体积为 dV，当单元体在主应力 σ_1、σ_2 和 σ_3 的作用下产生主应变增量为 $d\varepsilon_1$、$d\varepsilon_2$ 和 $d\varepsilon_3$ 时，则该单元体所消耗的塑性变形功增量也可以写成

$$dW_v = (\sigma_1 d\varepsilon_1 + \sigma_2 d\varepsilon_2 + \sigma_3 d\varepsilon_3)dV = \sigma_{ij} d\varepsilon_{ij} dV \tag{6-3}$$

根据应力应变方程

$$\begin{cases} d\varepsilon_1 = \dfrac{d\bar{\varepsilon}}{\bar{\sigma}}\left[\sigma_1 - \dfrac{1}{2}(\sigma_2 + \sigma_3)\right] \\[2mm] d\varepsilon_2 = \dfrac{d\bar{\varepsilon}}{\bar{\sigma}}\left[\sigma_2 - \dfrac{1}{2}(\sigma_3 + \sigma_1)\right] \\[2mm] d\varepsilon_3 = \dfrac{d\bar{\varepsilon}}{\bar{\sigma}}\left[\sigma_3 - \dfrac{1}{2}(\sigma_1 + \sigma_2)\right] \end{cases}$$

可得出 $d\varepsilon_1$、$d\varepsilon_2$ 和 $d\varepsilon_3$，按密席斯屈服准则并不考虑加工硬化 $\bar{\sigma} = S$，$S = \sigma_s$，代入式(6-3)，经整理后得

$$dW_v = \sigma_s d\bar{\varepsilon} dV \tag{6-4}$$

式中，$d\bar{\varepsilon}$ 为等效应变增量；σ_s 为屈服应力。

则该单元体在塑性变形过程中所消耗的塑性变形功为

$$dW_v = \int dW_v = \sigma_s \int_V d\bar{\varepsilon} dV \tag{6-5}$$

2. 接触摩擦所消耗功的增量 dW_f

若接触面 A 上的摩擦切应力为 τ；τ 方向上的位移增量为 du_τ，则

$$dW_f = \int_A \tau\, du_\tau\, dA \qquad\qquad (6-6)$$

3. 外力所做的功的增量 dW_p

设外力 P 沿其作用方向上产生的位移增量为 du_p，则

$$dW_p = P\, du_p \qquad\qquad (6-7)$$

将式(6-3)、式(6-4)及式(6-5)代入式(6-2)，可求得所需的变形力为

$$P = \frac{1}{du_p}\left(\sigma_s\int_V d\bar{\varepsilon}\, dV + \int_A \tau\, du_\tau\, dA\right) \qquad\qquad (6-8)$$

式中，P 为外力；du_p 为作用力 P 沿其作用方向上产生的位移增量；du_τ 为摩擦切应力 τ 方向上的位移增量。

在小变形和简单加载条件下，上述各式的增量可采用全量代替。为了计算 dW_v 和 dW_f，需要知道变形体的位移场或应变场，但在塑性成形时，由于外摩擦的影响，变形总是不均匀的，计算 $d\varepsilon_{ij}$ 比较难，所以并不容易确定位移量或应变量（如 $d\varepsilon_{ij}$ 和 du_τ）。因此，往往需要作变形均匀的假设，以便确定位移量或应变量。这种基于均匀变形假设的变形功法又称均匀变形功法或功平衡法。

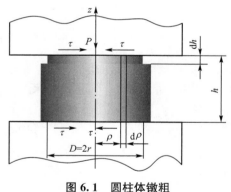

图 6.1　圆柱体镦粗

6.1.2　应用举例

采用圆柱坐标系的圆柱体尺寸如图 6.1 所示，设 z 方向作用外力 P，则圆柱体有一微小压缩量 dh，径向产生微小位移，又设接触面上的摩擦应力 $\tau = \mu\sigma_s =$ 常数，求作用在圆柱体上的外力 P 和单位流动压力 p。

解： 根据式(6-7)，此时外力 P 所做功的增量为

$$dW_p = P\, du_p$$

根据均匀变形的假设，并参考应变与位移的关系，圆柱体 3 个方向的相应应变增量分别为

$$\left.\begin{array}{c} d\varepsilon_z = -\dfrac{dh}{h} \\[2mm] d\varepsilon_p = \dfrac{\partial du}{\partial \rho} \\[2mm] d\varepsilon_\theta = \dfrac{du}{\rho} \end{array}\right\}$$

根据体积不变条件

$$d\varepsilon_\rho + d\varepsilon_\theta + d\varepsilon_z = \frac{\partial du}{\partial \rho} + \frac{du}{\rho} - \frac{dh}{h} = 0$$

将上式略加变换，得

$$\frac{\partial(\rho\,\mathrm{d}u)}{\partial\rho} - \frac{\mathrm{d}h}{h}\rho = 0$$

将其积分，得

$$\mathrm{d}u = \frac{1}{2}\frac{\mathrm{d}h}{h}\rho + C$$

当 $\rho = 0$，即在圆柱轴线上，$\mathrm{d}u = 0$，所以 $C = 0$。于是有

$$\mathrm{d}u = \frac{1}{2}\frac{\mathrm{d}h}{h}\rho$$

根据圆柱体 3 个方向的相应应变增量，得

$$\mathrm{d}\varepsilon_\rho = \frac{\partial\,\mathrm{d}u}{\partial\rho} = \frac{1}{2}\frac{\mathrm{d}h}{h}\ ; \qquad \mathrm{d}\varepsilon_\theta = \mathrm{d}\varepsilon_\rho = \frac{1}{2}\frac{\mathrm{d}h}{h}$$

则等效应变增量

$$\mathrm{d}\bar{\varepsilon} = \frac{\sqrt{2}}{3}\sqrt{(\mathrm{d}\varepsilon_z - \mathrm{d}\varepsilon_\rho)^2 + (\mathrm{d}\varepsilon_\rho - \mathrm{d}\varepsilon_\theta)^2 + (\mathrm{d}\varepsilon_\theta - \mathrm{d}\varepsilon_z)^2} = \frac{\mathrm{d}h}{h} = |\varepsilon_z|$$

将值代入式(6-5)，得

$$\mathrm{d}W_v = \sigma_s\int_V \mathrm{d}\bar{\varepsilon}\,\mathrm{d}V = \sigma_s\frac{\mathrm{d}h}{h}\int_V \mathrm{d}V = \sigma_s\frac{\mathrm{d}h}{h}\frac{\pi}{4}D^2 h = \frac{\pi}{4}D^2\sigma_s\,\mathrm{d}h$$

圆柱体上下均有接触面，因此，由式(6-6)得所摩擦所消耗的功增量为

$$\mathrm{d}W_f = 2\int_A \tau\,\mathrm{d}u\,\mathrm{d}A$$

将 $\tau = \mu\sigma_s$，$\mathrm{d}A = 2\pi\rho\,\mathrm{d}\rho$，$\tau$ 方向上的 $\mathrm{d}u = \frac{1}{2}\frac{\mathrm{d}h}{h}\rho$ 代入上式，得

$$\mathrm{d}W_f = 2\int_A \tau\,\mathrm{d}u\,\mathrm{d}A = \mu\sigma_s\frac{\mathrm{d}h}{h}2\pi\int_0^r \rho^2\,\mathrm{d}\rho = \frac{2}{3}\mu\sigma_s\pi\frac{\mathrm{d}h}{h}r^3$$

将上述 $\mathrm{d}W_v$ 和 $\mathrm{d}W_f$ 的推导结果代入式(6-8)中，可求得外力

$$P = \frac{\pi}{4}D^2\sigma_s\left(1 + \frac{\mu}{3}\frac{D}{h}\right)$$

单位流动压力

$$p = \frac{P}{A} = \sigma_s\left(1 + \frac{\mu}{3}\frac{D}{h}\right)$$

该结果与主应力法求得的圆柱体镦粗公式相同。

6.2 Johnson 上限模式及应用

上限模式是用来研究平面问题所采用的上限法求解方法，也是确定金属塑性变形时近

似载荷的一种界限法。由于上限模式确定的载荷总是大于或等于实际所需要的真实载荷，因此称为上限模式。另一种界限法是下限法，用下限法确定的载荷总是小于或等于实际所需要的真实载荷。若将上限法应用于工程，这对于保证塑性成形过程的顺利进行、选择设备和设计模具都是十分有利的。因此塑性成形领域常用上限法。

6.2.1　Johnson 上限模式的基本原理

上限模式的基本思路是设一变形体在外力作用下处于平面应变状态，设想变形区由若干个刚性三角块组成，完全依赖于塑性变形时，刚性块内或本身不产生变形，变形过程中每一个刚性块之间互相滑动，认为每一个刚性块是一个均匀速度场，因而在边界产生速度间断。若不计附加外力和其他功功率的消耗，其塑性变形功功率的消耗部分也为零，则

$$\iint_{Sp} p_i v'_i \, \mathrm{d}S \leqslant \sum \iint_{Sv} \tau_t \Delta v'_i \, \mathrm{d}S \tag{6-9}$$

式中，τ_t 为沿刚性块边界的切应力，在自由表面上 $\tau_t = 0$，在接触表面上 $\tau_t = \mu \sigma_n$；$\mathrm{d}S$ 为沿刚性块边界的面积或摩擦面的面积；$\Delta v'_i$ 为沿刚性块边界接触面上的速度间断值。p_i 为平均单位压力。

6.2.2　Johnson 上限模式解析成形问题的能力

上限模式解析成形问题的能力大致有以下几项。

（1）分析金属流动规律。利用上限模式分析变形过程速度场和位移场，工件边界上的位移确定后，就可预测变形后工件的形状和尺寸。

（2）力和能的参数计算。由工程实践得出，由上限模式计算的力和能的参数比实际略高，这是比较有利的。

（3）确定塑性成形极限能力。利用上限模式能确定比较合理的塑性成形条件和工艺装备结构。

（4）可分析塑性成形出现的去缺陷的原因并可提出解决的措施。

6.2.3　Johnson 上限法解析成形问题的基本步骤

利用上限法解析成形问题一般按如下基本步骤进行。

（1）根据金属流动的情况，将变形区分成若干个三角块；方法依据或参考滑移线场和变形区几何形状和位置。

（2）按变形区分成若干个刚性三角块情况以及速度边界条件绘制速度端图。

（3）根据所作的几何图形，计算各刚性三角形边长及根据速度端图计算各刚性块之间的速度间断量，并按式(6-9)计算剪切消耗功率。

（4）求解塑性成形的最佳上限解，在划分刚性三角形时，几何形状上有若干个待定的几何参数，因此要先对待定参数求极值并确定其具体数值，进而计算出最佳的上限解。

需要说明的是，在划分刚性三角块时，参照滑移线场并与之越接近，求得的上限解就越精确；其次是，任意三角形的任意两边不能同时邻接同一速度边界，否则绘制不出该三角形的速度端图。

6.2.4　应用举例

如图 6.2(a)所示，光滑平冲头压入半无限体。参照该问题的滑移线场，设刚性平冲头压下速度 $v_0=1$，由对称性，可只研究右半部分。右半部分的变形区由 3 个等腰三角形块组成，又设其底角 α，接触表面光滑无摩擦。三角形各边，除两侧自由表面外，都是速度间断面，图中虚线表示金属质点的流线。据此绘制的速度端图如图 6.2(b)所示。

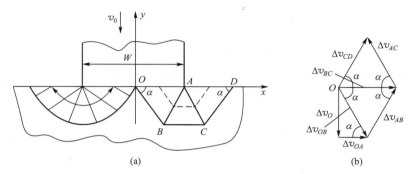

(a)　　　　　　　　　　　　(b)

图 6.2　光滑平冲头压入半无限体的速度端图

各滑块间的剪切功率计算为

$$p \cdot \frac{W}{2} \cdot v_0 = K(OB \cdot \Delta v_{OB} + AB \cdot \Delta v_{AB} + BC \cdot \Delta v_{BC} + AC \cdot \Delta v_{AC} + CD \cdot \Delta v_{CD})$$

式中，p 为平均单位压力。

根据图 6.2 所示的图形的几何关系，各速度间断线的长度为

$$OB = AB = AC = CD = \frac{W}{4\cos\alpha}$$

和

$$BC = AD = OA = CD = \frac{W}{2}$$

式中，W 为冲头宽度。

同样按速度端图，可计算出各速度间断面上的速度不连续量分别为

$$\Delta v_{OB} = \Delta v_{AB} = \Delta v_{AC} = \Delta v_{CD} = \frac{v_0}{\sin\alpha}$$

$$\Delta v_{BC} = \frac{2v_0}{\cot\alpha}$$

将它们代入上述剪切功率计算等式，经整理后，得

$$p \cdot \frac{W}{2} \cdot v_0 \leqslant \frac{K \cdot W \cdot v_0}{(\sin\alpha\cos\alpha) + \cot\alpha}$$

其应力状态系数(上限法常称为功率消耗系数)

$$n_\sigma = \frac{p}{2K} = \frac{1 + \cos^2\alpha}{\sin\alpha\cos\alpha} = \frac{\tan^2\alpha + 2}{\tan\alpha}$$

对待定参数 $\tan\alpha$ 进行优化，即取极值 $\mathrm{d}p/(\tan\alpha)=0$，得 $\tan\alpha=\sqrt{2}$，即 $\alpha=54°44'$，将其代回原式，得这一问题在该上限模式下的最佳上限解为 $n_\sigma=2\sqrt{2}=2.83$，而这问题的滑移线场解为 $n_\sigma=2.57$，提高了约 10%。如果选用更接近滑移线场的上限解模式，则精度可以提高。

思考与练习题

6-1 简述变形功法的基本原理。

6-2 为何一般要用均匀变形功法求解变形力？

6-3 试比较板条平面挤压时，图 6.3 所示两种 Johnson 上限模式的上限解。

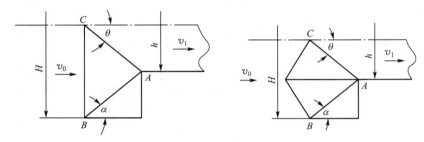

图 6.3 习题 6-3 图

第 7 章
金属塑性成形 CAE 分析

 本章教学要点

知识要点	掌握程度	相关知识
有限元法	了解有限元基本思想； 熟悉 CAD/CAE/CAM 的相互关系	计算机辅助工程能够分析、模拟、预测、评价和优化，以实现产品技术创新
有限元模拟	掌握塑性成形分析中的建模、网格划分、前处理、计算求解及后处理	显式与隐式求解，材料库及材料参数及模拟速度对模拟结果的影响

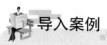 导入案例

有限元法模拟在金属成形分析中的运用

在工程技术领域中，有许多力学问题或场问题，虽然人们已经掌握了它们的基本方程和边界条件，但是能用解析方法去求解的只是少数方程，而且是性质比较简单且边界规则的问题，绝大多数工程技术问题很少有解析解。这类问题的解决通常有两种途径：一种是引入简化假设，使之达到能用解析法求解的地步，求得问题在简化状态下的近似解，这种方法并不总是可行的，通常将导致不正确甚至错误的解答；另一种方法是保留问题的复杂性，利用数值计算方法求得问题的近似数值解。随着电子计算机的飞速发展和广泛使用，这种方法已普遍用来解决复杂的工程实际问题。而有限元法便是这方面的一个十分有效的数值方法。

有限元法模拟在金属成形模拟中可以进行诸如轧制、挤压、模锻、板料拉深、板料弯曲等工序(图7.0所示的部分金属成形有限元模拟)。事实上，运用强大分析引擎，基本上对现有金属成形模拟都可以完成，并且能够获得比较合理的结果。目前，对于金属成形，通过理论计算、有限元模拟及实验论证，所得结果比较可靠，完全可以作为设计成形设备和工艺装备或模具提供参考依据，以保证实际成形过程中设备或模具的零部件正常运行。

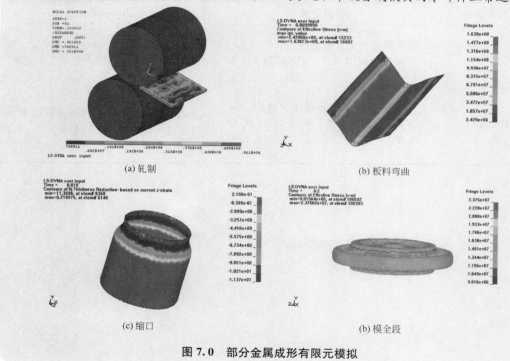

(a) 轧制　　　　　　　　　　　　　　(b) 板料弯曲

(c) 缩口　　　　　　　　　　　　　　(b) 模全段

图 7.0　部分金属成形有限元模拟

借助于功能强大的分析引擎，有限元模拟可以迅速、精确地得到所求计算结果，这是理论计算和实验论证无法替代的。本章将通过盒形件拉深和圆钢轧制，对 ANSYS/LS-DYNA 软件的模型建立、网格划分、前处理、计算求解及后处理等都作了详尽的介绍，引导学生快速地掌握应用 CAE 软件并提高解决工程实际问题的能力。

计算机辅助工程(Computer Aide Engineering，CAE)是指工程设计中的分析计算与仿真。CAE软件可分为通用和专用两类，通用CAE软件主要针对多种类型的工程和产品的物理力学性能进行分析、模拟、预测、评价和优化，以实现产品技术创新。利用ANSYS/LS-DYNA中的ANSYS的前处理模块中强大的实体建模、网格划分工具来构造有限元模型，结合LS-DYNA的计算及后处理功能，在工程应用如金属成形等领域被广泛认可为最佳的分析软件。例如，在金属板料成形中，它可以准确地预测板料成形过程中的破裂、起皱、减薄和回弹，评估板料的成形性能，为板料成形工艺分析及模具设计提供了极其重要的帮助，可以显著减少模具设计时间及试模周期，并提高产品品质和市场占有率。

7.1 有限元基本思想

有限单元法(Finite Element Method，FEM)亦称有限元法，其基本思想是用较简单的问题代替较复杂的问题后再进行求解。它将求解域看成是由许多被称为有限元的小的互连子域组成，即将物体(或连续求解域)离散成有限个且按一定方式相互连接在一起单元的组合，来模拟或逼近原来的物体，从而将一个连续的无限自由度问题简化为离散的有限自由度问题求解的一种数值分析法。物体被离散后，通过对其中各个单元进行单元分析，最终得到对整个物体的分析。网格划分中每一个小块体称为单元。确定单元形状、单元之间相互连接的点称为节点，单元上节点处的结构内力为节点力，外力(如集中力、分布力)为节点载荷。

7.1.1 有限元法的主要特点

有限元法具有许多优点，其中主要的有以下几项。

(1) 概念浅显，容易掌握，可以在不同的水平上建立起对该法的理解：可以通过直观的物理解释来理解，也可以建立基于严格的数学分析的理论。

(2) 该法有很强的适用性，应用范围极为广泛。它不仅能成功地处理诸如应力分析中的非均质材料、各向异性材料、非线性应力-应变关系等难题；而且随着理论基础和方法的逐步改进和完善，还能成功地用来求解如热传导、流体力学以及电磁场等领域的问题。有限元法几乎适用于求解所有的连续介质和场问题。

(3) 该法采用矩阵形式表达，便于编制计算机程序，可以充分利用高速电子计算机所提供的方便。因而，有限元法已被公认为工程分析的有效工具，受到普遍的重视。

采用有限元法求解应力分析问题，随着所取未知量的不同，可分为位移法、力法、杂交法和混合法等。

7.1.2 有限元法的计算步骤

有限元是那些集合在一起能够表示实际连续域的离散单元，对于不同物理性质和数学模型的问题，有限元求解法的基本步骤是相同的，只是推导公式和运算求解不同。

有限元求解问题的一般步骤通常可分为以下几步。

1. 问题及求解域定义

根据实际问题近似确定求解域的物理性质和几何区域。

2．求解域结构离散化和选择单元类型

求解域的结构离散化是有限元法的第一步。所谓离散化，简单地说，就是将要分析的结构分割成有限个小单元体，单元与单元、单元与边界之间通过节点连接，使相邻单元的有关参数具有一定的连续性，并构成一个单元的集合体，用它代替原来的结构。

（1）单元类型选择。离散化首先要选定单元类型，包括单元形状、单元节点数与节点自由度数这 3 个方面的内容。

（2）单元划分。划分单元时要注意以下几点：①单元越小（网格越细，划分越规则）则离散域的近似程度越好，计算结果也越精确，但计算量将增大，而且网格细化到一定程度后计算精度提高并不明显；②单元形态应尽可能接近相应的正多边形或正多面体，例如，三角形单元三边应尽量接近且不出现钝角，矩阵单元长宽不宜相差过大；③单元节点应与相邻单元节点相连接，不能置于相邻单元边界上；④同一单元由同一种材料组成。

3．确定状态变量及控制方法

一个具体的物理问题通常可以用一组包含问题状态变量边界条件的微分方程式表示。为适合有限元求解，通常将微分方程化为等价的泛函形式。

4．推导单元刚度矩阵和方程

对单元构造一个适合的近似解，即推导有限单元的列式，其中包括选择合理的单元坐标系，建立单元基函数，以某种方法给出单元各状态变量的离散关系，从而建立单元刚度矩阵：

$$\{p\} = [k]\{\delta\} \qquad\qquad (7-1)$$

式中，$\{p\}$ 为单元节点力矢量；$[k]$ 为单元刚度矩阵；$\{\delta\}$ 为单元未知节点自由度或广义位移矢量。

5．总装求解

将单元总装形成离散域的总矩阵方程（联合方程组），反映对近似求解域的离散域的要求，即单元函数的连续性要满足一定的连续条件。总装是在相邻单元节点进行，状态变量及其导数（可能的话）连续性建立在节点处，最后组装的总体方程写成矩形形式：

$$\{P\} = [K]\{\delta\} \qquad\qquad (7-2)$$

式中，$\{P\}$ 是整体节点载荷矢量，结构离散化后，单元之间通过节点传递力，有限元法在结构分析中只采用节点载荷，作用在单元上的所有集中力、体积力、与表面力都必须等效地移植到节点上去，形成等效节点载荷，将所有节点载荷按整体节点编码顺序组成节点载荷矢量；$[K]$ 为结构总体刚度矩阵，$\{\delta\}$ 为已知和未知结构节点自由度或广义位移。

6．联立方程组求解和结果解释

有限元法最终导致联立方程组，即把求解连续体的场变量（应力、位移、压力和温度等）问题简化为求解有限的单元节点上的场变量值。此时求解的基本方程将是一个代数方程组，而不是原来描述真实连续体场变量的微分方程组，得到的求解结果是单元节点处状态变量的近似值，其近似程度取决于所采用的单元类型、数量及对单元的插值函数 。联立方程组的求解可用直接法、选代法和随机法。对于计算结果的质量，将通过与设计准则提供的允许值比较来评价，并确定是否需要重复计算。

总之，有限元分析可分成 3 个阶段——前处理、求解和后处理。前处理阶段建立有限元模型，完成单元网格划分；后处理阶段则是采集处理分析结果，使用户能简便提取信息，了解计算结果。

7.2 基于 LS‑DYNA3D 的金属塑性分析方法

7.2.1 LS‑DYNA 的特色和功能

LS‑DYNA 为美国 Livermore Software Technology Corporation 的产品，是世界上最著名的通用显式非线性有限元分析程序，能够模拟真实世界的各种复杂问题，它以 Lagrange 算法为主，兼有 ALE 和 Euler 算法；以显式求解为主，兼有隐式求解功能；以结构分析为主，兼有热分析、流体与固体耦合功能；以非线性动力分析为主，兼有静力分析功能，如动力分析前的预应力计算和薄板冲压成形后的回弹计算等；特别适合求解各种结构的高速碰撞、爆炸和金属成形等高度非线性瞬态动力学问题。LS‑DYNA 在工程界得到广泛应用，并被认为是最佳的显式分析软件包，与实验结果的无数次对比证实了其计算的可靠性和准确性，是军用和民用相结合的通用结构分析非线性有限元程序。一般的结构有限元软件，较适合于长时间和变形量较小的分析。但实际上，产品皆具有发生大变形量的可能性，甚至许多我们常用的材料诸如塑料、橡胶等，皆具非线性的特质；因此有限元分析所得到的结果，其准确性便备受争议，甚至分析结果不具意义。而 LS‑DYNA 具有强大的分析能力、多种材料模型库、具有薄/厚壳单元，在接触分析的领域上一直居所有软件的领先地位，拥有超过 50 种以上的接触分析方式，具有柔体对柔体接触、柔体对刚体接触、刚体对刚体接触、边-边接触、拉延筋等，可模拟真实碰撞及接触情形，而且可以分析接触表面的静动力摩擦等问题。

7.2.2 ANSYS 与 LS‑DYNA 的关系

ANSYS 软件是融结构、流体、电场、磁场、声场分析于一体的大型通用有限元分析软件，由世界上最大的有限元分析软件公司之一的美国 ANSYS 开发，它能与多数 CAD 软件接口，实现数据的共享和交换，如 Pro/Engineer，NASTRAN，Alogor，I‑DEAS，AutoCAD 等，是现代产品设计中的高级 CAD 工具之一。ANSYS 软件主要包括 3 个部分：前处理模块、分析计算模块和后处理模块。前处理模块提供了一个强大的实体建模及网格划分工具，用户可以方便地构造有限元模型。分析计算模块包括：结构分析(可进行线性分析、非线性分析和高度非线性分析)，流体动力学分析，电磁场分析，声场分析，压电分析及多物理场的耦合分析；可模拟多种物理介质的相互作用，具有灵敏度分析及优化分析能力。后处理模块可将计算结果以彩色等值线显示、梯度显示、矢量显示、粒子流迹显示、立体切片显示、透明及半透明显示(可看到结构内部)等图形方式显示出来，也可将计算结果以图表、曲线形式显示或输出。ANSYS 软件提供了 100 种以上的单元类型，用来模拟工程中的各种结构和材料。

虽然 ANSYS 具有强大的计算功能，但其后处理功能相对较差。1997 年，美国 ANSYS 公司购买了 LS‑DYN 的使用权，形成了 ANSYS/LS‑DYNA，弥补了上述不足。

但是 LS‑DYN 的一些功能并不能从 ANSYS/LS‑DYNA 中直接使用,如某些单元不能被选用、ALE 算法及将近 70 种材料模型(包括 ANSYS 用户自定义材料)都被屏闭、错误显示和警告信息不完全,所以通常的做法是使用联合建模求解技术。图 7.1 所示为 UG‑ANSYS‑LS‑DYNA 联合建模求解技术的流程。图 7.2 所示为 ANSYS/LS‑DYNA 启动界面。图 7.3 所示为 LS‑PREPOST 计算结果后处理界面。

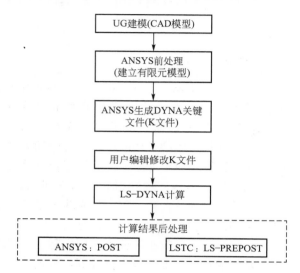

图 7.1　UG‑ANSYS‑LS‑DYNA 联合建模求解技术的流程

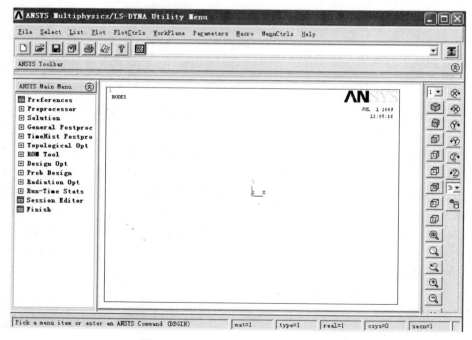

图 7.2　ANSYS/LS‑DYNA 启动界面

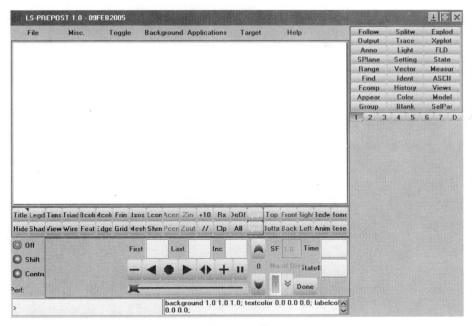

图 7.3　LS - PREPOST 计算结果后处理界面

1. LS - DYNA 的显式与隐式时间积分

LS - DYNA 是一个以显式为主、兼顾隐式的非线性动力有限元分析程序。LS - DYNA 的隐式时间积分不考虑惯性效应([C] 和 [M]),在 $t+\Delta t$ 时计算平均加速度,是将模拟速度在有限元显式算法中对时间变量进行离散,并采用中心差分法来进行时间积分。在已知 $0,\cdots,t$ 时间步解的情况下,假设在 t 时刻有一时间增量 Δt,在 t 时刻的加速度定义为

$$a(t_n)=M^{-1}\left[P(t_n)-F^{\text{int}}(t_n)\right] \tag{7-3}$$

式中,$P(t_n)$ 为第 n 个时间步结束时刻 t_n 结构上所施加的节点外力向量(包括分布载荷经转化的等效节点力);F^{int} 为 t_n 时刻内力矢量,它由下面几项构成:

$$F^{\text{int}}=\int_{\Omega}\boldsymbol{B}^{\text{T}}\boldsymbol{\sigma}\,\mathrm{d}\Omega+F^{\text{hg}}+F^{\text{contact}}$$

上式右边的三项式依次为:t_n 时刻单元应力场等效节点力(相当于动力平衡方程的内办项),沙漏阻力(为克服节点高斯积分引起的沙漏问题而引起的黏性力),以及接触力矢量,其中,$\boldsymbol{B}$ 是单元应变转换矩阵,$\boldsymbol{\sigma}$ 是单元应力矩阵,Ω 是单元域。

由加速度的中心差分法,可得 $t+\Delta t/2$ 的速度和位移

$$\dot{u}_{t+\Delta t}=\dot{u}_{t-\Delta t/2}+\ddot{u}_t\Delta t_t \tag{7-4}$$

$$u_{t+\Delta t}=u_t+\dot{u}_{t+\Delta t/2}\Delta t_{t+\Delta t/2} \tag{7-5}$$

$$\Delta t_{t+\Delta t/2}=0.5(\Delta t_t+\Delta t_{t+\Delta t}) \tag{7-6}$$

由式(7-4)、式(7-5)及式(7-6)可实现在初始几何状态 $\{x_0\}$ 上增加位移增量来改变几何形状：

$$x_{t+\Delta t} = x_0 + u_{t+\Delta t} \qquad (7-7)$$

对于非线性分析，显式算法有如下基本特点。

(1) 块质量矩阵须简单转置。

(2) 方程非耦合，可以直接求解(显式)。

(3) 无须转置刚度矩阵，所有非线性(包括接触)都包含在内力矢量中。

(4) 内力计算是主要的计算部分。

(5) 无须收敛检查。

(6) 保持稳定状态需要小的时间步。

关于算法的稳定性，对于隐式时间积分，当为线性问题时，时间步长可以任意取大(稳定)；而非线性问题，时间步长由于收敛困难而变小。对于显式时间积分，保证收敛的临界时必须满足以下方程：

$$\Delta t \leqslant \Delta t_{cr} = \frac{2}{\omega_{max}} \qquad (7-8)$$

式中，Δt_{cr} 为收敛时间；ω_{max} 为系统的最高固有振动频率。由系统中最小单元的特征方程 $|\boldsymbol{K}^e - \omega^e \boldsymbol{M}^e| = 0$ 得到，$\boldsymbol{K}$ 为非线性刚度矩阵，ω 为系统的固有振动频率，M 为系统质量。为保证收敛，LS-DYNA采用变步长积分法，每一时刻的积分步长由当前构形网格中的最小单元决定。由于时间步小，显式分析仅仅对瞬态问题有效。

2. LS-PREPOST常用操作及主菜单功能主要按钮

1) LS-PREPOST常用的鼠标操作

(1) 旋转模型：Ctrl+Shift+鼠标左键。

(2) 缩放模型：Ctrl+Shift+鼠标中键。

(3) 平移模型：Ctrl+Shift+鼠标右键。

2) 主菜单功能主要按钮

(1) Splitw按钮：将图形窗口划分为多个子窗口显示。

(2) Output按钮：将模型和结果数据输出到文件。

(3) SelPar按钮：PART选择及模型信息描述。

(4) Fcomp按钮：系统构成选择，各种应力、应变、密度、能量、压力等数据的条纹的显示。

(5) Measure按钮：距离、面积、体积等数据的测量。

(6) FLD按钮：成形极限图观察。

(7) State按钮：模型状态列表选择。

(8) History按钮：时程曲线绘制。

3) 图形控制区功能介绍

(1) Bcolr按钮：背景色黑白互换。

(2) Triad按钮：坐标轴开关。

(3) Title按钮：标题开关。

7.3 筒形件拉深有限元模拟分析

7.3.1 筒形件拉深模具及材料参数

厚度为 2mm，材料为 08AL，圆毛坯直径为 115mm ，运用 ANSYS/LS－DYNA 软件进行拉深成带凸缘的圆筒形件过程的有限元分析。分析实例的模具结构参数见图 3.20，板料参数见表 3－1。求解圆板毛坯冲压成形过程与应力及厚度分布等。

7.3.2 交互式操作分析

1. 启动 ANSYS 软件

（1）以交互模式（GUI 模式）进入 ANSYS，在 License 栏中选择 LS－DYNA。

（2）选择 File Management 对话框，在总路径下面为新工程建立一个子路径 ANSYS/Deepdrawing/Cylinder ，工作文件名取为 Cylinder。

（3）其他选项保持 MEI 认值，单击 Run 按钮进入 ANSYS 10.0 操作界面。

2. 设定标题

选择菜单 Utility Menu｜File｜ Change Jobmame…，弹出 Change Jobmame 对话框，输入 CYLINDERANALYSIS，在 New log and error files? 中选择 Yes，如图 7.4 所示。单击 OK 按钮确认并关闭对话框。

3. 定义单元类型

（1）选择 Main Menu｜Preprocessor｜Element Type｜Add/Edit/Delete 选项，弹出 Element Types 对话框，如图 7.5 所示。

图 7.4 设置标题

图 7.5 Element Types 对话框

（2）单击 Add... 按钮，弹出 Library of Element Types 对话框，选择 Shell 163，如图 7.6 所示。

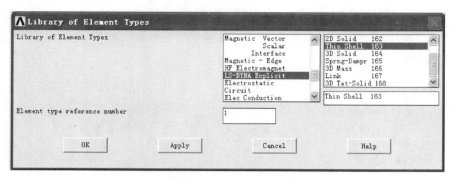

图 7.6　Library of Element Types 对话框

（3）单击 OK 按钮。回到 Element Types 对话框，如图 7.7 所示。

（4）单击 Options... 按钮，弹出 SHELL163 element type options 对话框，如图 7.8 所示。

图 7.7　Element Types 对话框

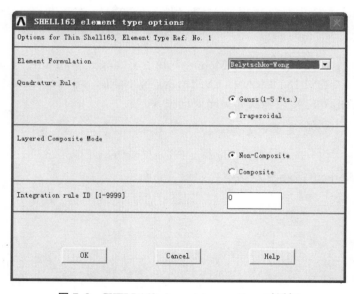

图 7.8　SHELL163 element type options 对话框

（5）单击 OK 按钮，返回到 Element Types 对话框，单击 Close 按钮，完成对单元的设置。

4. 定义实常数

（1）选择 Main Menu | Preprocessor | Real Constants 选项，弹出 Real Constants 对话框，如图 7.9 所示。

（2）单击 Add... 按钮，弹出 Element Type for R... 对话框，如图 7.10 所示。

图 7.9　**Real Constants 对话框**　　　　图 7.10　**Element Type for R... 对话框**

（3）选择 SHELL163，单击 OK 按钮，弹出 Real Constant Set Number 1，for THIN SHELL163 对话框，如图 7.11 所示。

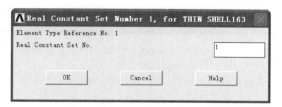

图 7.11　**Real Constant Set Number 1，for THIN SHELL163 对话框**

（4）单击 OK 按钮，弹出另一个 Real Constant Set Number 1，for THIN SHELL163 对话框，在 SHRF 文本框中输入 5/6，在 NIP 文本框中输入 5，在 T1 文本框中输入 0.002，如图 7.12 所示。

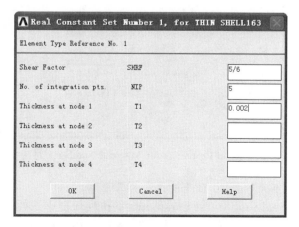

图 7.12　**Real Constant Set Number 1，for THIN SHELL163 对话框**

（5）单击 OK 按钮，回到 Real Constants 对话框，单击 Close 按钮，完成实常数的设置，并退出 Real Constants 对话框。

5．定义材料模型

（1）选择 Main Menu｜Preprocessor｜Material Props｜Material Models 选项，弹出 Define Material Model Behavior 对话框，选择 LS－DYNA｜Rigid Material 选项，如图 7.13所示。

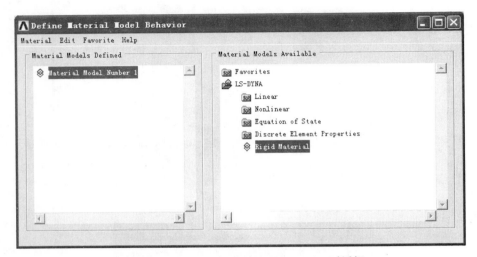

图 7.13　Define Material Model Behavior 对话框

（2）双击 Rigid Material 选项，弹出 Rigid Properties for Material Number 1 对话框，如图 7.14 所示。

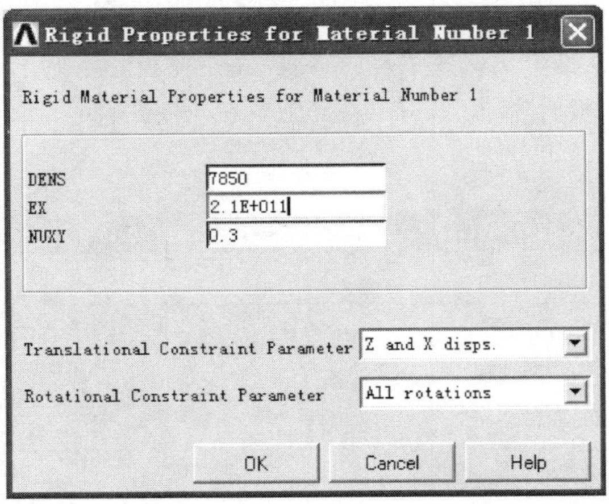

图 7.14　Rigid Properties for Material Number 1 对话框

在 DENS 文本框中输入 7850，在 EX 文本框中输入 2.1E＋011，在 NUXY 文本框中输入 0.3。在 Translational Constraint Parameter 下拉列表框中选择 Z and X disps，在 Rotational Constraint Parameter 下拉列表框中选择 All rotations，如图 7.14 所示。

（3）单击 OK 按钮，回到 Define Material Model Behavior 对话框，选择 Edit｜Copy 选项，弹出 Copy Material Model 对话框，在 to Material number 文本框中输入 2，如图 7.15 所示。

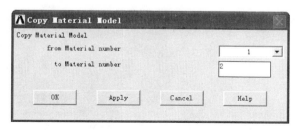

图 7.15　Copy Material Model 对话框

（4）单击 OK 按钮，回到 Define Material Model Behavior 对话框，显示的 Material Model Number 1 和 Material Model Number 2 具有相同的材料特性，且都是 Rigid Material，如图 7.16所示。

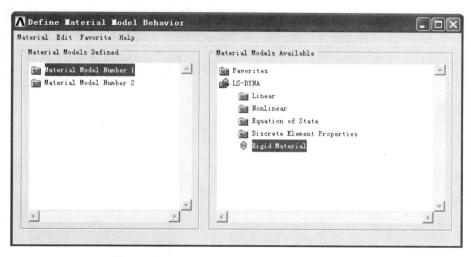

图 7.16　Define Material Model Behavior 对话框

（5）在 Define Material Model Behavior 对话框中，选择 Material｜New Model 选项，弹出 Define Material ID 对话框，在 Define Material ID 文本框中输入 3，如图 7.17 所示。

（6）单击 OK 按钮，回到 Define Material Model Behavior 对话框，在对话框右边选择 LS‑DYNA｜NonLinear｜Inelastic｜Isotropic Hardening｜Bilinear Isotropic 选项，如图 7.18 所示。

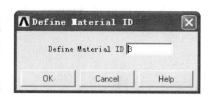

图 7.17　Define Material ID 对话框

（7）双击 Bilinear Isotropic 选项，弹出 Bilinear Isotropic Properties for Mate… 对话框，在 DENS 文本框中输入 7850，在 EX 文本框中输入 2.068E＋011，在 NUXY 文本框中输入 0.3，在 Yield Stress 文本框中输入 1.103E＋008，在 Tangent Modulus 文本框中输

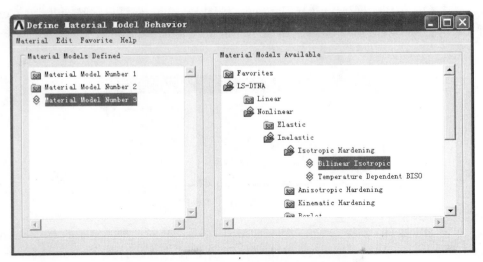

图 7.18　Define Material Model Behavior 对话框

入 5.37E+008，如图 7.19 所示。

（8）单击 OK 按钮，回到 Define Material Model Behavior 对话框，选择 Material｜New Model 选项，弹出 Define Material ID 对话框，在 Define Material ID 文本框中输入 4，如图 7.20 所示。

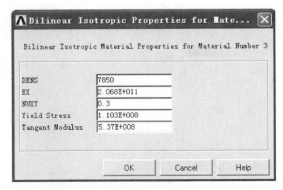

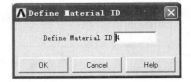

图 7.19　Bilinear Isotropic Properties for Mate... 对话框　　图 7.20　Define Material ID 对话框

（9）单击 OK 按钮，再回到 Define Material Model Behavior 对话框。

（10）双击 Rigid Material 选项，弹出 Rigid Properties for Material Number 4 对话框，在 DENS 文本框中输入 7850，在 EX 文本框中输入 2.1E+011，在 NUXY 文本框中输入 0.3，在 Translational Constraint Parameter 下拉菜单中选择 All disps，在 Rotational Constraint Parameter 下拉菜单中选择 All rotations，如图 7.21 所示。

（11）单击 OK 按钮，回到 Define Material Model Behavior 对话框。此时，Material Model Number 1(凸模)，Material Model Number 2(压边圈)，Material Model Number 3 (板坯)，Material Model Number 4(凹模)的材料特性全部列出，如图 7.22 所示。

（12）选择 Material｜Exit 选项，退出 Define Material Model Behavior 对话框。

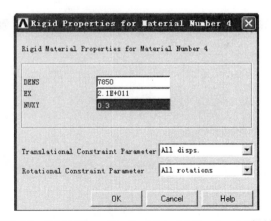

图 7.21　**Rigid Properties for Material Number 4** 对话框

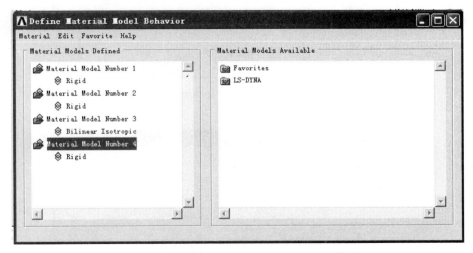

图 7.22　**Define Material Model Behavior** 对话框

6. 定义 Shell 单元属性

(1) 选择 Main Menu | Preprocessor | Shell Elem Ctrls 选项,弹出 Shell Elem Ctrls 对话框,如图 7.23 所示。

(2) 单击 OK 按钮,退出 Shell Elem Ctrls 对话框。

7. 建立几何模型

(1) 选择 Main Menu | Preprocessor | Modeling | Create | Keypoints | In Active CS 选项,弹出 Create Keypoints in Active Coordinate System 对话框,在 NPT Keypoint number 文本框中输入 1,在 X,Y,Z Location in active CS 文本框依次输入 0,0.064,0,如图 7.24 所示。

(2) 单击 Apply 按钮,在 NPT Keypoint number 文本框中输入 2,在 X,Y,Z Location in active CS 文本框中依次输入-0.0204,0.064,0。

(3) 单击 Apply 按钮,在 NPT Keypoint number 文本框中输入 3,在 X,Y,Z Loca-

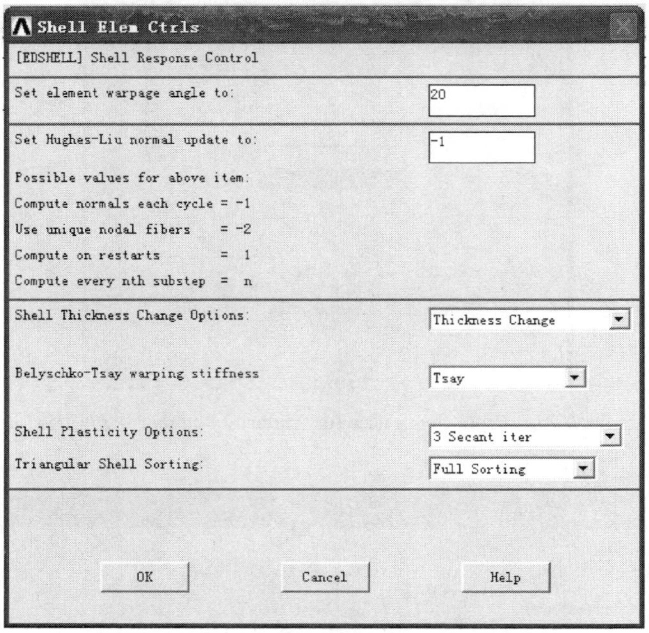

图 7. 23　Shell Elem Ctrls 对话框

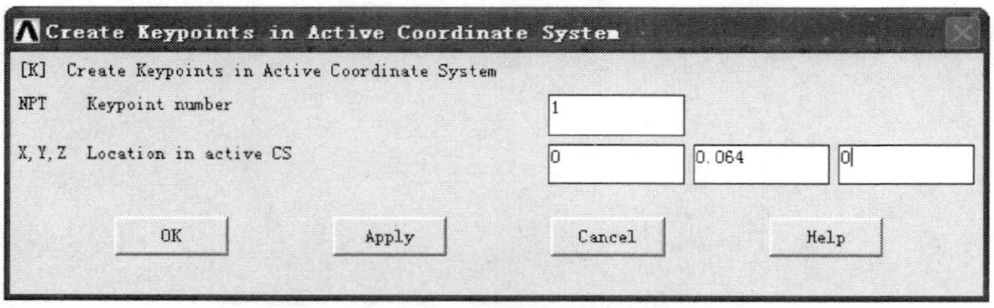

图 7. 24　Create Keypoints in Active Coordinate System 对话框

tion in active CS 文本框中依次输入－0.0204，0.12，0。

（4）单击 Apply 按钮，在 NPT Keypoint number 文本框中输入 4，在 X，Y，Z Location in active CS 文本框中依次输入－0.0575，0.064，0。

（5）单击 Apply 按钮，在 NPT Keypoint number 文本框中输入 5，在 X，Y，Z Location in active CS 文本框中依次输入－0.0225，0.064，0。

（6）单击 Apply 按钮，在 NPT Keypoint number 文本框中输入 6，在 X，Y，Z Location in active CS 文本框中依次输入－0.0575，0.062，0。

（7）单击 Apply 按钮，在 NPT Key point number 文本框中输入 7，在 X，Y，Z Location in active CS 文本框中依次输入 0，0.062，0。

（8）单击 Apply 按钮，在 NPT Keypoint number 文本框中输入 8，在 X，Y，Z Location in active CS 文本框中依次输入－0.0575，0.06，0。

（9）单击 Apply 按钮，在 NPT Keypoint number 文本框中输入 9，在 X，Y，Z Location in active CS 文本框中依次输入－0.0245，0.06，0。

（10）单击 Apply 按钮，在 NPT Keypoint number 文本框中输入 10，在 X，Y，Z Location in active CS 文本框中依次输入－0.0245，0，0。

（11）单击 Apply 按钮，在 NPT Keypoint number 文本框中输入 11，在 X，Y，Z Location in active CS 文本框中依次输入 0，0，0。

（12）单击 Apply 按钮，在 NPT Keypoint number 文本框中输入 12，在 X，Y，Z Location in active CS 文本框中依次输入 0，0.14，0。

（13）单击 OK 按钮，退出 Create Keypoints in Active Coordinate System 对话框。

（14）选择 Main Menu | Preprocessor | Modeling | Create | Lines | Straight line 选项，弹出 Create Straight... 对话框，如图 7.25 所示。

（15）在图形窗口中选择关键点 1，2，单击 Apply 按钮。

（16）在图形窗口中选择关键点 2，3，单击 Apply 按钮。

（17）在图形窗口中选择关键点 4，5，单击 Apply 按钮。

（18）在图形窗口中选择关键点 6，7，单击 Apply 按钮。

（19）在图形窗口中选择关键点 8，9，单击 Apply 按钮。

（20）在图形窗口中选择关键点 9，10，单击 OK 按钮，退出 Create Straight... 对话框。

（21）选择 Utility Menu | PlotCtrls | Numbering 选项，弹出 Plot Numbering Controls 对话框，在 LINE Line numbers 复选框中选中 On，如图 7.26 所示。

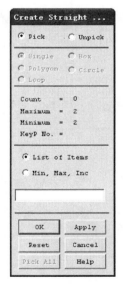

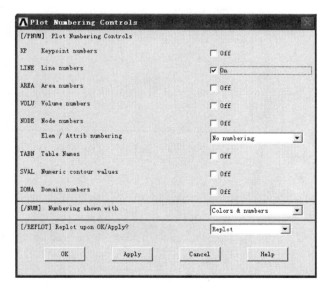

图 7.25　Create Straight... 对话框　　**图 7.26　Plot Numbering Controls 对话框**

（22）选择 Utility Menu | Plot | Lines 选项，线条显示如图 7.27 所示。

（23）选择 Main Menu | Preprocessor | Modeling | Create | Lines | Line Fillet 选项，弹出 Line Fillet 对话框，如图 7.28 所示。

（24）在图形窗口中选择 L1 和 L2，单击 Apply 按钮，弹出另一个 Line Fillet 对话框，在 RAD Fillet radius 文本框中输入 0.004，如图 7.29 所示。

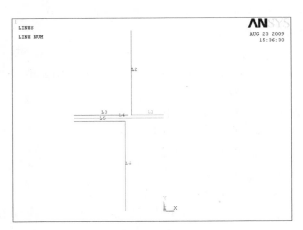

图 7.27 线条显示

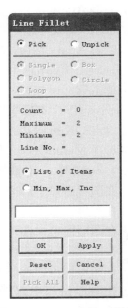

图 7.28 Line Fillet 对话框

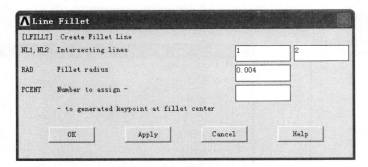

图 7.29 Line Fillet 对话框

（25）单击 Apply 按钮，选择 L5 和 L6，单击 OK 按钮，回到 Line Fillet 对话框。在 RAD Fillet radius 文本框中输入 0.0045，如图 7.30 所示。

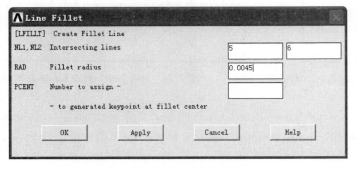

图 7.30 Line Fillet 对话框

（26）单击 OK 按钮，退出 Line Fillet 对话框。

（27）选择 Main Menu｜Preprocessor｜Modeling｜Create｜operate｜Lines｜About Axis 选项，弹出 Sweep Lines abou... 对话框，如图 7.31 所示。

（28）在图形窗口中选择 L1，单击 Apply 按钮，在图形窗口中选择关键点 11，12，单击 Apply 按钮，弹出 Sweep Lines About Axis 对话框，在 ARC Arc length in degrees 文本框中输入 360，如图 7.32 所示。

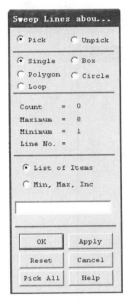

图 7.31　Sweep Lines abou... 对话框

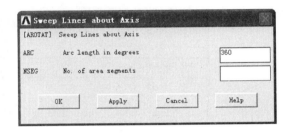

图 7.32　Sweep Lines About Axis 对话框

（29）单击 Apply 按钮，在图形窗口中选择 L7，单击 Apply 按钮，在图形窗口中选择关键点 11，12，单击 Apply 按钮，弹出 Sweep Lines About Axis 对话框，在 ARC Arc length in degrees 文本框中输入 360。

（30）单击 Apply 按钮，在图形窗口中选择 L2，单击 Apply 按钮，在图形窗口中选择关键点 11，12，单击 Apply 按钮，弹出 Sweep Lines About Axis 对话框，在 ARC Arc length in degrees 文本框中输入 360。

（31）单击 Apply 按钮，在图形窗口中选择 L3，单击 Apply 按钮，在图形窗口中选择关键点 11，12，单击 Apply 按钮，弹出 Sweep Lines About Axis 对话框，在 ARC Arc length in degrees 文本框中输入 360。

（32）单击 Apply 按钮，在图形窗口中选择 L4，单击 Apply 按钮，在图形窗口中选择关键点 11，12，单击 Apply 按钮，弹出 Sweep Lines About Axis 对话框，在 ARC Arc length in degrees 文本框中输入 360。

（33）单击 Apply 按钮，在图形窗口中选择 L5，单击 Apply 按钮，在图形窗口中选择关键点 11，12，单击 Apply 按钮，弹出 Sweep Lines About Axis 对话框，在 ARC Arc length in degrees 文本框中输入 360。

（34）单击 Apply 按钮，在图形窗口中选择 L8，单击 Apply 按钮，在图形窗口中选择关键点 11，12，单击 Apply 按钮，弹出 Sweep Lines About Axis 对话框，在 ARC Arc length in degrees 文本框中输入 360。

（35）单击 Apply 按钮，在图形窗口中选择 L6，单击 Apply 按钮，在图形窗口中选择关键点 11，12，单击 Apply 按钮，弹出 Sweep Lines About Axis 对话框，在 ARC Arc length in degrees 文本框中输入 360。

（36）单击 OK 按钮，退出 Sweep Lines About Axis 对话框。

（37）选择 Utility Menu | PlotCtrls | Numbering 选项，弹出 Plot Numbering Controls 对话框，在 AREA Areas numbers 复选框中选中 On，如图 7.33 所示。

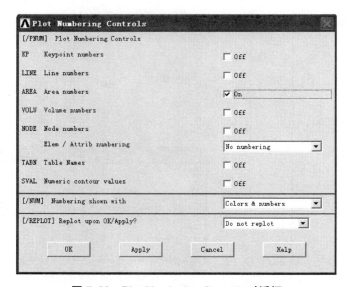

图 7.33　Plot Numbering Controls 对话框

（38）单击 OK，退出 Plot Numbering Controls 对话框。选择 Utility Menu | Plot | Areas 选项，图形窗口就显示如图 7.34 所示的圆筒形件拉深几何模型，模型中上到下依次是凸模、压边圈、板坯和凹模。

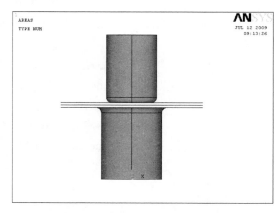

图 7.34　圆筒形件拉深几何模型

8. 网格划分

（1）选择 Main Menu | Preprocessor | Modeling | Move/Modify | Areas 选项，弹出 Move Areas 对话框，选中 Pick 和 Box 单选按钮，如图 7.35 所示。

（2）在图形窗口中选定凹模，单击 Apply 按钮，弹出另一个 Move Areas 对话框，在 DY Y-offset in active CS 文本框中输入－0.9，如图 7.36 所示。

图 7.35　Move Areas 对话框

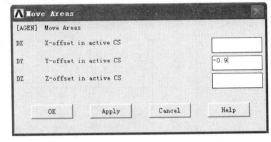

图 7.36　Move Areas 对话框

（3）单击 Apply 按钮，在图形窗口中选定板坯，在 DY Y-offset in active CS 文本框中输入－0.6。

（4）单击 Apply 按钮，在图形窗口中选定压边圈，在 DY Y-offset in active CS 文本框中输入－0.3。

（5）单击 OK 按钮，退出 Move Areas 对话框，此时模具中移位后的凸模、压边圈、板坯和凹模位置如图 7.37 所示。

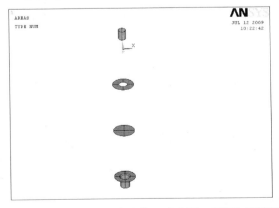

图 7.37　模具中移位后的凸模、压边圈、板坯和凹模位置

（6）选择菜单 Utility Menu | PlotCtrls | Numbering 选项，弹出 Plot Numbering Controls 对话框，在 LINE Line numbers 复选框中选中 On。

（7）单击 OK，选择 Utility Menu | Plot | Lines 选项，图形窗口就显示出线框模型。

（8）选择 Main Menu | Preprocessor | Meshing | Size Cntrl | ManualSize | Lines | Picked Lines 选项，弹出 Element Size on... 对话框，如图 7.38 所示。

（9）在 Element Size on... 对话框中选中 Pick 和 Box 单选按钮，在图形窗口中选定所有凸模中的线条。

（10）单击 Apply 按钮，弹出 Element Sizes on Picked Lines 对话框，在 NDIV No. of element divisions 文本框中输入 20，如图 7.39 所示。

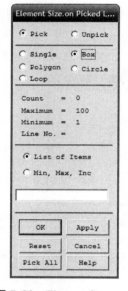
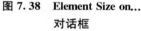

图 7.38　Element Size on...
对话框

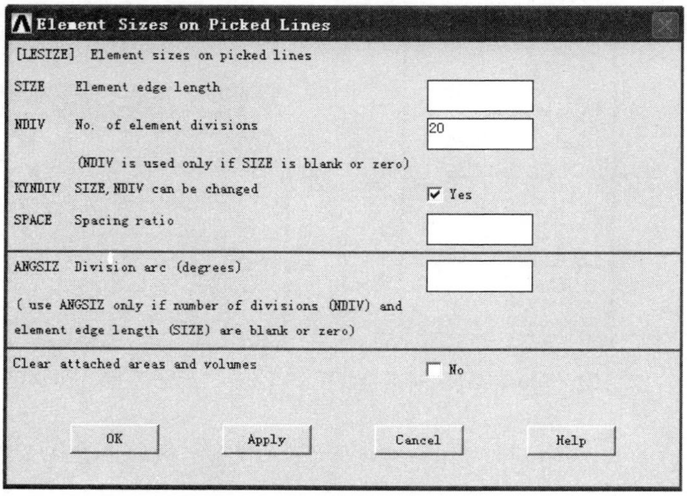

图 7.39　Element Sizes on Picked Lines 对话框

（11）单击 Apply 按钮，在图形窗口中选定凸模中的线条 L7，L16，L17，L18（这些线条均因为凸底部圆角线条），单击 Apply 按钮，弹出 Element Sizes on Picked Lines 对话框，在 NDIV No. of element divisions 文本框中输入 5。

注意：由于凸模中线条较多，各线条长短不一，先全部框选，然后局部的地方重新修改选择较方便。

（12）单击 Apply 按钮，此时凸模的网格尺寸大小划分完毕。

（13）在图形窗口中选定所有压边圈的线条，单击 Apply 按钮，弹出 Element Sizes on Picked Lines 对话框，在 NDIV No. of element divisions 文本框中输入 40。

（14）单击 Apply 按钮，此时压边圈的网格尺寸大小划分完毕。

（15）在图形窗口中选定所有板坯线条，单击 Apply 按钮，弹出 Element Sizes on Picked Lines 对话框，在 NDIV No. of element divisions 文本框中输入 50。

（16）单击 Apply 按钮，此时板坯的网格尺寸大小划分完毕。

（17）在图形窗口中选定所有凹模的线条，单击 Apply 按钮，弹出 Element Sizes on

Picked Lines 对话框，在 NDIV No. of element divisions 文本框中输入 16。

（18）单击 OK 按钮，在图形窗口中选定凹模中的 18，L76，L68，L69，单击 Apply 按钮，弹出 Element Sizes on Picked Lines 对话框，在 NDIV No. of element divisions 文本框中输入 5。

（19）单击 OK 按钮，此时凹模网格尺寸大小划分完毕。

（20）选择 Main Menu | Preprocessor | Meshing | Mesh Attributes | Default Attribs 选项，弹出 Meshing Attributes 对话框，如图 7.40 所示。

（21）在［MAT］Material number 下拉列表框中选定 1（此为凸模），单击 OK 按钮。

（22）选择 Main Menu | Preprocessor | Meshing | Mesh | Areas | Mapped | 3or4Sided 选项，弹出 Mesh Areas 对话框，选中 Pick 和 Box 单选按钮，如图 7.41 所示。

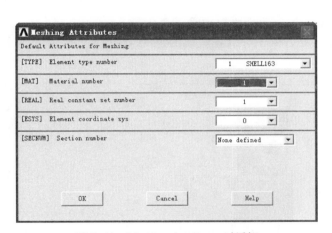

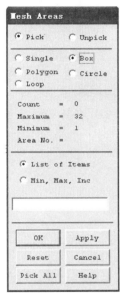

图 7.40　Meshing Attributes 对话框
图 7.41　Mesh Areas 对话框

（23）在图形窗口中框选定凸模，单击 OK 按钮。此时凸模网格划分完成。

（24）选择 Main Menu | Preprocessor | Meshing | Mesh Attributes | Default Attribs 选项，弹出 Meshing Attributes 对话框。

（25）在［MAT］Material number 下拉列表框中选定 2（此为压边圈），单击 OK 按钮。

（26）选择 Main Menu | Preprocessor | Meshing | Mesh | Areas | Mapped | 3or4Sided 选项，弹出 Mesh Areas 对话框，选中 Pick 和 Box 单选按钮。

（27）在图形窗口中框选定压边圈，单击 OK 按钮，此时压边圈网格划分完成。

（28）选择 Main Menu | Preprocessor | Meshing | Mesh Attributes | Default Attribs 选项，弹出 Meshing Attributes 对话框。

（29）在［MAT］Material number 下拉列表框中选定 3（此为板坯），单击 OK 按钮。

（30）选择 Main Menu | Preprocessor | Meshing | Mesh | Areas | Mapped | 3or4Sided 选项，弹出 Mesh Areas 对话框，选中 Pick 和 Box 单选按钮。

（31）在图形窗口中框选定板坯，单击 OK 按钮，此时板坯网格划分完成。

（32）选择 Main Menu｜Preprocessor｜Meshing｜Mesh Attributes｜Default Attribs 选项，弹出 Meshing Attributes 对话框。

（33）在［MAT］Material number 下拉列表框中选定 4（此为凹模），单击 OK 按钮。

（34）选择 Main Menu｜Preprocessor｜Meshing｜Mesh｜Areas｜Mapped｜3or4Sided 选项，弹出 Mesh Areas 对话框，选中 Pick 和 Box 单选按钮。

（35）在图形窗口中框选定凹模，单击 OK 按钮，此时凹模网格划分完成。

（36）选择 Main Menu｜Preprocessor｜Modeling｜Move/Modify｜Areas 选项，弹出 Move Areas 对话框，选中 Pick 和 Box 单选按钮。

（37）在图形窗口中框选定压边圈，单击 Apply 按钮，弹出另一个 Move Areas 对话框，在 DY Y‐offset in active CS 文本框中输入 0.3。

（38）单击 Apply 按钮，在图形窗口中框选定板坯，单击 Apply 按钮，弹出另一个 Move Areas 对话框，在 DY Y‐offset in active CS 文本框中输入 0.6。

（39）单击 Apply 按钮，在图形窗口中框选定凹模，单击 OK 按钮，弹出另一个 Move Areas 对话框，在 DY Y‐offset in active CS 文本框中输入 0.9。

（40）单击 OK 按钮，退出 Move Areas 对话框。此时网格划分后的模具如图 7.42 所示。

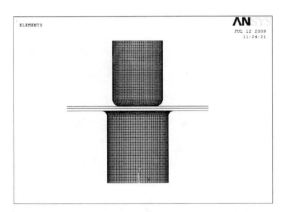

图 7.42　网格划分后的模具

9. 生成 PART

（1）选择 Main Menu｜Preprocessor｜LS‐DYNA Options｜Parts Option 选项，弹出 Parts Date Written for LS‐DYNA 对话框，如图 7.43 所示。

（2）选择 Create all Parts 单选按钮，单击 OK 按钮，弹出 EDPART Command 对话框，如图 7.44 所示。从对话中选择 File｜Close 选项，关闭 EDPART Command 对话框。

注意：在 EDPART Command 对话框中，PART 下面的 1、2、3、4 分别代表凸模、压边圈、毛坯和凹模，它们是由 MAT 来区分的，同时可以看出，凸模单元数为 3200 个，压边圈单元数为 6400 个，毛坯单元数为 7500 个，凹模单元数为 2368 个。

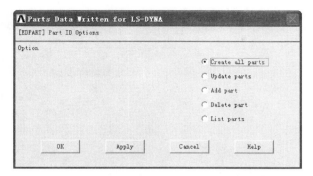

图 7.43　Parts Date Written for LS－DYNA 对话框

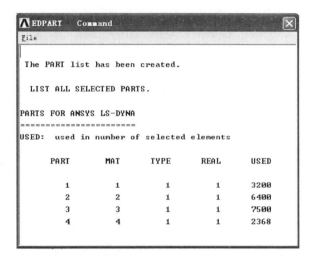

图 7.44　EDPART Command 对话框

10. 定义接触

（1）选择 Main Menu│Preprocessor│LS－DYNA Options│Contact│Define Contact 选项，弹出 Contact Parameter Definitions 对话框。

（2）选取 Surface to Surf│Forming(FSTS)选项。

（3）在 Static Friction Coefficient(静态摩擦因数)文本框中输入 0.2。

（4）在 Dynamic Friction Coefficient(动态摩擦因数)文本框中输入 0.1。

（5）在 Viscous Damping Coefficient 文本框中输入 10，如图 7.45 所示。

（6）单击 OK 按钮，弹出 Contact Options 对话框。

（7）在 Contact Component or Part no. 下拉列表框中选取 3(此为板坯)，在 Target Component or Part no. 下拉列表框中选取 1(此为凸模)，如图 7.46 所示。

（8）单击 Apply 按钮，回到 Contact Parameter Definitions 对话框。

（9）单击 OK 按钮，弹出 Contact Options 对话框。

（10）在 Contact Component or Part no. 下拉列表框中选取 3(此为板坯)，在 Target Component or Part no. 下拉列表框中选取 2(此为压边圈)。

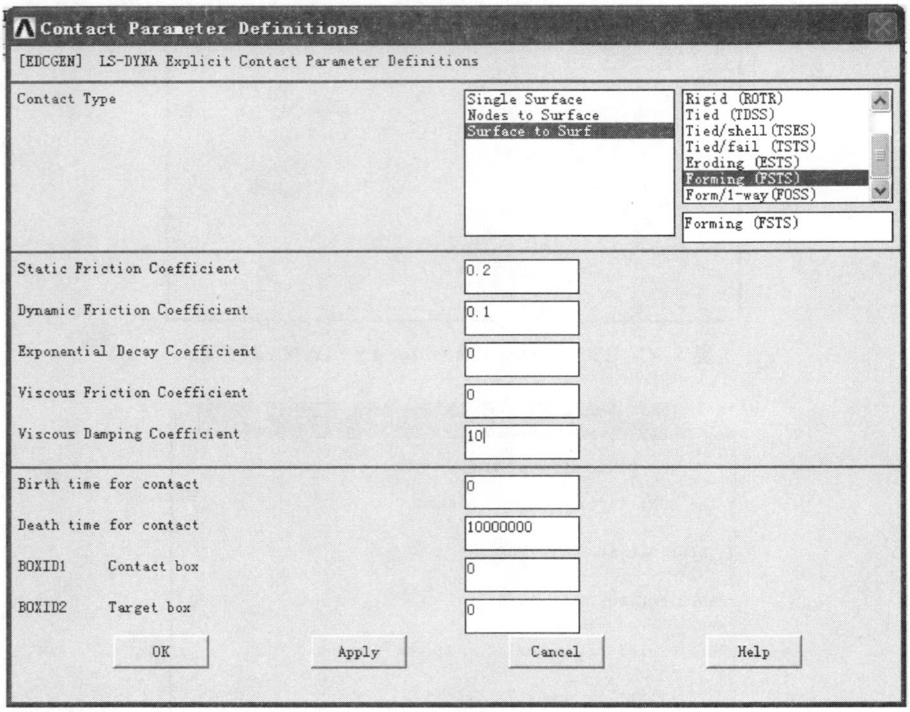

图 7.45 Contact Parameter Definitions 对话框

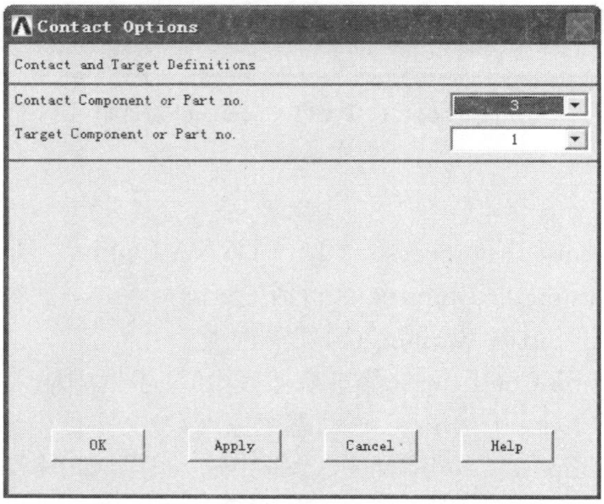

图 7.46 Contact Options 对话框

(11) 单击 OK 按钮，回到 Contact Parameter Definitions 对话框。

(12) 单击 OK 按钮，弹出 Contact Options 对话框。

(13) 在 Contact Component or Part no. 下拉列表框中选取 3(此为板坯)，在 Target Component or Part no. 下拉列表框中选取 4(此为凹模)。

(14) 单击 OK 按钮，退出 Contact Options 对话框。完成所有的接触定义。

11. 施加载荷

（1）选择 Utility Menu | Parameters | Array Parameters | Define/Edit 选项，弹出 Array Parameters 对话框，如图 7.47 所示。

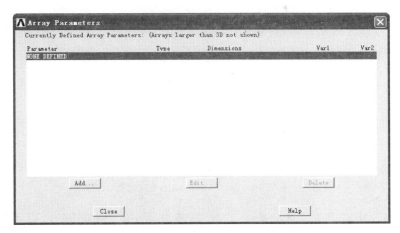

图 7.47　Array Parameters 对话框

（2）单击 Add... 按钮，弹出 Add New Array Parameter 对话框，在 Par Parameter name 文本框中输入 time，I，J，K No. of rows，cols，planes 文本框中分别输入 27，1，1，如图 7.48所示。

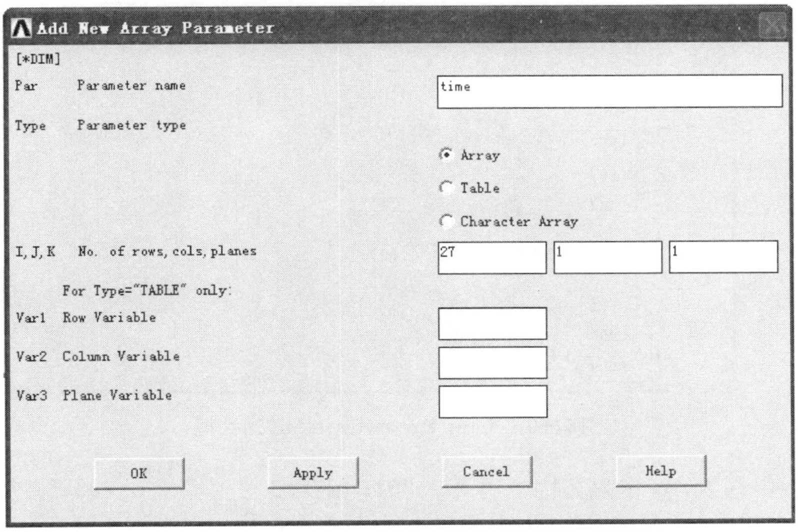

图 7.48　Add New Array Parameter 对话框

（3）单击 Apply 按钮，在 Par Parameter name 文本框中输入 deflection，在 I，J，K No. of rows，cols，planes 文本框中分别输入 27，1，1。

（4）单击 Apply 按钮，在 Par Parameter name 文本框中输入 press，在 I，J，K No. of rows，cols，planes 文本框中处分别输入 27，1，1。

（5）单击 OK 按钮，回到 Array Parameters 对话框，如图 7.49 所示。

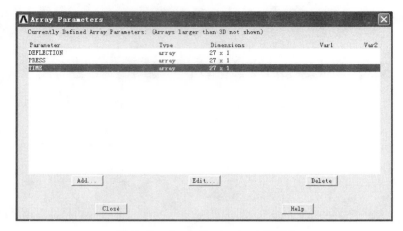

图 7.49 **Array Parameters** 对话框

（6）选择 TIME 选项，单击 Edit... 按钮，弹出 Array Parameters TIME 对话框，如图 7.50 所示。

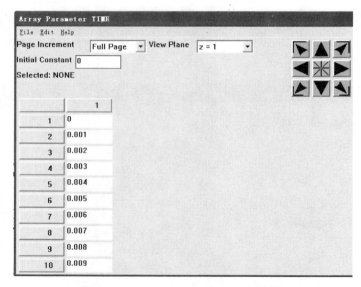

图 7.50 **Array Parameter TIME** 对话框

在第 1 栏中输入 0；在第 2 栏中输入 0.001；在第 3 栏中输入 0.002；在第 4 栏中输入 0.003；在第 5 栏中输入 0.004；在第 6 栏中输入 0.005；在第 7 栏中输入 0.006；在第 8 栏中输入 0.007；在第 9 栏中输入 0.008；在第 10 栏中输入 0.009；在第 11 栏中输入 0.01；在第 12 栏中输入 0.011；在第 13 栏中输入 0.012；在第 14 栏中输入 0.013；在第 15 栏中输入 0.014；在第 16 栏中输入 0.015；在第 17 栏中输入 0.016；在第 18 栏中输入 0.017；在第 19 栏中输入 0.018；在第 20 栏中输入 0.019；在第 21 栏中输入 0.02；在第 22 栏中输入 0.021；在第 23 栏中输入 0.022；在第 24 栏中输入 0.023；在第 25 栏中输入

0.024；在第 26 栏中输入 0.025；在第 27 栏中输入 0.026。

（7）选择 File | Apply/Quit 选项，回到 Array Parameters 对话框。

（8）选择 PRESS 选项，单击 Edit... 按钮，弹出 Array Parameter PRESS 对话框，如图 7.51 所示，从第 1 栏中一直到第 27 栏都输入−1500。

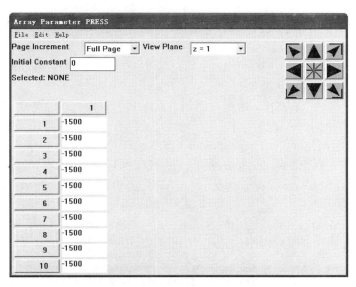

图 7.51 Array Parameter PRESS 对话框

（9）选择 File | Apply/Quit 选项，回到 Array Parameters 对话框。

（10）选择 DEFLECTION 选项，单击 Edit... 按钮，弹出 Array Parameter DEFLEC-TION 对话框，如图 7.52 所示。

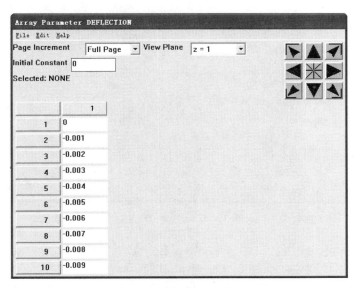

图 7.52 Array Parameter DEFLECTION 对话框

在第 1 栏中输入 0；在第 2 栏中输入－0.001；在第 3 栏中输入－0.002；在第 4 栏中输入－0.003；在第 5 栏中输入－0.004；在第 6 栏中输入－0.005；在第 7 栏中输入－0.006；在第 8 栏中输入－0.007；在第 9 栏中输入－0.008；在第 10 栏中输入－0.009；在第 11 栏中输入－0.01；在第 12 栏中输入－0.011；在第 13 栏中输入－0.012；在第 14 栏中输入－0.013；在第 15 栏中输入－0.014；在第 16 栏中输入－0.015；在第 17 栏中输入－0.016；在第 18 栏中输入－0.017；在第 19 栏中输入－0.018；在第 20 栏中输入－0.019；在第 21 栏中输入－0.02；在第 22 栏中输入－0.021；在第 23 栏中输入－0.022；在第 24 栏中输入－0.023；在第 25 栏中输入－0.024；在第 26 栏中输入－0.025；在第 27 栏中输入－0.026。

（11）选择 File｜Apply/Quit 选项，回到 Array Parameters 对话框，单击 Close 按钮，退出。

（12）选择 Main Menu｜Preprocessor｜LS－DYNA Options｜Loading Option｜Specify Loads 选项，弹出 Specify Loads ForLS－DYNA Explicit 对话框，在 Load Labels 栏中选择 RBUY，在 Component name or PART number：下拉列表框中选择 1（此为凸模）。

（13）在 Parameter name for time values：下拉列表框中选择 TIME，在 Parameter name for date values：下拉列表框中选择 DEFLECTION，如图 7.53 所示。

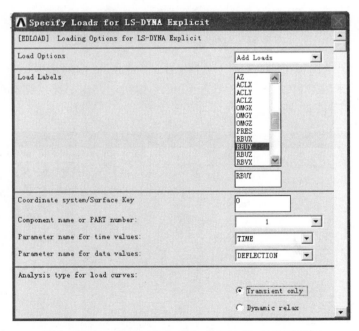

图 7.53 Specify Loads for LS－DYNA Explicit 对话框

（14）单击 Apply 按钮，在 Load Labels 栏中选择 RBFY，在 Component name or PART number：下拉列表框中选择 2（此为压边圈）。

（15）在 Parameter name for time values：下拉列表框中选择 TIME，在 Parameter name for date values：下拉列表框中选择 PRESS，如图 7.54 所示。单击 OK 按钮，退出

Specify Loads For LS‐DYNA Explicit 对话框，完成凸模和压边圈的加载。

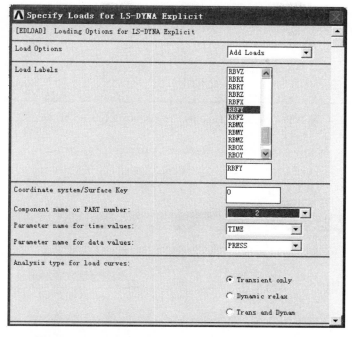

图7.54 Specify Loads For LS‐DYNA Explicit 对话框

12. 求解

（1）选择 Main Menu | Solution | Analysis Options | Energy Options 选项，弹出 Energy Options 对话框，如图7.55所示。

（2）单击 OK 按钮，退出 Energy Options 对话框。

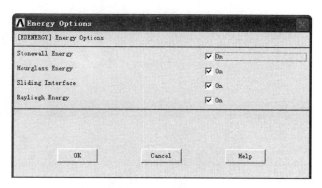

图7.55 Energy Options 对话框

（3）选择 Main Menu | Solution | Time Controls | Solution Time 选项，弹出 Solution Time for LS‐DYNA Explicit 对话框，在［TIME］Terminate at Time：文本框中输入0.026，如图7.56所示。

（4）单击 OK 按钮，退出 SolutionTime for LS‐DYNA Explicit 对话框。

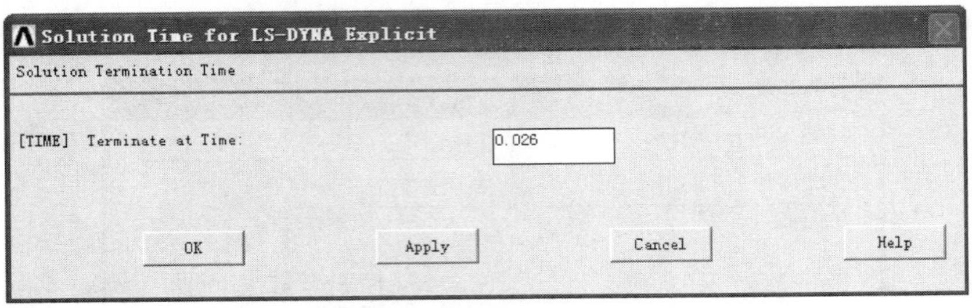

图 7.56 Solution Time for LS - DYNA Explicit 对话框

（5）选择 Main Menu | Solution | Output Controls | Output File Type 选项，弹出 Specify Output File Types for LS - DYNA Solver 对话框，在 Produce output for... 下拉列表框中选择 ANSYS and LS - DYNA，如图 7.57 所示。

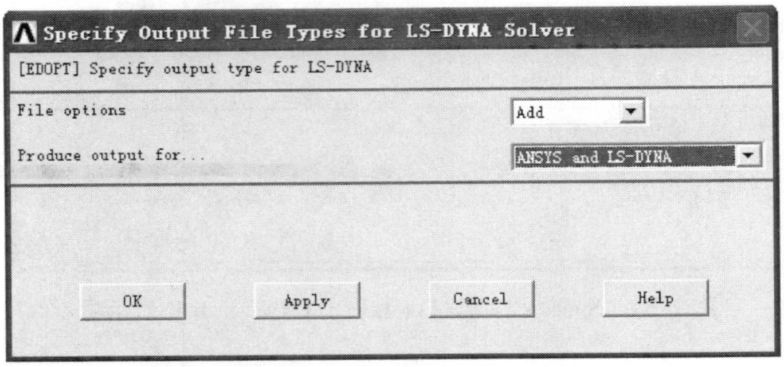

图 7.57 Specify Output File Types for LS - DYNA Solver 对话框

（6）单击 OK 按钮，退出 Specify Output File Types for LS - DYNA Solver 对话框。

（7）选择 Main Menu | Solution | Output Controls | File Output Freq | Number of Step 选项，弹出 Specify File Output Frequency 对话框，在［EDRST］Specify Results File Output Interval：Number of Output Steps 文本框中输入 20；在［EDHTIME］Specify Time - History Output Interval：Number of Output Steps 文本框中输入 50，在［EDDUMP］Specify Restart Dump Output Interval：Number of Output Steps 文本框中输入 1，如图 7.58 所示。

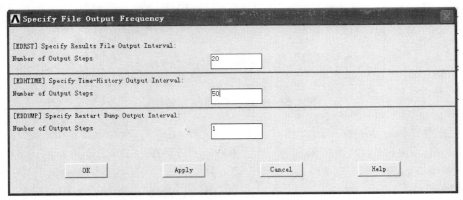

图 7.58 Specify File Output Frequency 对话框

（8）单击 OK 按钮，退出 Specify File Output Frequency 对话框。

（9）选择 Main Menu | Solution | Solve 选项，弹出 Solve Current Load Step 对话框，如图 7.59 所示。

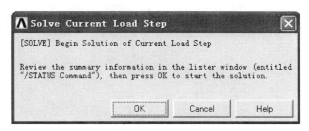

图 7.59　Solve Current Load Step 对话框

（10）单击 OK 按钮，进行求解，出现求解界面如图 7.60 所示。

图 7.60　求解界面

（11）当出现 Note 对话框，如图 7.61 所示，表示求解完成，单击 Close 按钮。

图 7.61　Note 对话框

（12）关闭或最小化 ANSYS Multiphysics/LS‐DYNA Utility Menu 界面。

13. 后处理

（1）选择 C：\ ProgramFile \ AnsysInc \ v100 \ ANSYS \ bin \ intel，双击 lsprepostd. exe 程序，出现 LS‑PREPOST 1.0‑09FEB2005 界面，如图 7.62 所示。

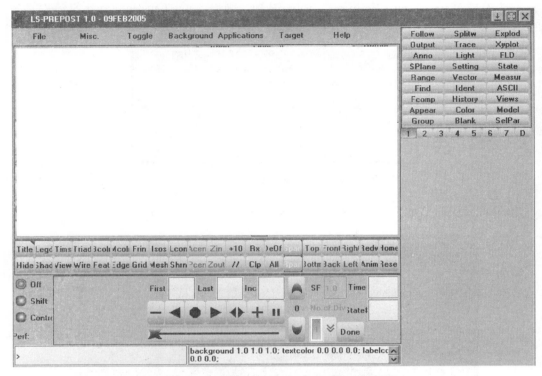

图 7.62　LS‑PREPOST 1.0‑09FEB2005 界面

（2）选择 Utility Menu | File | Open | Binary Polt 选项，弹出 Input File 对话框，选择 d3polt 文件，如图 7.63 所示。

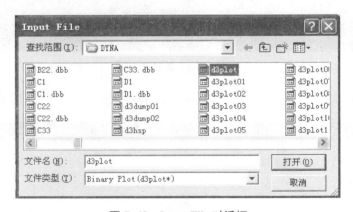

图 7.63　Input File 对话框

（3）打开 d3polt 文件，可见 LS‑PREPOST 1.0‑09FEB2005LS‑DYNA user input 界面，如图 7.64 所示。

（4）选取 Selpar | S3。

（5）选取 State | ♯T15，T＝0.0182。

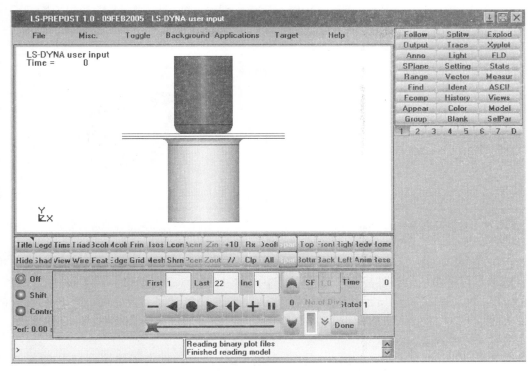

图 7.64　LS‐PREPOST 1.0‐09FEB2005 LS‐DYNA user input 界面

（6）选择 Fcomp｜Misc｜shellthickness 选项，此时 lspreposed 图形窗上圆筒形件的厚度分布如图 7.65 所示。

（7）选择 Fcomp｜Misc｜%lthicknessreduction 选项，此时 lspreposed 图形窗上圆筒形件的厚度减薄率分布如图 7.66 所示。

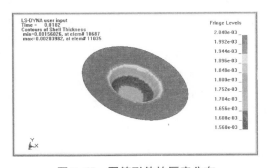

图 7.65　圆筒形件的厚度分布

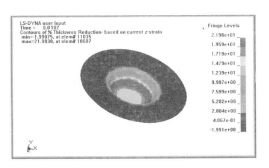

图 7.66　圆筒形件的厚度减薄率分布

（8）单击 FLD 按钮，点击圆筒形件底部靠近圆角处，选取尽可能多的点，然后单击 Plot 按钮。此时 lspreposed 图形窗上显示圆筒形件拉深后的 FLD 图，如图 7.67 所示。图 7.67 表明圆筒形件拉深时间 t 为 $0 \sim 0.0182\mathrm{s}$ 所对应的拉深高度 $h = 18.2\mathrm{mm}$（一般拉深模拟虚拟速度取 $1 \sim 2\mathrm{m/s}$），所有应变点都落在安全区内，圆筒形件没有拉裂。

（9）选取 Fcomp｜Stress｜vom mises stress 选项，此时 lspreposed 图形窗上圆筒形件的应力分布如图 7.68 所示。

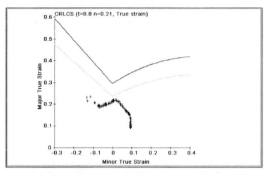

图 7.67　拉深高度 $h=18.2$mm 的 FLD 图

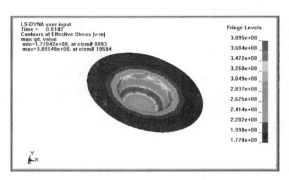

图 7.68　圆筒形件的应力分布

（10）选取 State｜♯T17，T＝0.0208。单击 FLD 按钮，点击圆筒形件底部靠近圆角处，选取尽可能多的点，然后单击 Plot 按钮，此时 lspreposed 图形窗上显示圆筒形件拉深后的 FLD 图，如图 7.69 所示。图 7.69 表明圆筒形件拉深时间 t 为 0～0.0208s，对应的拉深高度 $h=20.8$mm，有应变点都落在安全区内，圆筒形件处于临界状态，有拉裂的可能，废品率会很高。

（11）选取 State｜♯T21，T＝0.026。单击 FLD 按钮，点击圆筒形件底部靠近圆角处，选取尽可能多的点，然后单击 Plot 按钮，此时 lspreposed 图形窗上显示圆筒形件拉深后的 FLD 图，如图 7.70 所示。图 7.70 表明圆筒形件拉深时间 t 为 0～0.026s，对应的拉深高度 $h=26$mm，有应变点落在成形极限拉裂曲线的上方，圆筒形件不但拉裂而且起皱。

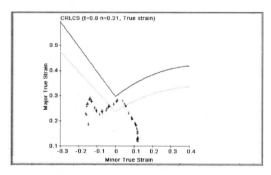

图 7.69　拉深高度 $h=20.8$mm 的 FLD 图

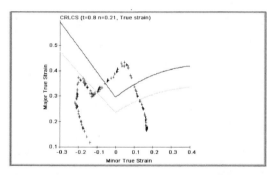

图 7.70　拉深高度 $h=26$mm 的 FLD 图

14. 退出 ANSYS/LS‑DYNA

（1）选择 UtilityMenu｜File｜Exit 选项，退出 lspreposed。

（2）选择 UtilityMenu｜File｜Exit... 选项，弹出 Exit from ANSYS 对话框，单击 OK 按钮，退出 ANSYS。

7.4 一字型旋杆工件头部轧制成形

7.4.1 一字型旋杆工件头部轧制成形分析

在已知的压力加工工程中，轧制是最重要的金属加工方式。轧制是指在一定的条件下，旋转的轧辊给予轧件压力，使轧件产生塑性变形的一种加工方式。轧件在承受压力的情况下，断面减小，形状改变，长度延伸，并伴有展宽，这时轧件与轧辊表面产生相对滑动，产生摩擦。轧制加工的材质可以是钢、铜、铝、锌等及其合金；其加工的最终产品可以是棒材、扁材、角材、管材、中厚板、薄板及箔材等。板带轧制过程被视为轧件在具有良好润滑的平行板间的均匀镦粗。图 7.71 所示为轧件吸入时的受力分析，由图可以得到求解轧制力的最简单公式，即

$$P = 2k\sqrt{R\Delta h} \qquad (7-9)$$

式中，P 为轧制力；$2k$ 为平均屈服应力；R 为轧辊半径；Δh 为轧件的压下量。

咬入条件为

$$\mu > \tan\alpha \qquad (7-10)$$

式中，μ 为摩擦因数；α 为咬入角。

最大压下量为

$$\Delta h_{\max} < \mu^2 R_{\max} \qquad (7-11)$$

式中，$\Delta h_{\max}$ 为最大压下量；$R_{\max}$ 为轧辊最大半径。

7.4.2 一字型旋杆工件头部轧制成形分析说明

一字型旋杆刀头主要生产工序：将圆钢以一定的初速度送入轧辊，轧辊以恒定的速度转动，圆钢在摩擦力的作用下轧出，刀头压扁成形，然后切两侧面，切前口，图 7.72 是圆钢轧制示意图。求解分析过程和应力分析及变化后的形状等。

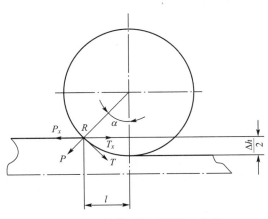

图 7.71 轧件咬入时的受力分析

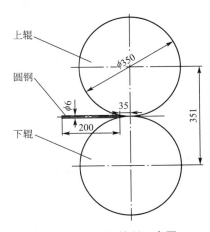

图 7.72 圆钢轧制示意图

已知，初始条件 $v_0=2.88\text{m/s}$，$F_s=0.3$，$F_d=0.2$。对于轧件，有 $\rho=7850\text{kg/m}^3$，$E=1.17\text{E}+11\text{Pa}$，$\sigma=0.36$，$\sigma_Y=8\text{E}+7\text{Pa}$，$\sigma_{\tan}=8\text{E}+6\text{Pa}$。对于轧辊，有 $\rho=7850\text{kg/m}^3$，$E=2.1\text{E}+11\text{Pa}$，$\sigma=0.3$。假设轧件轧制过程中为对称分布，则取模型的四分之一进行求解，并将模型的密度放大 100 倍进行分析，缩短计算时间。

7.4.3 交互式操作分析

1. 建立工作文件名和工作标题

以交互模式（GUI 模式）进入 ANSYS，在 License 栏中选择 LS-DYNA。

（1）选择 File Management 对话框，在总路径下面为新工程建立一个子路径 ANSYS/cylinder/yagform，工作文件名取为 yag。

（2）其他选项保持默认值，单击 Run 按钮，进入 AN-SYS10.0 操作界面。

2. 设定标题

选择 Utility Menu | File | Change Jobmame... 选项，弹出 Change Jobmame 对话框，输入 CFORMANALYSIS，在 New log and errorfilesc 对话框中选择 Yes，单击 OK 按钮确认并关闭对话框。

3. 定义单元类型

（1）选择 Main Menu | Preprocessor | Element Type | Add/Edit/Delete 选项，弹出 Element Types 对话框，如图 7.73 所示。

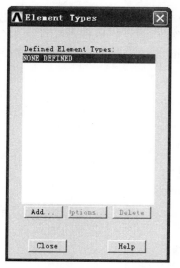

图 7.73 **Element Types** 对话框

（2）单击 Add... 按钮，弹出 Library of Element Types 对话框，选择 3D SOLID 164 选项，如图 7.74 所示。

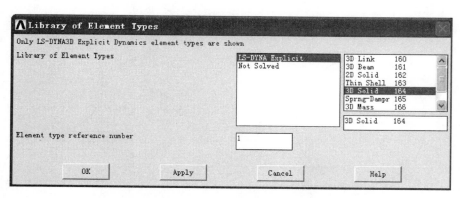

图 7.74 **Library of Element Types** 对话框

（3）单击 OK 按钮，退出 Library of Element Types 对话框，回到 Element Types 对话框。

（4）单击 Close 按钮，关闭 Element Types 对话框。

注意： 对于 3D SOLID 164，不需要定义实常数，同时，单元参数的默认设置一般为该单元最常用的特性，在本例中，单元参数不需要修改。

4. 定义材料模型

（1）选择 Main Menu｜Preprocessor｜Material Props｜Material Models 选项，弹出 Define Material Model Behavior 对话框，选择 LS - DYNA｜NonLinear｜Inelastic｜Isotropic Hardening｜Bilinear Isotropic 命令。

（2）双击 Bilinear Isotropic 标识，弹出 Bilinear Isotropic Properties for Mate... 对话框，定义轧件（钢丝）材料模型，在 DENS 文本框中输入 785000，在 EX 文本框中输入 1.12E＋011，在 NUXY 文本框中输入 0.32，在 Yield Stress 文本框中输入 7.6E＋007，在 Tangent Modulus 文本框中输入 8E＋006，如图 7.75 所示。

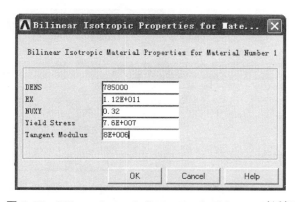

图 7.75　**Bilinear Isotropic Properties for Mate... 对话框**

（3）单击 OK 按钮，退出 Bilinear Isotropic Properties for Mate... 对话框，回到 Define Material Model Behavior 对话框。

（4）选择 Material｜New Model 选项，弹出 Define Material ID 对话框，在 Define Material ID 文本框中输入 2。

（5）单击 OK 按钮，回到 Define Material Model Behavior 对话框，在右边窗口中选择 LS - DYNA｜Rigid Material，定义轧辊材料。

（6）双击 Rigid Material 标识，弹出 Rigid Properties for Material Number 2 对话框。在 DENS 文本框中输入 785000，在 EX 输入文本框中 2.1E＋011，在 NUXY 文本框中输入 0.3，在 Translation Constraint Parameter 下拉列表框中选择 All disps.，在 Rotational Constraint Parameter 下拉列表框中选择 Yand Z rotate，如图 7.76 所示。

（7）单击 OK 按钮，退出 Rigid Properties for Material Number 2 对话框，回到 Define Material Model Behavior 对话框，在 Material 命令下选择 Exit，退出 Define Material Model Behavior 对话框。

5. 建立几何模型

（1）选择 Main Menu｜Preprocessor｜Modeling｜Create｜Keypoints｜In Active CS 选项，弹出 Create Keypoints in Active Coordinate System 对话框，在 X，Y，Z Location in active CS 文本框中输入－0.001，0.0005，0，如图 7.77 所示。

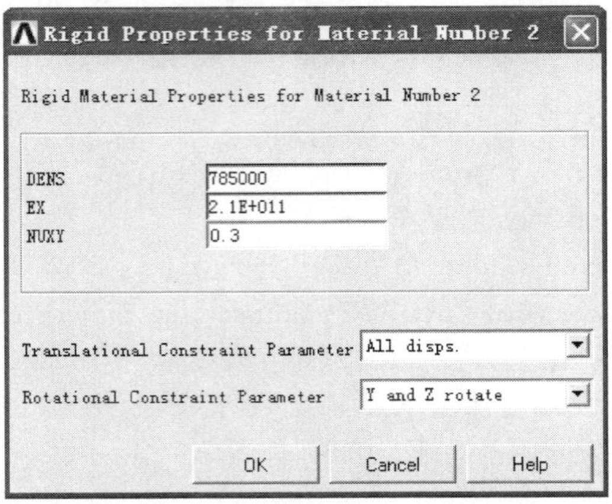

图 7.76　Rigid Properties for Material Number 2 对话框

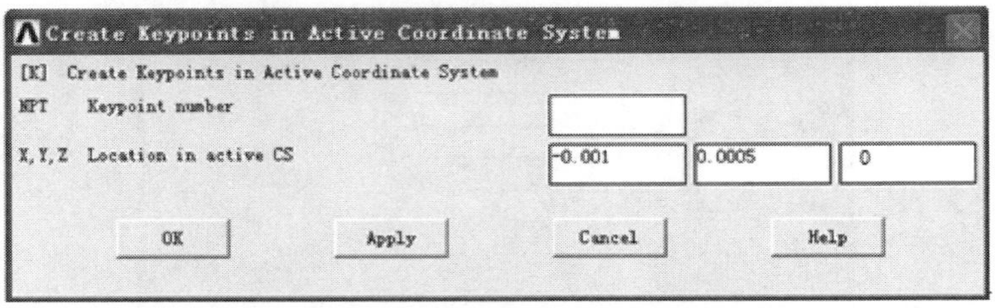

图 7.77　Create Keypoints in Active Coordinate System 对话框

（2）单击 Apply 按钮，设置下一个关键点，即

在 X，Y，Z Location in active CS 文本框中输入－0.001，0.175，0，单击 Apply 按钮；

在 X，Y，Z Location in active CS 文本框中输入 0.1，0.175，0，单击 Apply 按钮；

在 X，Y，Z Location in active CS 文本框中输入 0.1，0.0005，0，单击 Apply 按钮；

在 X，Y，Z Location in active CS 文本框中输入 0，0，－0.035，单击 Apply 按钮；

在 X，Y，Z Location in active CS 文本框中输入 0，0.003，－0.035，单击 Apply 按钮；

在 X，Y，Z Location in active CS 文本框中输 0，0.003，－0.235，单击 Apply 按钮。

（3）在 X，Y，Z Location in active CS 文本框中输入 0，0，－0.235，单击 OK 按钮，退出 Create Keypoints in Active Coordinate System 对话框。

（4）选择 Main Menu｜Preprocessor｜Modeling｜Create｜Lines｜Straight line 选项，弹出 Create Straight... 对话框，如图 7.78 所示。

（5）单击关键点 1，2，单击 Apply 按钮，建立直线 L1，同时继续建立线。

（6）单击关键点 2，3，单击 Apply 按钮，建立直线 L2，同时继续建立线。

（7）单击关键点 3，4，单击 Apply 按钮，建立直线 L3，同时继续建立线。

（8）单击关键点 4，1，单击 Apply 按钮，建立直线 L4，同时继续建立线。

（9）单击关键点 5，6，单击 Apply 按钮，建立直线 L5，同时继续建立线。

（10）单击关键点 6，7，单击 Apply 按钮，建立直线 L6，同时继续建立线。

（11）单击关键点 7，8，单击 Apply 按钮，建立直线 L7，同时继续建立线。

（12）单击关键点 8，5，单击 OK 按钮，建立直线 L8，同时退出 Create Straight … 对话框。

（13）选择 Utility Menu | PlotCtrls | Numbering 选项，弹出 Plot Numbering Controls 对话框，如图 7.79 所示，将 LINE Line numbers 设置为 On。

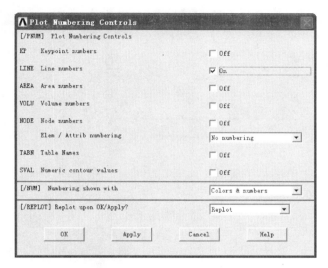

图 7.78　Create Straight… 对话框　　　　　　图 7.79　**Plot Numbering Controls** 对话框

（14）单击 OK 按钮，退出 Plot Numbering Controls 对话框。

（15）选择 Utility Menu | Plot | Lines 选项，在图形窗口中显示线。

（16）选择 Main Menu | Preprocessor | Modeling | Create | Areas | Arbitrary | By Lines 选项，弹出 Create Area by L… 对话框，如图 7.80 所示。

（17）在图形窗口中按顺序单击 L1，L2，L3，L4，在 Create Area by L… 对话框中单击 Apply 按钮，完成轧辊的截面的建立。

（18）在图形窗口中按循序单击 L5，L6，L7，L8，在 Create Area by L… 对话框中单击 OK 按钮，完成轧件（圆钢）截面的建立。

（19）选取 Main Menu | Preprocessor | Operate | Extrude | Areas | About Axis 选项，弹出 Sweep Areas abou… 对话框。

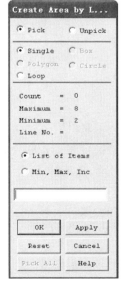

图 7.80　**Create Area by L…** 对话框

（20）在图形窗口中选取 A1，在 Sweep Areas abou... 对话框中单击 Apply 按钮，回到图形窗口单击关键点 2，3，单击 Apply 按钮，弹出 Sweep Areas about Axis 对话框，如图 7.81 所示。

（21）单击 Apply 按钮，完成轧辊的建立。

（22）在图形窗口中选取 A2，在 Sweep Areas abou... 对话框中单击 OK 按钮，回到图形窗口单击关键点 5，8，单击 OK 按钮，弹出 Sweep Areas about Axis 对话框，在 ARC Arc length in degrees 文本框中输入 90，如图 7.82 所示。

图 7.81　Sweep Areas about Axis 对话框

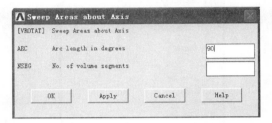

图 7.82　Sweep Areas about Axis 对话框

（23）单击 OK 按钮，完成轧件的建立，并得到整个型钢轧制的几何模型，如图 7.83 所示。

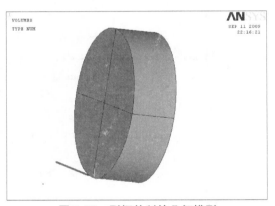

图 7.83　型钢轧制的几何模型

6. 划分网格

（1）选择 Utility Menu | PlotCtrls | Numbering 选项，弹出 Plot Numbering Controls 对话框，将 Volumenumbers 设置为 on，Line numbers 设置为 on，单击 OK 按钮，退出 Plot Numbering Controls 对话框。

（2）选择 Utility Menu | Plot | Volumes 选项，显示体。

（3）选择 Utility Menu | Select | Entities... 选项，弹出 Select Enti... 对话框，如图 7.84 所示。

（4）选取 Volume、By Num/Pick，单击 OK 按钮，弹出 Slelect volumes 对话框，如图 7.85 所示。在图形窗口中选择轧件模型(V5)，单击 OK 按钮，退出 Select Enti... Plot 对话框。

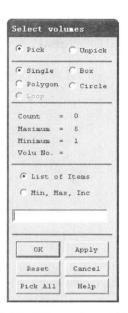

图 7.84　Select Enti... 对话框　　　图 7.85　Slelect volumes 对话框

（5）选择 Utility Menu | Select | EverythingBelow | SelectedVolumes 选项，在选择的体下进行编辑。

（6）选择 Utility Menu | Polt | Line 选项，显示所有线。

（7）选择 Main Menu | Preprocessor | Meshing | Mesh Attributes | Default Attribs 选项，弹出 Meshing Attributes 对话框，各参数设置如图 7.86 所示。

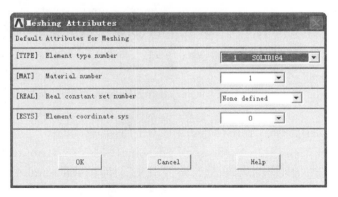

图 7.86　Meshing Attributes 对话框

（8）单击 OK 按钮，退出 Meshing Attributes 对话框。

（9）选择 Main Menu | Preprocessor | Meshing | Size Cntrl | Lines | Picked Lines 选项，弹出 Element Size on... 对话框。

（10）在图形窗口中选取 L6，L8，L27，在 Element Size on... 对话框中单击 Apply 按钮，弹出 Element Sizes on Picked Lines 对话框，如图 7.87 所示。在 SIZE Element edge length 文本框中输入 0.001。

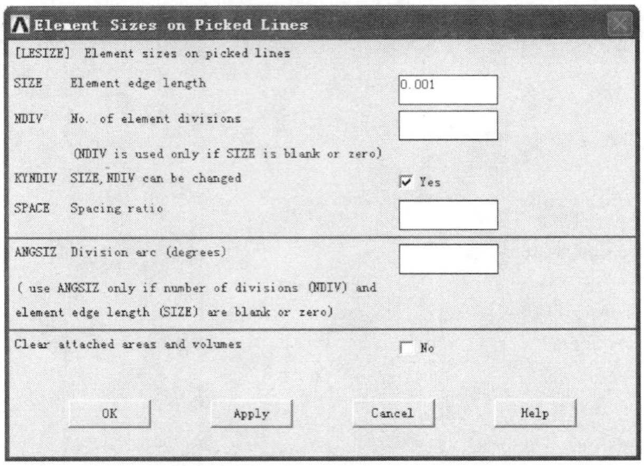

图 7.87　Element Sizes on Picked Lines 对话框

（11）单击 Apply 按钮，回到 Element Size on… 对话框，在图形窗口中选取 L7，L28，L30，L5，L26，L29，单击 OK 按钮，进入 Element Sizes on Picked Lines 对话框，在 SIZE Element edge length 文本框输入 0.0007，单击 OK 按钮，退出 Element Sizes on Picked Lines 对话框。

（12）选择 Main Menu | Preprocessor | Meshing | Mesh | Volumes | Mapped | 4or6sided 选项，弹出 Mesh Volumes 对话框。

（13）选择该轧件，单击 OK 选项，完成对轧件的单元划分。

（14）在图形窗口中选择 Utility Menu | Select | Everything 选项。

（15）在图形窗口中选择 Utility Menu | Plot | Volumes 选项。

（16）选择 Utility Menu | Select | Entities… 选项，弹出 Select Enti… 对话框。

（17）选取 Volume，By Num/Pick，单击 OK 按钮，弹出 SlectVolumes 对话框，在图形窗口中选中轧辊模型（V1，V2，V3，V4），单击 OK 按钮，退出 Select Enti… 对话框。

（18）选择 Utility Menu | Select | EverythingBelow | SelectedVolumes 选项，在选择的体下进行编辑。

（19）在图形窗口中选择 Utility Menu | Polt | Lines 选项。

（20）选择 Main Menu | Preprocessor | Meshing | Mesh Attributes | Default Attribs 选项，弹出 Meshing Attributes 对话框，将［MAT］Material number 下拉列表框中对应值改为 2，如图 7.88 所示。

（21）单击 OK 按钮，退出 Meshing Attributes 对话框。

（22）选择 Main Menu | Preprocessor | Meshing | Size Cntrl | Lines | Picked Lines 选项，弹出 Element Size on… 对话框，选择 Box 单选按钮，如图 7.89 所示。

（23）在图形窗口中选取轧辊中所有线，单击 Apply 按钮，弹出 Element Sizes on Picked Lines 对话框，在 NDIV No. of element divisions 文本框中输入 20，如图 7.90 所示。

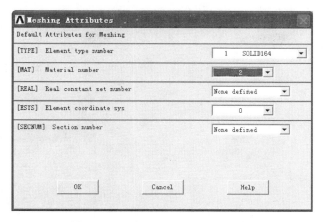

图 7. 88   Meshing Attributes 对话框

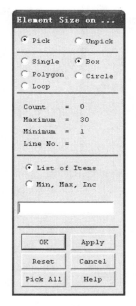

图 7. 89   Element Size on...   图 7. 90   Element Sizes on Picked Lines 对话框
　　　　　 对话框

　　（24）单击 Apply 按钮，回到 Element Size on... 对话框，在图形窗口中选取 L11，L2，L21，L4，L16。

　　（25）单击 OK 按钮，进入 Element Sizes on Picked Lines 对话框，在 NDI No. of element divisions 文本框中输入 10。

　　（26）单击 OK 按钮，退出 Element Sizes on Picked Lines 对话框，完成对轧辊单元尺寸的设置。

　　（27）选择 Main Menu | Preprocessor | Meshing | MeshTool 选项，弹出 Meshing Tool 对话框，启动 SmartSize，如图 7. 91 所示。

　　（28）选择 MeshTool 上的 Hex/Wedge 和 Sweep 单选按钮，单击 Sweep 按钮，弹出

Volume Sweeping 对话框, 如图 7.92 所示。

图 7.91　Meshing Tool 对话框

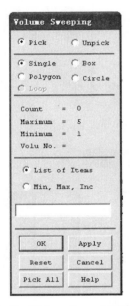

图 7.92　Volume Sweeping 对话框

(29) 在图形窗口中框选取轧辊(V1, V2, V3, V4)。

(30) 单击 OK 按钮, 完成对轧辊的单元划分。

(31) 选择 UtilityMenu | Select | Everything 选项。

(32) 选择 UtilityMenu | Polt | Repolt 选项, 此时整个轧制模型如图 7.93 所示。

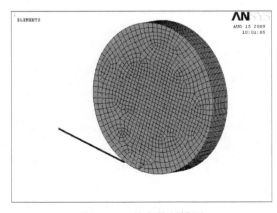

图 7.93　整个轧制模型

7. 生成 PART

（1）选择 Main Menu｜Preprocessor｜LS-DYNA Options｜Parts Option 选项，弹出 Parts Date Writer forLS-DYNA 对话框。

（2）选择 Create all Parts 选项，单击 OK 按钮，弹出 EDPART Command 对话框，如图 7.94 所示。

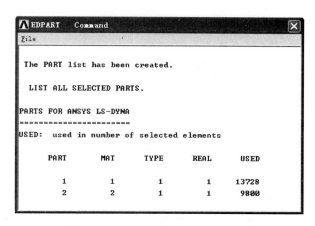

图 7.94　EDPART Command 对话框

注意：在 EDPART Command 对话框中，可以得出如下信息，PART 下面显示的 1、2 分别代表轧件和轧辊，它们由 MAT 来区分的。同时，轧件上的单元数为 13728 个，而轧辊上的单元数为 9800 个。

（3）关闭 EDPART Command 对话框。

8. 定义接触

（1）选择 Main Menu｜Preprocessor｜LS-DYNA Options｜Contact｜Define Contact 选项，弹出 Contact Parameter Definitions 对话框，如图 7.95 所示。

（2）选取 Surface to Surf｜Automatic(ASTS)选项。

（3）在 Static Friction Coefficient(静态摩擦因数)文本框中输入 0.3。

（4）在 Dynameic Friction Coefficient(动态摩擦因数)文本框中输入 0.2。

最后参照图 7-95 所示完成 Contact Parameter Definitions 对话框中参数的设置。

（5）单击 OK 按钮，弹出 Contact Options 对话框，如图 7.96 所示。

（6）在 Contact Component or Part no. 下拉列表框中选取 1，在 Target Component or Part 下拉列表框中选取 2。

（7）单击 OK 按钮，完成接触设置，退出 Contact Options 对话框。

9. 创建组件，施加约束和初始条件

（1）选择 Utility Menu｜Select｜Entities... 选项，弹出 Select Enti... 对话框。

（2）在 Select Enti... 对话框中依次选取 Volume、By Num/Pick 选项，单击 OK 按钮。

（3）在图形窗口中选中轧件模型(V5)，单击 OK 按钮。

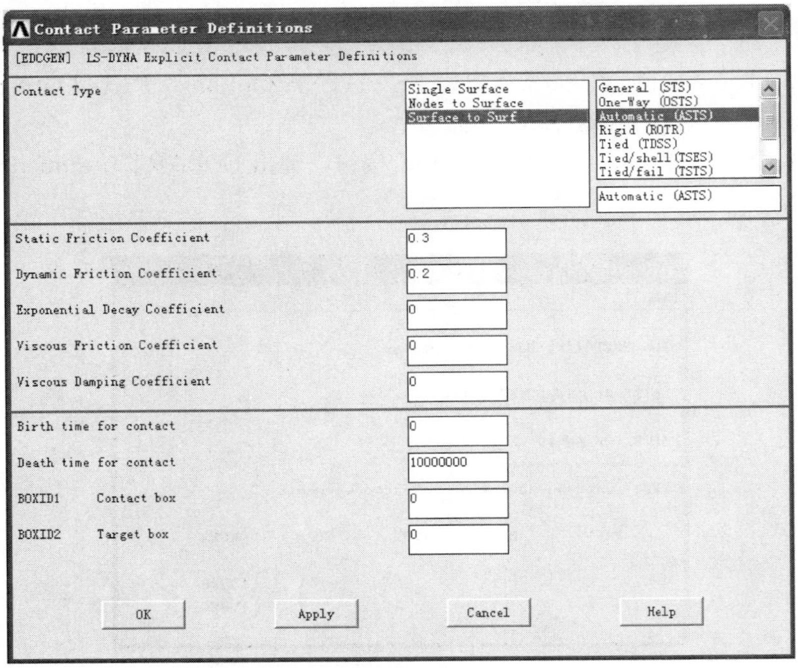

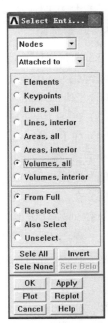

图 7.95   Contact Parameter Definitions 对话框

(4) 选择 Utility Menu | Select | Entities... 选项，弹出 Select Enti... 对话框，依次选取下拉列表框中的 Nodes 和 Attached to；以及单选按钮 Volume，all 和 From Full，如图 7.97 所示。

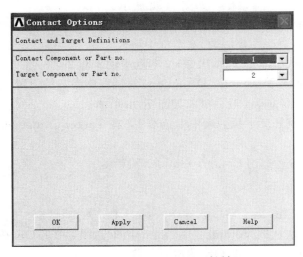

图 7.96   Contact Options 对话框

图 7.97   Select Enti... 对话框

（5）单击 OK 按钮，退出 Select Enti... 对话框。

（6）选择 Main Menu｜Select｜Comp/Assembly｜Creat Component... 选项，弹出 Creat Component 对话框，在 Cname Component name 文本框中输入 slab，在 Entity Component is made of 下拉列表框中选取 Nodes，如图 7.98 所示。

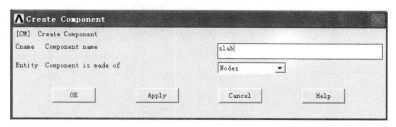

图 7.98 Creat Component 对话框

（7）单击 OK 按钮，完成 Component 的设置，同时退出 Creat Component 对话框。

（8）选择 Utility Menu｜Select｜Entities... 选项，弹出 Select Enti... 对话框，依次选取下拉列表框中的 Nodes 和 By Location，以及单选按钮中的 Y coordinates 和 Reselect，并在 Min，Max 文本框中输入 0，如图 7.99 所示。

（9）单击 OK 按钮，退出 Select Enti... 对话框。

（10）选择 Main Menu｜PreProcessor｜LS－DYNA Option｜Constraints｜Apply｜On Nodes 选项，弹出 Apply U，ROT on N... 对话框，如图 7.100 所示。

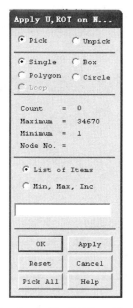

图 7.99 Select Enti... 对话框   图 7.100 Apply U，ROT on N... 对话框

（11）单击 Pick All 按钮，弹出 Apply U，ROT on Nodes 对话框在 Lab2 DOFs to be constrained 栏中选择 UY 项，在 VALUE Displacement value 文本框中输入 0，如图 7.101

所示。

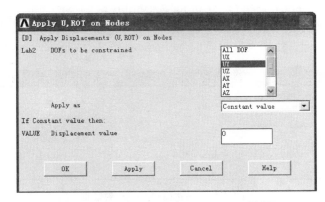

图 7.101　Apply U，ROT on Nodes 对话框

（12）单击 OK 按钮，完成对轧件底部的约束，同时退出 Apply U，ROT on Nodes 对话框。

（13）选择 Utility Menu | Select | Everything Below | Selected Volumes 选项。

（14）选择 Utility Menu | Select | Entities... 选项，弹出 Select Enti... 对话框，依次选取下拉列表框中的 Nodes 和 By Location，以及单选按钮中的 X coordinates 和 Reselect，并在 Min，Max 文本框中输入 0，单击 OK 按钮。

（15）选择 Main Menu | PreProcessor | LS–DYNA Option | Constraints Apply | On Nodes 选项，弹出 Apply U，ROT on N... 对话框。

（16）单击 OK 按钮，弹出 Apply U，ROT on Nodes 对话框，在 Lab2 DOFs to be constrained 栏中选择 UX，在 VALUE Displacement value 文本框中输入 0，如图 7.102 所示。

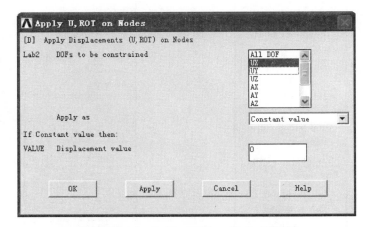

图 7.102　Apply U，ROT on Nodes 对话框

（17）单击 OK 按钮，完成对轧件宽度对称面上节点的约束，同时退出 Apply U，ROT on Nodes 对话框。

（18）选择 UtilityMenu | Select | Everything 选项。

（19）选择 Main Menu｜PreProcessor｜LS-DYNA Option｜Initial Velocity｜On Nodes｜w/Nodal Rotate 选项，弹出 Input Velocity 对话框，在 Input velocity on component 下拉列表框中选择 SLAB，在 VZ Global Z-component 文本框中输入 2.88，如图 7.103 所示。

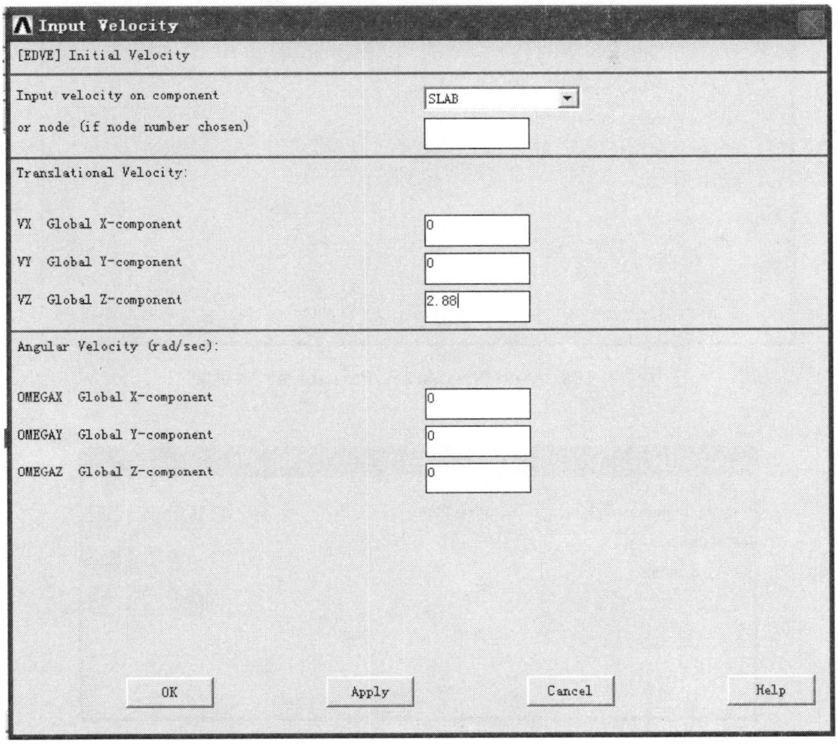

图 7.103　**Input Velocity 对话框**

（20）单击 OK 按钮，退出 Input Velocity 对话框。

10. 施加载荷

（1）选择 Utility Menu｜Parameters｜Array Parameters｜Define/Edit 选项，弹出 Array Parameters 对话框。单击 Add... 按钮，弹出 Add New Array Parameter 对话框，在 Par Parameter name 文本框中输入 time，在 I，J，K No. of rows，cols，planes 文本框中分别输入 2，1，1，如图 7.104 所示。

（2）单击 Apply 按钮，在 Par Parameter name 文本框中输入 velocity，在 I，J，K No. of rows，cols，planes 文本框中分别输入 2，1，1。

（3）单击 OK 按钮，退出 Add New Array Parameter 对话框，回到 Array Parameters 对话框。

（4）选择 TIME 选项，单击 Edit... 按钮，弹出 Array ParameterTIME 对话框。在第 1 栏中输入 0，在第 2 栏中输入 0.01，如图 7.105 所示。

（5）选择 File｜Apply/Quit 选项，保存数据并退出 Array Parameter TIME 对话框。

（6）选择 VELOCITY 选项，单击 Edit... 按钮，弹出 Array Parameter VELOCITY 对

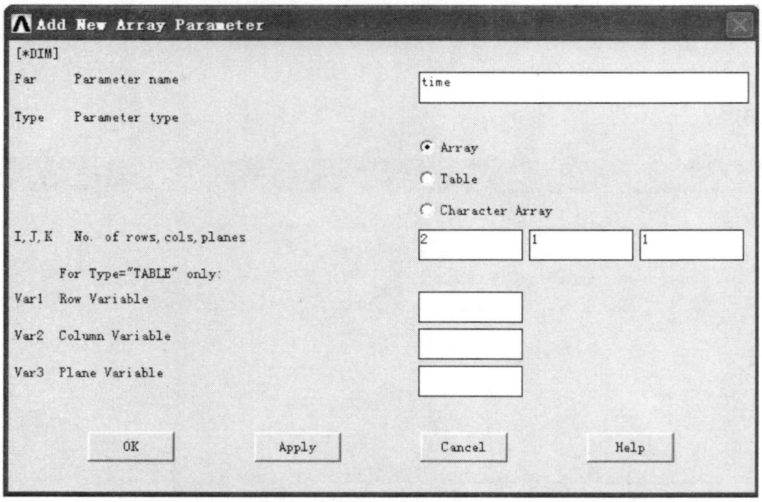

图 7.104 Add New Array Paraameter 对话框

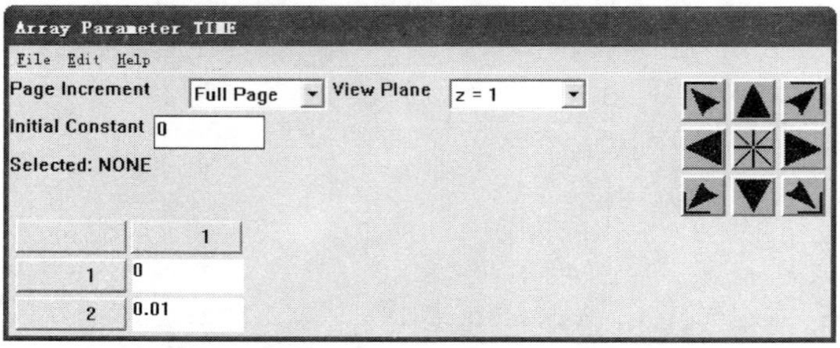

图 7.105 Array Parameter TIME 对话框

话框，在第 1 栏中输入 0，在第 2 栏中输入－2.62，如图 7.106 所示。

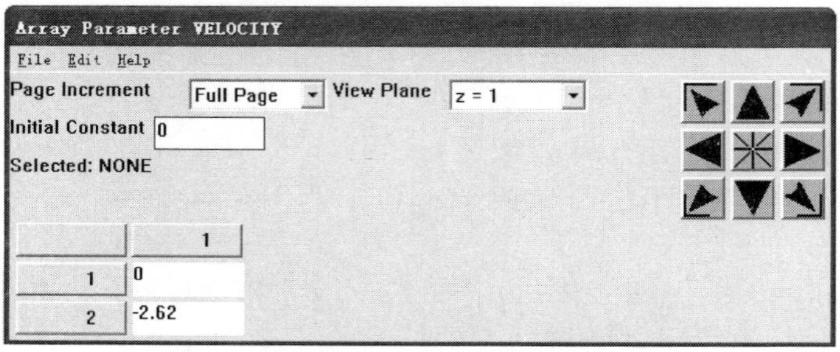

图 7.106 Array Parameter VELOCITY 对话框

（7）选择 File | Apply/Quit 选项，回到 Array Parameters 对话框。单击 Close 按钮，退出。

（8）选择 Main Menu | Preprocessor | LS－DYNA Options | Loading Option | Specify Loads，弹出 Specify Loads ForLS－DYNA Explicit 对话框，在 Load Labels 栏中选择

RBRX，在 Component name or PART number 下拉列表框中选择 2（此为轧辊）。

（9）在 Parameter name for time values 下拉列表框中选择 TIME 选项，在 Parameter name for date values 下拉列表框中选择 VELOCITY 选项，如图 7.107 所示。

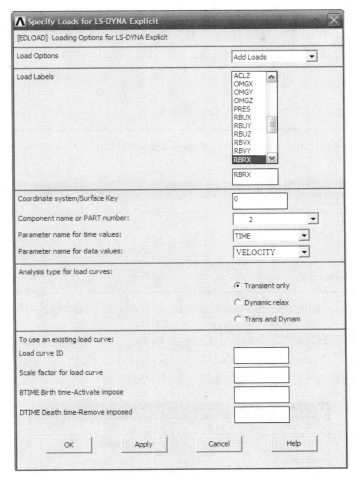

图 7.107   Specify Loads For LS－DYNA Explicit 对话框

（10）单击 OK 按钮，完成轧辊的加载，退出 Specify Loads ForLS－DYNA Explicit 对话框。

11. 求解（输入文件格式、时间、时间步）

（1）选择 Main Menu｜Solution｜Analysis Options ｜Energy Options 选项，弹出 Energy Options 对话框，参数设置如图 7.108 所示。

（2）单击 OK 按钮，退出 Energy Options 对话框。

（3）选择 Main Menu｜Solution｜Time Controls ｜ Solution Time 选项，弹出 SolutionTime forLS－DYNA Explicit 对话框，在［TIME］Teminate at Time：文本框中输入 0.01，如图 7.109 所示。

（4）单击 OK 按钮，退出 Solution Time forLS－DYNA Explicit 对话框。

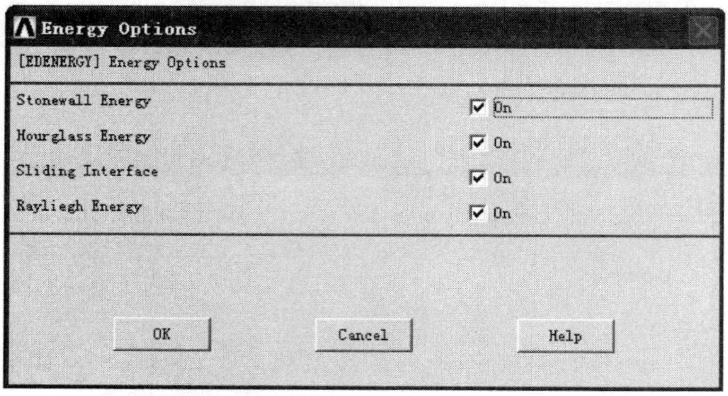

图 7.108　Energy Options 对话框

图 7.109　Solution Time for LS - DYNA Explicit 对话框

（5）选择 Main Menu | Solution | Output Controls | Output File Type 选项，弹出 Specify Output File Types forLS - DYNA Solver 对话框，在 Produce output for... 下拉列表框中选择 ANSYS and LS - DYNA 选项，如图 7.110 所示。

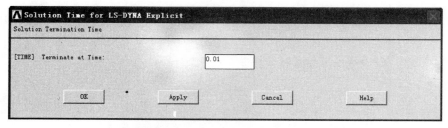

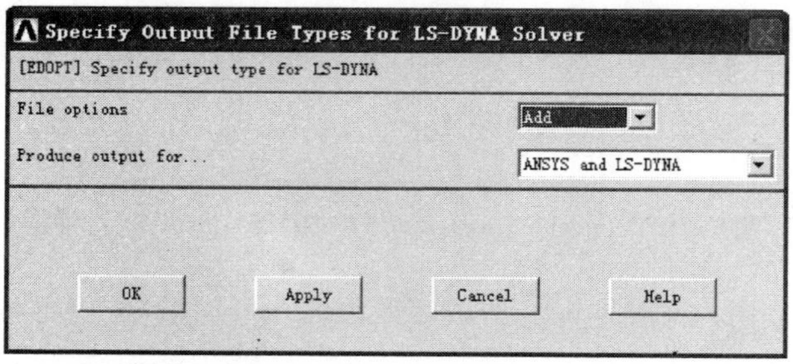

图 7.110　Specify Output File Types for LS - DYNA Solver 对话框

（6）单击 OK 按钮，退出 Specify Output File Types forLS - DYNA Solver 对话框。

（7）选择 Main Menu | Solution | Output Controls | File Output Freq | Number of Step 选项，弹出 Specify File Output Frequency 对话框，在 ［EDRST］ Specify Results File Output Interval：Number of Output Steps 文本框中输入 50，在 ［EDHTIME］ Specify Time - History Output Interval：Number of Output Steps 文本框中输入 1000，在 ［EDDUMP］ Specify Restart Dump Output Interval：Number of Output Steps 文本框中输入 1。

（8）单击 OK 按钮，退出 Specify File Output Frequency 对话框。

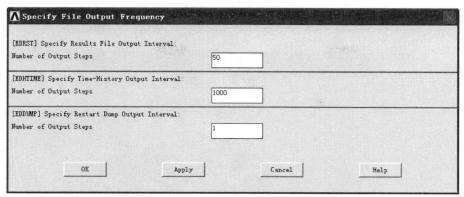

图7.111 Specify File Output Frequency 对话框

(9) 选择 Main Menu | Solution | Solve 选项，弹出 Solve Current Load Step 对话框。

(10) 单击 OK 按钮，进行求解。

(11) 当出现 Note 对话框时，表示求解完成。

12. 后处理分析(分析变形分析、应力分析、形状及完整模型)

(1) 选择 Utility Menu | Plot Ctrals | Style | Displacement Scaling... 选项，弹出 Displacement Display Scaling 对话框，参数设置如图7.112所示。

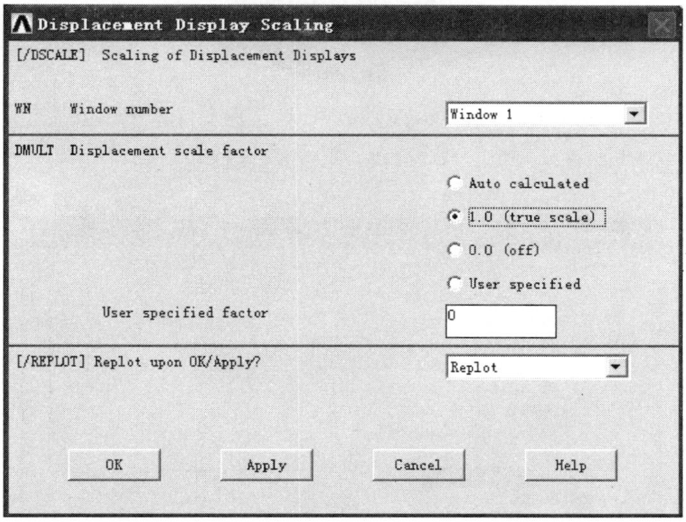

图7.112 Displasement Display Scaling 对话框

(2) 选择 Main Menu | General Postproc | Read Result | LastSet 选项。

(3) 选择 Main Menu | General Postproc | Results Plot | Deformed Shape 选项，弹出 Plot Deformed Shape 对话框，在 KUND Items to be plotted 选项中选择 Def＋undeformed 单选按钮，如图7.113所示。

(4) 单击 OK 按钮，轧件变形情况如图7.114所示。

(5) 选择 Main Menu | General Postproc | Plot Results | Contour Plot | Nodal Solu

選项，弹出 Contour Nodal Solution Date 对话框（图 7.115），在 Stress 栏中选择 von Misess tress 选项。

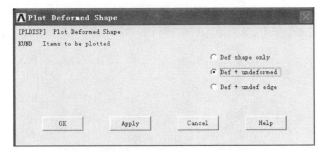

图 7.113　Plot Deformed Shape 对话框

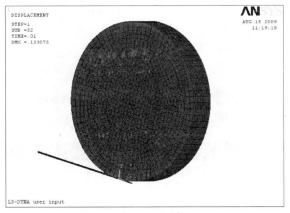

图 7.114　轧件变形图

图 7.115　Contour Nodal Solution Date 对话框

（6）单击 OK 按钮，von Mises stress 分布如图 7.116 所示。

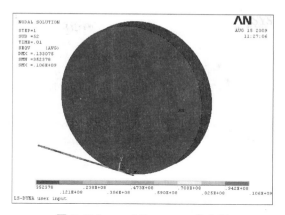

图 7.116　von Mises stress 分布图

（7）选择 Utility Menu ｜ PlotCtrls ｜ Style ｜ SymmetryExpansion ｜ Periodic/CylicSymmetry... 选项，弹出 Periodic/Cylic Symmetry Expansion 对话框，参数设置如图 7.117 所示。

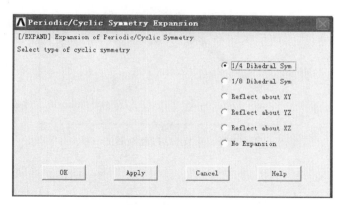

图 7.117　Periodic/Cylic Symmetry Expansion 对话框

（8）单击 OK 按钮，显示完整的轧制模型，如图 7.118 所示。

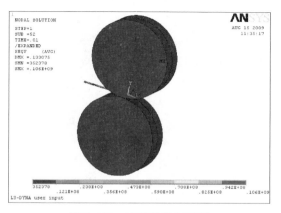

图 7.118　完整的轧制模型

（9）退出 ANSYS Multiphysics/LS－DYNA Utility Menu。

选择 Utility Menu｜File｜Exit... 选项，弹出 Exit from ANSYS 对话框，单击 OK 按钮，退出 ANSYS。

（10）后处理。

（11）双击 lsprepostd.exe 程序，出现 LS－PREPOST1.0－09FEB2005 界面。

（12）选择 Utility Menu｜File｜Open｜Binary Polt 选项，弹出 Input File 对话框，选择 d3polt 文件。

（13）打开 d3polt 文件，可见 LS－PREPOST1.0－09FEB2005LS－DYNA user input 界面。

（14）选取 Selpar｜S1。

（15）选取 State｜♯T51，T＝0.01。

（16）选取 Fcomp｜Stress｜vom mises stress 选项，此时 lspreposed 图形窗上显示圆钢(1/4)轧制后的形状如图 7.119 所示。

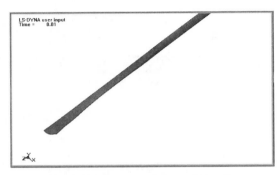

图 7.119　圆钢(1/4)轧制后的形状

思考与练习题

7－1　板坯厚度为 2mm，材料为 08AL，材料性能参数见圆筒形件拉深，盒形件外形尺寸为长×宽＝240mm×140mm，底部圆角半径 r_P＝8mm，r＝20mm，短直边与长直边连接圆角半径 R，盒形件拉深成形过程如图 7.120 所示，凸模、凹模和压边圈及板坯具体尺寸如下：凸模圆角半径 R_1＝8mm；凹模圆角半径 R_1＝8.5mm；凸模截面尺寸为 237.8mm×137.8mm；凹模截面尺寸 240mm×140mm；试用 ANSYS/LS－DYNA 建模并求解拉深后的材料厚度减薄率分布，拉深后应力分布等。已知材料参数：板坯厚度 t＝2mm；ρ＝7850kg/m³；E＝2.068E＋11Pa(板坯)；ν＝0.3(板坯)；σ_Y＝1.103E＋8(板坯)；σ_{tan}＝5.37E＋8(板坯)；E＝2.1E＋11Pa(模具)；ν＝0.3(模具)；求解板坯冲压成形过程与应力及厚度分布等。

7－2　圆柱体镦粗分析，模具结构如图 7.121 所示，已知材料参数：ρ＝7850kg/m³；E＝1.5E＋11Pa(圆柱体坯料)；ν＝0.35(圆柱体坯料)；σ_Y＝1.2E＋8(圆柱体坯料)；σ_{tan}＝3.6E＋8(圆柱体坯料)；E＝2E＋11Pa(模具)；ν＝0.3(模具)；求解圆柱体镦粗成形过程与应力分布等。

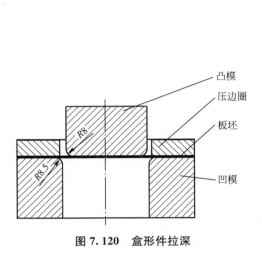

图 7.120　盒形件拉深

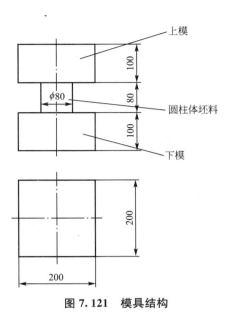

图 7.121　模具结构

参 考 文 献

[1] 李尧. 金属塑性成形原理 [M]. 北京：机械工业出版社，2008.

[2] 俞汉清，陈金德. 金属塑性成形原理 [M]. 北京：机械工业出版社，2002.

[3] 彭大暑. 金属塑性加工原理 [M]. 长沙：中南大学出版社，2004.

[4] 王平，崔建忠. 金属塑性成形力学 [M]. 北京：冶金工业出版社，2006.

[5] 赵志业. 金属塑性变形与轧制理论 [M]. 北京：冶金工业出版社，2004.

[6] 黄重国，任学平. 金属塑性成形力学原理 [J]. 北京：冶金工业出版社，2008.

[7] 施于庆. 金属塑性成成形工艺及模具设计形 [M]. 北京：清华大学出版社，2012.

[8] 盛和太. ANSYS 有限元数值分析原理与工程应用 [M]. 北京：清华大学出版社，2005.

[9] 白金泽. LS - DYNA 3D 理论基础与实例分析 [M]. 北京：科学出版社，2005.

[10] 卢险峰. 冷锻工艺模具学 [M]. 北京：化学工业出版社，2008.

[11] 夏巨谌. 金属塑性成形综合实验 [M]. 北京：机械工业出版社，2010.

[12] 周大隽. 金属冷体积成形技术与实例 [M]. 北京：机械工业出版社，2009.

[13] 任广升，何祝斌，李峰，等. 塑性成形领域科学技术发展研究 [A]. 第十二届全国塑性工程学术年会第四届全球华人塑性加工技术研讨会论文集 [C]. 2011.

[14] 苑世剑，何祝斌，李峰，等. 塑性加工若干理论问题研究进展 [A]. 第十二届全国塑性工程学术年会第四届全球华人塑性加工技术研讨会论文集 [C]. 2011.

[15] 施于庆. 板料拉深有限元模拟冲模速度研究 [J]. 兵器材料科学与工程. 2010，33(3)：75 - 78.

[16] 施于庆，李凌丰. 压边力曲线对极限拉深高度的影响 [J]. 塑性工程学报，2009(1)：12 - 17.

[17] 施于庆，李凌丰. 带工艺孔的板坯拉深新工艺有限元模拟分析 [J]. 兵工学报，2009(7)：967 - 972.

[18] 施于庆，楼易. 筒形件拉深孔成形工艺数值模拟 [J]. 分析农业机械学报，2008(12)：191 - 195.

[19] L Gunnarson，E Schedin. Improving the properties of Exterior Body Panels in Automobile Using Variable Blank Holder Force [J]. Journal of Material Processing Technology，2001，114(1)：168 - 173.

[20] Shi Yuqing. Improved the Quality in Deep Drawing of Rectangle Parts Using Variable Blank Holder Force [J]. Applied Mechanics and Material，2010(37)，521 - 524.

北京大学出版社材料类相关教材书目

序号	书 名	标准书号	主 编	定价	出版日期
1	金属学与热处理	7-5038-4451-5	朱兴元，刘 忆	24	2007.7
2	材料成型设备控制基础	978-7-301-13169-5	刘立君	34	2008.1
3	锻造工艺过程及模具设计	978-7-5038-4453-5	胡亚民，华 林	30	2012.3
4	材料成形CAD/CAE/CAM基础	978-7-301-14106-9	余世浩，朱春东	35	2008.8
5	材料成型控制工程基础	978-7-301-14456-5	刘立君	35	2009.2
6	铸造工程基础	978-7-301-15543-1	范金辉，华 勤	40	2009.8
7	铸造金属凝固原理	978-7-301-23469-3	陈宗民，于文强	43	2014.1
8	材料科学基础（第2版）	978-7-301-24221-6	张晓燕	44	2014.6
9	无机非金属材料科学基础	978-7-301-22674-2	罗绍华	53	2013.7
10	模具设计与制造	978-7-301-15741-1	田光辉，林红旗	42	2013.7
11	造型材料	978-7-301-15650-6	石德全	28	2012.5
12	材料物理与性能学	978-7-301-16321-4	耿桂宏	39	2012.5
13	金属材料成形工艺及控制	978-7-301-16125-8	孙玉福，张春香	40	2013.2
14	冲压工艺与模具设计(第2版)	978-7-301-16872-1	牟 林，胡建华	34	2013.7
15	材料腐蚀及控制工程	978-7-301-16600-0	刘敬福	32	2010.7
16	摩擦材料及其制品生产技术	978-7-301-17463-0	申荣华，何 林	45	2010.7
17	纳米材料基础与应用	978-7-301-17580-4	林志东	35	2013.9
18	热加工测控技术	978-7-301-17638-2	石德全，高桂丽	40	2013.8
19	智能材料与结构系统	978-7-301-17661-0	张光磊，杜彦良	28	2010.8
20	材料力学性能（第2版）	978-7-301-25634-3	时海芳，任 鑫	40	2016.1
21	材料性能学	978-7-301-17695-5	付 华，张光磊	34	2012.5
22	金属学与热处理	978-7-301-17687-0	崔占全，王昆林等	50	2012.5
23	特种塑性成形理论及技术	978-7-301-18345-8	李 峰	30	2011.1
24	材料科学基础	978-7-301-18350-2	张代东，吴 润	36	2012.8
25	材料科学概论	978-7-301-23682-6	雷源源，张晓燕	36	2013.12
26	DEFORM-3D塑性成形CAE应用教程	978-7-301-18392-2	胡建军，李小平	34	2012.5
27	原子物理与量子力学	978-7-301-18498-1	唐敬友	28	2012.5
28	模具CAD实用教程	978-7-301-18657-2	许树勤	28	2011.4
29	金属材料学	978-7-301-19296-2	伍玉娇	38	2013.6
30	材料科学与工程专业实验教程	978-7-301-19437-9	向 嵩，张晓燕	25	2011.9
31	金属液态成型原理	978-7-301-15600-1	贾志宏	35	2011.9
32	材料成形原理	978-7-301-19430-0	周志明，张 弛	49	2011.9
33	金属组织控制技术与设备	978-7-301-16331-3	邵红红，纪嘉明	38	2011.9
34	材料工艺及设备	978-7-301-19454-6	马泉山	45	2011.9
35	材料分析测试技术	978-7-301-19533-8	齐海群	28	2014.3
36	特种连接方法及工艺	978-7-301-19707-3	李志勇，吴志生	45	2012.1
37	材料腐蚀与防护	978-7-301-20040-7	王保成	38	2014.1
38	金属精密液态成形技术	978-7-301-20130-5	戴斌煜	32	2012.2
39	模具激光强化及修复再造技术	978-7-301-20803-8	刘立君，李继强	40	2012.8
40	高分子材料与工程实验教程	978-7-301-21001-7	刘丽丽	28	2012.8
41	材料化学	978-7-301-21071-0	宿 辉	32	2015.5
42	塑料成型模具设计	978-7-301-17491-3	江昌勇，沈洪雷	49	2012.9
43	压铸成形工艺与模具设计	978-7-301-21184-7	江昌勇	43	2015.5
44	工程材料力学性能	978-7-301-21116-8	莫淑华，于久灏等	32	2013.3
45	金属材料学	978-7-301-21292-9	赵莉萍	43	2012.10
46	金属成型理论基础	978-7-301-21372-8	刘瑞玲，王 军	38	2012.10
47	高分子材料分析技术	978-7-301-21340-7	任 鑫，胡文全	42	2012.10
48	金属学与热处理实验教程	978-7-301-21576-0	高聿为，刘 永	35	2013.1
49	无机材料生产设备	978-7-301-22065-8	单连伟	36	2013.2
50	材料表面处理技术与工程实训	978-7-301-22064-1	柏云杉	30	2014.12
51	腐蚀科学与工程实验教程	978-7-301-23030-5	王吉会	32	2013.9
52	现代材料分析测试方法	978-7-301-23499-0	郭立伟，朱 艳等	36	2015.4
53	UG NX 8.0+Moldflow 2012模具设计模流分析	978-7-301-24361-9	程 钢，王忠雷等	45	2014.8
54	Pro/Engineer Wildfire 5.0模具设计	978-7-301-21915-8	孙树峰，孙术彬等	45	2015.9
55	金属塑性成形原理	978-7-301-26849-0	施于庆，祝邦文	32	2016.3

如您需要更多教学资源如电子课件、电子样章、习题答案等，请登录北京大学出版社第六事业部官网 www.pup6.cn 搜索下载。
　　如您需要浏览更多专业教材，请扫下面的二维码，关注北京大学出版社第六事业部官方微信（微信号：pup6book），随时查询专业教材、浏览教材目录、内容简介等信息，并可在线申请纸质样书用于教学。

　　感谢您使用我们的教材，欢迎您随时与我们联系，我们将及时做好全方位的服务。联系方式：010-62750667，童编辑，13426433315@163.com，pup_6@163.com，lihu80@163.com，欢迎来电来信。客户服务QQ号：1292552107，欢迎随时咨询。